高职高专土建类"十二五"规划教材

工程造价管理

Engineering Cost Management

主　　　编　胡新萍
副 主 编　王　芳　许明丽
编写委员会　胡新萍　王　芳
　　　　　　许明丽　李　杰
　　　　　　尹素花

华中科技大学出版社
中国·武汉

内 容 提 要

本书围绕高职高专工程管理和工程造价专业的人才培养目标,依据国家最新颁发的有关工程造价管理方面的政策、法规,从基础理论和实践应用入手,完整系统地介绍了工程造价的构成,以及建设项目决策阶段、设计阶段、招投标阶段、施工阶段、竣工阶段等工程造价管理的基本理论,同时还介绍了工程造价的信息管理。

本书在编写过程中采取科学性、实用性、简明性和可读性的原则,注意理论与实践相结合,有助于培养学生工程造价管理的能力,使学生在今后从事工程造价管理时,将学过的工程造价管理方法用于实际工作,为学生以后取得工程造价员资格以及报考全国注册造价师打好基础。

本书结构严谨完整,内容丰富详尽,文字精练简明,可操作性强,可作为高职高专院校工程管理、工程造价、土木工程、房地产经营管理等专业的教材或教学参考书,也可供工程造价从业人员及相关执业资格考试考生参考。

图书在版编目(CIP)数据

工程造价管理/胡新萍　主编.—武汉:华中科技大学出版社,2013.2(2022.1重印)
ISBN 978-7-5609-8705-7

Ⅰ.工…　Ⅱ.胡…　Ⅲ.建筑造价管理-高等职业教育-教材　Ⅳ.TU723.3

中国版本图书馆 CIP 数据核字(2013)第 030459 号

工程造价管理　　　　　　　　　　　　　　　　　　　胡新萍　主编

责任编辑:简晓思
责任校对:朱　霞
封面设计:张　璐
责任监印:张贵君

出版发行:华中科技大学出版社(中国•武汉)　　电话:(027)81321913
　　　　　武汉市东湖新技术开发区华工科技园　　　邮编:430223
录　　排:华中科技大学惠友文印中心
印　　刷:广东虎彩云印刷有限公司
开　　本:850mm×1060mm　1/16
印　　张:17.75
字　　数:389千字
版　　次:2022年1月第1版第5次印刷
定　　价:49.80元

本书若有印装质量问题,请向出版社营销中心调换
全国免费服务热线:400-6679-118　竭诚为您服务
版权所有　侵权必究

前　言

建筑业作为我国国民经济发展的支柱产业之一，长期以来为国民经济的发展作出了突出的贡献。随着社会的发展，城市化进程的加快以及建筑领域科技的进步，市场竞争将日趋激烈，对建筑行业人才质量的要求也越来越高。特别是工程造价领域，改革的步伐不断加快，新的法规、规范陆续颁布，这些都要求工程造价管理从业人员必须用最新的知识储备、从一个全新的角度来管理和控制工程项目。

工程造价管理是一门专业性、政策性、技术性、经济性和应用性很强的课程，涉及的知识面较广。它以政治经济学、工程经济学、价格学和社会主义市场经济为理论基础，以建筑制图与识图、工程材料、工程构造、建筑结构、施工技术与施工组织、生产工艺与设备为专业基础，以工程估价为先修专业课程，与工程合同管理、施工企业经营管理、建设法规、计算机信息技术等课程有着密切的联系。

本书在编写过程中注意了以下几点。

第一，以工程造价全过程管理为主线，从建设单位以及为建设单位服务的咨询类企业的角度，介绍工程建设全过程的造价管理工作，力求全面反映工程造价管理的知识内容。

第二，依据国家有关工程建设、工程造价的最新法律、法规和规范性文件，结合工程造价管理实际工作经验以及教学和科学研究的新成果，力求反映实际工程造价管理的最新做法。

第三，注重工程造价确定与工程造价控制知识的关联性，力图将工程造价与工程合同、工程管理知识有机地结合在一起，注重实用性、可操作性以及可读性。

此外，为适应不同地区读者学习和工程造价管理改革的需要，基于《建设工程工程量清单计价规范》(GB 50500—2013)、《建筑安装工程费用项目组成》(建标[2003]206号)、《建筑工程施工发包与承包计价管理办法》(建设部第107号)、《建设工程价款结算暂行办法》(财建[2004]369号)、《建设工程施工合同(示范文本)》(GF—1999—0201)、《FIDIC施工合同条件》(1999)和《建筑工程量计算规则(国际通用)》的相关内容编写本书。

本书内容建议按照54学时编排，推荐学时分配：绪论，2学时；第1章，6学时；第2章，12学时；第3章，10学时；第4章，8学时；第5章，10学时；第6章，4学时；第7章，2学时。

本书由太原理工大学阳泉学院胡新萍担任主编，太原理工大学阳泉学院王芳、辽宁水利职业学院许明丽担任副主编，太原理工大学阳泉学院李杰、河北工业职业技术学院尹素花参编，具体编写分工如下：胡新萍编写了第2章、第4章、第6章、第7章，王芳编写了绪论,许明丽编写了第3章,李杰编写了第1章,尹素花编写了第5章,全书由胡新萍负责统稿。

  本书在编写过程中参考和引用了国内外大量文献资料,在此谨向原书作者表示衷心感谢!由于我们经验不足,理论水平有限,书中难免有不足之处,诚挚希望读者提出宝贵意见,给予批评指正。

编 者
2013 年 1 月

目　录

第 0 章　绪论 ………………………………………………………… (1)
　0.1　工程造价的含义和特点 ………………………………………… (1)
　0.2　工程造价管理理论的发展 ……………………………………… (7)
　【思考与练习】……………………………………………………… (14)

第 1 章　工程造价构成 ……………………………………………… (16)
　1.1　概述 ………………………………………………………………… (16)
　1.2　设备及工具、器具购置费用的构成 …………………………… (19)
　1.3　建筑安装工程费用构成 ………………………………………… (23)
　1.4　工程建设其他费用组成 ………………………………………… (34)
　1.5　预备费、建设期贷款利息、固定资产投资方向调节税 ……… (39)
　【思考与练习】……………………………………………………… (42)

第 2 章　建设项目决策阶段造价管理 ……………………………… (45)
　2.1　概述 ………………………………………………………………… (45)
　2.2　可行性研究 ……………………………………………………… (49)
　2.3　投资估算的编制与审查 ………………………………………… (55)
　2.4　建设项目财务评价 ……………………………………………… (63)
　2.5　建设项目投资方案的比较和选择 ……………………………… (85)
　【思考与练习】……………………………………………………… (93)

第 3 章　建设项目设计阶段造价管理 ……………………………… (95)
　3.1　设计要素对工程造价的影响 …………………………………… (95)
　3.2　设计方案的评价和比较 ………………………………………… (99)
　3.3　运用价值工程优化设计方案 …………………………………… (102)
　3.4　限额设计和标准设计 …………………………………………… (109)
　3.5　设计概算的编制与审查 ………………………………………… (113)
　3.6　施工图预算的编制与审查 ……………………………………… (129)
　【思考与练习】……………………………………………………… (157)

第 4 章　建设项目施工招投标阶段造价管理 ……………………… (161)
　4.1　建设工程项目招标 ……………………………………………… (161)
　4.2　建设工程施工合同 ……………………………………………… (166)
　4.3　建设工程施工发包承包价格的影响因素 ……………………… (172)
　4.4　建设工程施工招标控制价格的确定 …………………………… (174)

  4.5 建设工程施工投标报价 …………………………………………（185）
  4.6 建设工程评标 ……………………………………………………（189）
  【思考与练习】…………………………………………………………（200）
第 5 章 建设项目施工阶段造价管理 ……………………………………（204）
  5.1 优化施工组织设计 ……………………………………………（204）
  5.2 用施工预算控制工程造价 ……………………………………（206）
  5.3 工程变更与合同价调整 ………………………………………（210）
  5.4 工程索赔 ………………………………………………………（212）
  5.5 工程结算 ………………………………………………………（221）
  5.6 建设资金计划的编制与控制 …………………………………（228）
  【思考与练习】…………………………………………………………（237）
第 6 章 建设项目竣工阶段造价管理 ……………………………………（239）
  6.1 竣工验收 ………………………………………………………（239）
  6.2 竣工决算 ………………………………………………………（243）
  6.3 保修费用的处理 ………………………………………………（248）
  【思考与练习】…………………………………………………………（251）
第 7 章 工程造价的信息管理 ………………………………………………（254）
  7.1 工程造价信息 …………………………………………………（254）
  7.2 工程造价指数 …………………………………………………（258）
  7.3 工程造价管理信息系统 ………………………………………（261）
  7.4 建筑工程造价的计算机应用 …………………………………（270）
  【思考与练习】…………………………………………………………（276）
参考文献 ……………………………………………………………………（278）

第 0 章 绪 论

【本章概述】

本章讲述了工程造价的含义及其特点,工程造价的计价特征,工程造价管理的概念和基本内容,我国工程造价管理制度存在的问题及改革发展的现状。

【学习目标】

1. 掌握工程造价的含义及其特点。
2. 熟悉工程造价的计价特征。
3. 熟悉工程造价管理的概念及基本内容。
4. 了解我国工程造价管理发展的历史及改革现状。

0.1 工程造价的含义和特点

0.1.1 工程造价的含义

顾名思义,工程造价就是工程的建设价格,是指为完成一个工程的建设,预期或实际所需的全部费用总和。

中国建设工程造价管理协会(简称"中价协")学术委员会在界定"工程造价"一词的含义时,从业主和承包商的角度给工程造价赋予了不同的定义。

从业主(投资者)的角度来定义,工程造价是指工程的建设成本,即为建设一项工程预期支付或实际支付的全部固定资产投资费用。这些费用主要包括设备及工器具购置费、建筑工程及安装工程费、工程建设其他费用、预备费、建设期利息、固定资产投资方向调节税(这项费用目前暂停征收)。尽管这些费用在建设项目的竣工决算中,按照新的财务制度和企业会计准则核算新增资产价值时,并没有全部形成新增固定资产价值,但这些费用是完成固定资产建设所必需的。因此,从这个意义上讲,工程造价就是建设项目固定资产投资。

从承发包角度来定义,工程造价是指工程价格,即为建成一项工程,预计或实际在土地、设备、技术劳务以及承包等市场上,通过招投标等交易方式所形成的建筑安装工程的价格和建设工程总价格。在这里,招投标的标的可以是一个建设项目,也可以是一个单项工程,还可以是整个建设工程中的某个阶段,如建设项目的可行性研究、建设项目的设计,以及建设项目的施工阶段等。

工程造价的两种含义既有联系又有区别。

两者的联系主要表现为：从不同角度来把握同一事物的本质。对于投资者来说，工程造价是在市场经济条件下"购买"项目要付出的"货款"，因此工程造价就是建设项目投资。对于设计咨询机构、供应商、承包商而言，工程造价是他们出售劳务和商品的价值总和，工程造价就是工程的承包价格。

两者的区别主要表现为以下三个方面。

（1）两者对合理性的要求不同。工程投资的合理性主要取决于决策的正确与否，建设标准是否适用以及设计方案是否优化，而不取决于投资额的高低；工程价格的合理性在于价格是否反映价值，是否符合价格形成机制的要求，是否具有合理的利税率。

（2）两者形成的机制不同。工程投资形成的基础是项目决策、工程设计、设备材料的选购以及工程的施工及设备的安装，最后形成工程投资；而工程价格形成的基础是价值，同时受价值规律、供求规律的支配和影响。

（3）存在的问题不同。工程投资存在的问题主要是决策失误、重复建设、建设标准脱离实情等；而工程价格存在的问题主要是价格偏离价值。

0.1.2 工程造价的特点

根据工程建设的特点，工程造价有以下特点。

1. 工程造价的大额性

能够发挥投资效用的任一项工程，不仅实物形体庞大，而且造价昂贵。动辄数百万、千万，甚至上亿，特大型工程项目的造价可达百亿、千亿元人民币。工程造价的大额性使其关系到有关各方面的重大经济利益，同时也会对宏观经济产生重大影响。这就决定了工程造价的特殊地位，也说明了造价管理的重要意义。

2. 工程造价的个别性、差异性

任何一项工程都有特定的用途、功能、规模。因此，每一项工程的结构、造型、空间分割、设备配置和内外装饰都有具体的要求，因而工程内容和实物形态具有个别性、差异性。产品的差异性决定了工程造价的个别性差异，从而增加了工程造价管理的难度。

3. 工程造价的动态性

任何一项工程从决策到竣工交付使用，都有一个较长的建设期间，而且由于不可控因素的影响，在预计工期内，许多影响工程造价的动态因素，如工程变更，设备材料价格、工资标准以及费率、利率、汇率会发生变化。这种变化必然会影响到造价的变动。所以，工程造价在整个建设期中处于不确定状态，直至竣工决算后才能最终确定工程的实际造价。

4. 工程造价的层次性

造价的层次性取决于工程的层次性。一个建设项目往往含有多个能够独立发挥设计效能的单项工程(车间、写字楼、住宅楼等),一个单项工程又是由能够各自发挥专业技能的多个单位工程(土建工程、电气安装工程等)组成。与此相适应,工程造价有三个层次:建设项目总造价、单项工程造价和单位工程造价。如果专业分工更细,单位工程(如土建工程)的组成部分——分部分项工程也可以成为交换对象,如大型土方工程、基础工程、装饰工程等,这样工程造价的层次就增加分部工程与分项工程而成为五个层次。即使从造价的计算和工程管理的角度看,工程造价的层次性也是非常突出的。

5. 工程造价的兼容性

工程造价的兼容性表现在工程造价构成因素的广泛性和复杂性。工程造价的成本因素非常复杂,其中为获得建设工程用地支出的费用、项目可行性研究和规划设计费用、与政府一定时期政策(特别是产业政策和税收政策)相关的费用占有相当大的份额。赢利的构成也较为复杂,资金成本较大。

0.1.3 工程造价的职能

工程造价的职能既是价格职能的反映,也是价格职能在这一领域的特殊表现。它除了一般的商品价格职能以外,还有自己特殊的职能。

1. 预测职能

由于工程造价的大额性和动态性,因此无论是投资者或是承包商都要对拟建工程进行预先测算。投资者预先测算的工程造价不仅可以作为项目决策依据,同时也是筹集资金、控制造价的依据。承包商对工程造价的测算,既为投标决策提供依据,也为投标报价和成本管理提供依据。

2. 控制职能

工程造价的控制职能表现在两方面:一方面是它对投资的控制,即在投资的各个阶段,根据对造价的多次性预估,对造价进行全过程、多层次的控制;另一方面,是对以承包商为代表的商品和劳务供应企业的成本控制。在价格一定的条件下,企业实际成本开支决定企业的盈利水平。成本越高,盈利越低。成本高于价格,就会危及企业的生存。所以,企业要以工程造价来控制成本,利用工程造价提供的信息资料作为控制成本的依据。

3. 评价职能

工程造价是评价总投资和分项投资合理性与投资效益的主要依据之一。评价土地价格、建筑安装产品和设备价格的合理性时,必须利用工程造价的资料;评价建设项目偿贷能力、获利能力和宏观效益时,也要依据工程造价。工程造价也是评价建筑安装企业管理水平和经营成果的重要依据。

4. 调节职能

工程建设直接关系到经济增长,也直接关系到国家重要资源分配和资金流向,对国计民生都有重大影响,所以国家对建设规模、结构进行宏观调节是在任何条件下都不可缺少的,对政府投资项目进行直接调控和管理也是必需的,这些都是通过工程造价来对工程建设中的物质消耗水平、建设规模、投资方向等进行调节。

工程造价职能实现的条件,最主要的是市场竞争机制的形成。现代市场经济要求市场主体要有自身独立的经济利益,并能根据市场信息(特别是价格信息)和利益取向来决定其经济行为。无论是购买者还是出售者,在市场上都处于平等竞争的地位,他们都不可能单独地影响市场价格,更没有能力单方面决定价格。作为买方的投资者和作为卖方的建筑安装企业,以及其他商品和劳务的提供者,是在市场竞争中根据价格变动,根据自己对市场走向的判断来调节自己的经济活动。只有在这种条件下,价格才能实现它的基本职能和其他各项职能。因此,建立和完善市场机制,创造平等竞争的环境是十分迫切而重要的任务。具体来说,投资者、建筑安装企业等商品和劳务的提供者首先要使自己真正成为具有独立经济利益的市场主体,能够了解并适应市场信息的变化,能够做出正确的判断和决策。其次,要给建筑安装企业创造出平等竞争的条件,使不同类型、不同所有制、不同规模、不同地区的企业,在同一项工程的投标竞争中处于同样平等的地位。为此,首先要规范建筑市场和市场主体的经济行为;再次,要建立完善的、灵敏的价格信息系统。

0.1.4 工程造价的计价特征

工程造价的特点,决定了工程造价的计价特征。

1. 计价的单件性

产品的个体差别性决定每项工程都必须单独计算造价。

2. 计价的多次性

建设工程周期长、规模大、造价高,因此,按建设程序要分阶段进行,相应地也要在不同阶段多次计价,以保证工程造价计算的准确性和控制的有效性。多次性计价是个逐步深化、逐步细化和逐步接近实际造价的过程。对于大型建设项目,其计价过程如图 0-1 所示。

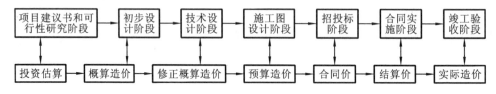

图 0-1 工程多次性计价示意图

1) 投资估算

在编制项目建议书和可行性研究阶段,对投资进行估算是一项不可缺少的组成内容。投资估算是指在项目建议书和可行性研究阶段对拟建项目所需投资,通过编制估算文件预先测算和确定的过程。也可表示估算出的建设项目的投资额,或称估算造价。

2) 概算造价

概算造价是指在初步设计阶段,根据设计意图,通过编制工程概算文件预先测算和限定的工程造价。概算造价较投资估算造价准确性有所提高,但它受估算造价的控制。概算造价的层次性十分明显,分建设项目概算总造价、各个单项工程概算综合造价、各单位工程概算造价。

3) 修正概算造价

修正概算造价是指在采用三阶段设计的技术设计阶段,根据技术设计的要求,通过编制修正概算文件预先测算和限定的工程造价。它对初步设计概算进行修正调整,比概算造价准确,但受概算造价控制。

4) 预算造价

预算造价是指在施工图设计阶段,根据施工图纸,通过编制预算文件,预先测算和限定的工程造价。它比概算造价或修正概算造价更为详尽和准确,但同样要受前一阶段所限定的工程造价的控制。

5) 合同价

合同价是指在工程招投标阶段通过签订总承包合同、建筑安装工程承包合同、设备材料采购合同,以及技术和咨询服务合同确定的价格。合同价属于市场价格的性质,它是由承发包双方,也即商品和劳务买卖双方根据市场行情共同议定和认可的成交价格,但它并不等同于最终决算的实际工程造价。按计价方法的不同,建设工程合同有许多类型,不同类型合同的合同价内涵也有所不同。

6) 结算价

结算价是指在合同实施阶段,在工程结算时按合同调价范围和调价方法,对实际发生的工程量增减、设备和材料价差等进行调整后计算和确定的价格。结算价是该结算工程的实际价格。

7) 实际造价

实际造价是指竣工决算阶段,通过为建设项目编制竣工决算,最终确定的实际工程造价。

3. 造价的组合性

工程造价的计算由分部分项组合而成。这一特征与建设项目的组合性有关。一个建设项目是一个工程综合体,虽然在范围和内涵上有很大的不确定性,但每一工程就时间和内容上都构成一个系统工程。为满足工程管理和工程成本经济核算的需要,保证工程造价计价合理确定和有效的控制,可把整体、复杂的系统工程分解成小的、易于管理的组成部分。按照我国对工程造价的有关规定和习惯做法,建设项目按照它的组成内容不同,可以分解为建设项目、单项工程、单位工程、分部工程和分项工程五个层次。

1) 建设项目

建设项目是指按照同一个总体设计,在一个或两个以上工地上进行建造的单项工程之和。作为一个建设项目，一般应有独立的设计任务书；建设单位在行政上有独立组织建设的管理单位，在经济上是进行独立经济核算的法人组织，如一个工厂、一所医院、一所学校等。建设项目的价格一般由编制设计总概算或修正概算来确定。

2) 单项工程

单项工程是指具有独立的施工条件和设计文件，建成后能够独立发挥生产能力或工程效益的工程项目，如办公楼、教学楼、食堂、宿舍楼等。它是建设项目的组成部分，其工程产品价格是由编制单项工程综合概预算确定的。

3) 单位工程

单位工程是具有独立的设计图纸与施工条件，但建成后不能单独形成生产能力与发挥效益的工程。它是单项工程的组成部分，如土建工程、给排水工程、电器照明工程、设备安装工程等。单位工程是编制设计总概算、单项工程综合概预算的基本依据。单位工程价格一般可由编制施工图造价确定。

4) 分部工程

分部工程是单位工程的组成部分。它是按照建筑物的结构部位或主要的工种划分的，如基础工程、墙体工程、脚手架工程、楼地面工程、屋面工程、钢筋混凝土工程、装饰工程等。分部工程费用组成单位工程价格，也是按分部工程发包时确定承发包合同价格的基本依据。

5) 分项工程

分项工程是分部工程的细分，是构成分部工程的基本项目，又称工程子目或子目，它是通过较为简单的施工过程就可以生产出来并可用适当计量单位进行计算的建筑工程或安装工程。一般是按照选用的施工方法、所使用的材料、结构构件规格等不同因素划分施工分项。如在砖石工程中可划分为砖基础、砖墙、砖柱、砌块墙、钢筋砖过梁等，在土石方工程中可划分为挖土方、回填土、余土外运等分项工程。这种以适当计量单位进行计量的工程实体数量就是工程量，不同步距的分项工程单价是工程造价最基本的计价单位(即单价)。每一分项工程的费用即为该分项工程的工程量和单价的乘积。

由此可以看出，建设项目的这种组合性决定了计价的过程是一个逐步组合的过程。这一特征在计算概算造价和预算造价时尤为明确，同时也反映到合同价和结算价中。其计算过程和计算顺序是：分部分项工程单价→单位工程造价→单项工程造价→建设项目总造价。

4. 方法的多样性

工程造价多次性计价有各不相同的计价依据，对造价的精确度要求也不相同，这就决定了计价方法有多样性特征。计算概、预算造价的方法有单价法和实物法等。计算投资估算的方法有设备系数法、生产能力指数估算法等。不同的方法利弊不同，适应条件也不同，计价时要根据具体情况加以选择。

5. 依据的复杂性

由于影响造价的因素多，所以计价依据复杂，种类繁多。主要可分为以下 7 类。

(1) 计算设备和工程量的依据,包括项目建设建议书、可行性研究报告、设计文件等。

(2) 计算人工、材料、机械等实物消耗量的依据,包括投资估算指标、概算定额、预算定额。

(3) 计算工程单价的价格依据,包括人工单价、材料价格、材料运杂费、机械台班费等。

(4) 计算设备单价的依据,包括设备单价、设备运杂费、进口设备关税等。

(5) 计算其他直接费、现场经费、间接费和工程建设其他费用的依据,主要是相关的费用定额和指标。

(6) 政府规定的税、费。

(7) 物价指数和工程造价指数。

依据的复杂性不仅使计算过程复杂,而且要求计价人员熟悉各类依据,并加以正确应用。

0.2 工程造价管理理论的发展

0.2.1 工程造价管理的含义及基本内容

1. 工程造价管理的含义

工程造价有两种含义,相应地,工程造价管理也有两种含义:一是建设工程投资管理;二是工程价格管理。

这两种含义是不同的利益主体从不同的利益角度管理同一事物,但由于利益主体不同,建设工程投资管理与工程价格管理有着显著的区别。其一,两者的管理范畴不同,工程投资费用管理属于投资管理范围,而工程价格管理属于价格管理范畴。其二,两者的管理目的不同,工程投资管理的目的在于提高投资效益,在决策正确、保证质量与工期的前提下,通过一系列的工程管理手段和方法使其不超过预期的投资额甚至是降低投资额;而工程价格管理的目的在于使工程价格能够反映价值与供求规律,以保证合同双方合理合法的经济利益。其三,二者的管理范围不同。工程投资管理贯穿于项目决策、工程设计、项目招投标、施工过程、竣工验收的全过程,由于投资主体不同,资金的来源不同,涉及的单位也不同;对于承包商而言,由于承发包的标的不同,工程价格管理可能是从决策到竣工验收的全过程管理,也可能是其中某个阶段的管理,在工程价格管理中,不论投资主体是谁,资金来源如何,都只涉及工程承发包双方之间的关系。

2. 工程造价管理的内容

1) 工程造价管理的目标

工程造价管理的目标是按照经济规律的要求,根据社会主义市场经济的发展形势,利用科学管理方法和先进管理手段,合理地确定造价和有效地控制造价,以提高投资效益和建筑安装企业经营效果。

2) 工程造价管理的任务

工程造价管理的任务是加强工程造价的全过程动态管理,强化工程造价的约束机制,维护有关各方的经济利益,规范价格行为,促进微观效益和宏观效益的统一。

3) 工程造价管理的基本内容

工程造价管理的基本内容就是工程造价的合理确定和有效控制。

（1）工程造价的合理确定,就是在建设程序的各个阶段,合理确定投资估算、概算造价、预算造价、承包合同价、结算价、竣工决算价。具体可从以下几个阶段着手：在项目建议书阶段,按照有关规定,应编制初步投资估算,经有关部门批准,作为拟建项目列入国家中长期计划和前期工作的控制造价；在可行性研究阶段,按照有关规定编制的投资估算,经有关部门批准,作为该项目控制造价的依据；在初步设计阶段,按照有关规定编制的初步设计总概算,经有关部门批准,作为拟建项目工程造价的最高限额；对初步设计阶段,实行建设项目招标承包制签订承包合同协议的,其合同价也应在最高现价（总概算）相应的范围以内；在施工图设计阶段,按照规定编制施工图预算,用以核实施工图阶段预算造价是否超过批准的初步设计概算。对以施工图预算为基础招标投标的工程,承包合同价也是以经济合同形式确定的建筑安装工程造价；在工程实施阶段要按照承包方实际完成的工程量,以合同价为基础,同时考虑因物价上涨所引起的造价提高,考虑到设计中难以预计的在实施阶段实际发生的工程和费用,合理确定结算价。

（2）工程造价的有效控制,就是在优化建设方案、设计方案的基础上,在建设程序的各个阶段,采用一定的方法和措施把工程造价的发生控制在合理的范围和核定的造价限额以内。具体地说,就是要用投资估算价控制设计方案的选择和初步设计概算造价,用概算造价控制技术设计和修正概算造价,用概算造价和修正概算造价控制施工图设计和预算造价,以求合理使用人力、物力和财力,取得较好的投资效益。

工程造价的合理确定和有效控制之间存在相互依存、相互制约的辩证关系。首先,工程造价的确定是工程造价控制的基础和载体。没有造价的确定,就没有造价的控制；没有造价的合理确定,也就没有造价的有效控制。其次,造价的控制贯穿工程造价确定的全过程,造价的确定过程也就是造价的控制过程,只有通过逐项控制、层层控制,最终才能合理地确定造价。最后,确定造价和控制造价的最终目的是统一的,即合理使用建设资金,提高投资效益,遵循价格运动规律和市场运行机制,维护有关各方面的经济利益。

4) 工程造价管理的基本原则

有效的工程造价管理应体现以下三项原则。

（1）以设计阶段为重点的建设全过程造价控制。

工程造价控制贯穿于项目建设全过程,在过程中必须突出重点。很显然,工程造价控制的关键在于施工前的投资决策和设计阶段,而在项目作出投资决策后,控制工程造价的关键就在于设计。建设工程全寿命费用包括工程造价和工程交付使用后的经常开支费用(含经营费用、日常维护修理费用、使用期内大修理和局部更新费用),以及该项目使用期满后的报废拆除费用等。据西方一些国家分析,设计费一般只占相当于建设工程全寿命费用的1%以下,但正是这少于1%的费用对工程造价的影响却占75%以上。由此可见,设计质量对整个工程建设的效益是至关重要的。设计阶段对工程造价高低具有能动的、决定性的影响作用。设计方案确定后,工程造价的高低也就基本确定了,也就是说全过程控制的重点在前期,因此,以设计阶段为重点的造价控制才能积极、主动、有效地控制整个建设项目的投资。

长期以来,我国普遍忽视工程建设项目前期工作阶段的造价控制,而往往把控制工程造价的主要精力放在施工阶段——审核施工图预算、结算建安工程价款,算细账。这样做尽管也有效果,但毕竟是"亡羊补牢",事倍功半。要有效地控制建设工程造价,就要坚决地把重点转到建设前期阶段上来,当前尤其应抓住设计这个关键阶段,以取得事半功倍的效果。

(2) 主动控制,以取得令人满意的结果。

长期以来,人们一直把控制理解为目标值和实际值的比较,以及当实际值偏离目标值时,分析其产生偏差的原因,并确定下一步的对策。在工程项目建设全过程进行这样的工程造价控制当然是有意义的。但问题在于,这种立足于调查-分析-决策基础之上的偏离-纠偏-再偏离-再纠偏的控制方法,只能发现偏离,不能使已产生的偏离消失,也不能预防可能发生的偏离,因而只能说是被动控制。自20世纪70年代初开始,人们将系统论和控制论研究成果用于项目管理后,将"控制"立足于事先主动采取决策措施,以尽可能地减少以至避免目标值与实际值的偏离,这是主动的、积极的控制方法,因此被称为主动控制。也就是说,我们的工程造价控制,不仅要反映投资决策,反映设计、发包和施工,被动地控制工程造价,更要能动地影响投资决策,影响设计、发包和施工,主动地控制工程造价。

(3) 技术与经济相结合是控制工程造价最有效的手段。

要有效地控制工程造价,应从组织、技术、经济等方面采取措施。从组织上采取的措施,包括明确项目组织结构,明确造价控制者及其任务,明确管理职能分工;从技术上采取措施,包括重视设计多方案选择,严格审查监督初步设计、技术设计、施工图设计、施工组织设计,深入技术领域研究节约投资的可能;从经济上采取措施,包括动态地比较造价的计划值和实际值,严格审核各项费用支出,采取对节约投资的有力奖励措施等。

应该看到,技术与经济相结合是控制工程造价最有效的手段。长期以来,在我国工程建设领域,技术与经济是相分离的。许多国外专家指出,中国技术人员的技术水平、工作能力、知识面,跟外国同行相比几乎不分上下,但他们缺乏经济观念,设计思想保守,设计规范、施工规范落后。国外的技术人员时刻考虑如何降低工程造价,而中国技术人员则把它看成与己无关的财会人员的职责。而财会、概预算人员的主要责任是根据财务制度办事,他们往往不熟悉工程知识,也较少了解工程进展中的各种关系和问题,往往单纯地从财务制度审核费用开支,难以有效地控制工程造价。为此,迫切需要解决以提高工程造价效益为目的,在工程建设过程中把技术与经济有机结合,通过技术比较、经济分析和效果评价,正确处理技术先进与经济合理两者之间的对立统一关系,力求实现在技术先进条件下的经济合理、在经济合理基础上的技术先进,把控制工程造价观念渗透到各项设计和施工技术措施之中。

0.2.2 我国工程造价管理的产生和发展

工程造价管理是随着社会生产力、商品经济和现代管理科学的发展而产生和发展的。工程造价管理在我国经历了不同的产生和发展阶段。

1. 我国古代的工程造价管理

在中国的历史上,很多朝代都大兴土木,这使得工匠们积累了丰富的建筑与建筑管理方面的经验,再经过官员的归纳、整理,逐步形成了工程项目施工管理与造价管理的理论与方法的初始形态。据我国春秋战国时期的科学技术名著《考工记》"匠人为沟洫"一节的记载,早在2000多年前我们的先人就已经规定,凡修筑沟渠堤防,一定要以匠人一天修筑的进度为参照,再以一里工所需的匠人数和天数来预算这个工程的劳力,然后方可调配人力,进行施工。这也是人类最早的有关工程造价预算、工程施工控制和工程造价控制方法的文字记录之一。另据《辑古萆经》的记载,我国唐代就已经有了夯筑城台的定额——"功"。著名的古代土木建筑学家北宋的李诫(主管建筑的大臣)编修的《营造法式》,成书于公元1100年。它不仅是土木建筑工程技术方面的巨著,也是工料计算方面的巨著。《营造法式》共有34卷,分为释名、各作制度、功限、料例和图样5个部分。其中有13卷是关于算工算料的规定。该书中的"料例"和"功限",就是我们现在所说的"材料消耗定额"和"劳动消耗定额"。这是人类采用定额进行工程造价管理最早的明文规定和文字记录之一。我国明代的工部(管辖官府建筑的政府部门)所编著的《工程做法》也是体现中华民族在工程造价管理理论与方法方面所作的具有历史贡献的一部伟大著作。清代工部《工程做法则例》主要是一部算工算料的书。梁思成先生在《清式营造则例》一书的序中曾说:"《工程做法则例》是一部名不符实的书,因为只是二十七种建筑物的各种尺寸单和瓦工油漆等作的算工算料算账法。"在古代和近代,在算工算料方面流传着许多秘传抄本,其中失传的很多。梁思成先生根据所搜集到的秘传抄本编著的《营造算例》,"在标列尺寸方面的确是一部原则的书,在权衡比例上则有计算的程式……其主要目的在算料"。这都说明,在中国古代工程中,很重视材料消耗的计算,并已形成了许多则例,形成一些计算工程工料消耗和计算工程费用的方法。正如英国著名的工程造价管理专家 A. Ashworth 博士在其著作中提到的那样,在两千多年前,人们就认识到在建造工程之前要计算工程造价的重要性。我们伟大的中华民族早在两千多年前就已经创立了工程造价管理理论与方法的一些雏形,并且在随后的年代里为加深人类对工程造价管理理论与方法的认识做出了巨大的贡献。

2. 新中国的工程造价管理

新中国成立后,我国引进、消化和吸收前苏联工程项目概预算管理制度,于1957年颁布了自己的《关于编制工业与民用建设预算的若干规定》。当时,国务院和国家计划委员会先后颁布了《基本建设工程设计与预算文件审核批准暂行办法》《工业与民用建设设计预算编制办法》和《工业与民用建设预算编制暂行细则》等一系列法规、文件。在此基础上,国家先后成立了一系列工程标准定额的局和处级部门,并且于1958年成立了国家建筑经济局。可以说,从1953年到1958年,是我国在计划经济条件下,工程项目造价管理的体制、工程造价的确定与控制管理方法(主要是以概预算制度为基础)基本确立的阶段。

从1958年到1976年"文化大革命"结束,这一时期我国工程造价管理制度、方法及工作体系和专业人员队伍完全被极左的狂热摧毁并破坏,新中国工程造价管理体系全面瓦解。1967年,原建工部直属企业实行经常费制度,工程完工后向建设单位实报实销,从而使施工企业变成了行政事业单位。这一制度实行了6年,于1973年1月1日起被迫停止,恢复了建设单位与施工单位施工图预算制度。1973年制定了《关于基本建设概算管理办法》,但未能施行。

十年动乱的结束为顺利重建造价管理制度提供了良好的条件。1977年到1990年初的这一阶段是我国工程造价管理工作的恢复、整顿和发展阶段。1977年国家恢复重建工程造价管理机构。1983年国家纪委成立了基本建设标准定额研究所、基本建设标准定额局,以加强对这项工作的组织领导。各有关部门、各地区也陆续成立了相应的管理机构。1988年这项管理工作划归建设部,并成立了标准定额司。十多年来,我国颁布了大量关于工程造价管理的文件、工程造价概预算定额、工程造价管理方法、工程项目财务与经济评价方法和参数等一系列指南、法规和文件,这使新中国工程造价管理理论与实践获得快速发展。

1992年以后,我国改革开放力度不断加大,经济加速向有中国特色社会主义市场经济转变。1992年,全国工程建设标准定额工作会议召开后,我国"量、价统一"的工程造价定额管理模式开始转变,并且逐步实现以市场机制为主导,由政府职能部门实行协调监督,与国际惯例全面接轨的管理方式。

从1995年到1997年,国家建设部和人事部开始共同组织试行、实施造价工程师职业资格考试与认证工作。同时从1997年开始由建设部组织我国工程造价咨询单位的资质审查和批准工作。此外,许多专业性工作已在按照国际通行的中介咨询服务方式运行。这使20世纪90年代后期成了我国工程造价管理在适应经济体制转化和与国际工程造价管理惯例接轨方面发展最快的一个阶段。尤其是我国加入WTO以及随着《中华人民共和国招标投标法》的颁布实施,定额计价模式向工程量清单计价模式转变,工程造价管理体制的改革目前主要表现在以下几方面。

(1) 开始重视和加强项目决策阶段的投资估算工作,努力提高可行性研究报告投资估算的准确度,切实发挥其控制建设项目总造价的作用。

(2) 明确了概预算工作不仅要反映设计、计算工程造价,更要能动地影响设计、优化设计,并发挥控制工程造价、促进合理使用建设资金的作用。工程经济人员与设计人员需要密切配合,做好多方案的技术经济比较,通过优化设计来保证设计的技术经济合理性。要明确规定设计单位逐级控制工程造价的责任制,并辅以必要的奖罚制度。

(3) 从建筑产品也是商品的认识出发,以价值为基础,确定建设工程的造价和建筑安装工程的造价,使工程造价的构成合理化,逐渐与国际惯例接轨。

(4) 把竞争机制引入工程造价管理体制,打破以行政手段分配建设任务和施工单位依附于主管部门吃大锅饭的体制,冲破条块割裂、地区封锁,在相对平等的条件下进行招标承包,择优选定工程承包公司和设备材料供应单位,以促使这些单位改善经营管理,提高应变能力和竞争能力,从而降低工程造价。

(5) 提出用"动态"方法研究和管理工程造价。研究如何体现项目投资额的时间价值,要求各地区、各部门工程造价管理机构要定期公布各种设备、材料、工资、机械台班的价格指数以及各类工程造价指数,要求尽快建立地区、部门以及全国的工程造价管理信息系统。

(6) 提出要对工程造价的估算、概算、预算、承包合同价、结算价、竣工决算实行一体化管理,并研究如何建立一体化的管理制度,改变"铁路警察各管一段"的状况。

(7) 工程造价咨询服务业产生并逐渐发展。作为受委托方委托,为建设项目工程造价的合理确定和有效控制提供咨询服务的工程造价咨询单位在全国全面迅速发展,造价工程师执业资格制度正式建立,中国建设工程造价管理协会及专业委员会和各省、市、自治区工程造价管理协会普遍建立。

此外,各院校和科研机构也均加强了工程造价管理的理论研究。以天津理工学院 TCCCE(造价工程师培训中心)为代表的一批研究人员均在努力探索工程造价改革的思路以及工程造价所需的技术与方法,以"广联达"、"神机妙算"为代表的高技术公司纷纷推出可以大量减少复杂计算劳动的概预算软件,大大提高了工程造价领域里的信息化程度和技术含量,以 TCCCE 为代表的一大批高等院校还在积极探索培养工程造价专业人才的新模式,这些教育模式包含了从大专到研究生的各种教育形式,必然会大大加快我国工程造价管理改革的进程。

【综合案例】

南京地铁的工程造价管理

南京地铁一号线一期工程线路全长 21.72 公里,二号线一期工程线路全长 21.63 公里。南京地铁项目的建设和运营班子同时组建,工程造价管理的指导思想是确保以运营为导向进行地铁建设,从项目全生命的利益考虑建设目标和运营目标的平衡。南京地铁项目主要从以下七个方面进行造价的管理与控制,并达到了很好的效果。

1. 确定合适的线路标准

根据城市特征、客流预测等选择适合的轨道交通模式,如轻轨、地铁等。不同的线路类别造价差别很大,通常高架线是地下线造价的 1/4～1/3,地面线又是高架线造价的 1/3～1/2。地铁并不一定要建在地下,把地铁建到地面上,可免去地下隧道的通风、照明、排水等设施的投资。新加坡的地铁 70% 都是建在地上的。

南京地铁也根据实际情况,选用了不同类型。一号线一期工程线路全长 21.72 公里,其中地下线 14.33 公里,地上线 7.39 公里;二号线一期工程线路全长 21.63 公里,其中地下线 19.11 公里,高架线 0.83 公里,地面线 1.69 公里。南京地铁一号线南延线和二号线西延线过江后尽量采用地面线和高架线。

2. 整体设计,分步实施

设计要具有前瞻性,满足可持续发展的需要,远近结合。工程技术标准要适当,不能按最大功能和最高技术水平一步到位,避免出现功能过剩。广州地铁全部采用德国最先进的技术和设备,造价最高。而北京、上海大部分采用了国产设备,造价要低得多。

如果一味追求现代化,既增加了投资,又增加了设备维护工作量,并且现在科技日新月异,设备更新很快,必要的时候安装更先进的设备也不迟。因此,南京地铁一号线建设主要定位在"安全可靠、经济适用、服务老百姓、综合国产化",并本着"地铁装修要美观大方,不追求豪华;车厢要安全可靠,不一定要非常漂亮"的原则进行设计,极大地避免了功能过剩造成的浪费。

3. 实现有效的线路规划

南京地铁事先就在规划控制中,新街口地区的中央、新百、东方等大商场,在建设时就预留了地铁出入口、风亭、风道等设施,中山南路南下工程也为地铁预留了高架桥空间。正是有了前期巧妙的充分酝酿,地铁一号线才得以在 2000 年 12 月 12 日正式开工,拆迁费用也大为节省。广州地铁一号线,拆迁花了 33 亿元,而南京地铁一号线的拆迁只花了约 5 亿元。

地下线路及车站埋深在有条件的情况下尽量浅埋,浅埋既节约土建费用,还有可能减少一些设备投入。同时,尽量避开了不良地段和地下管线大干道,并考虑与地面市政设施或建筑相结合综合开发。具体设计时采用标准设计,既可节约设计费用,又可缩短设计周期。

4. 实现合理的车站设计,降低工程造价

施仲衡院士说,预测客流量偏高、行车编组偏长、我国机电设备尚未标准化和系列化、预留空间过大、车站间距较短等都直接导致地铁投资过高。仅行车密度一项,如果按行车间隔 1.5 分钟,即行车密度每小时 40 对(目前为 30 对)设计,列车编组长度可以相应缩短,车站站台长度也可缩短,而车站每减少 1 公里长度可以降低造价

3000万元～5000万元，运营期间的成本也将大大降低。

南京地铁车站讲究实用，尽量减少与基本功能无关的设施，车站设计合理，且装修朴实无华、经济实用、安全可靠。通过前期科学的客流预测制定行车编组，合理确定车站间距、车站型式和埋深，控制地铁站的规模，严格控制车站设备和管理用房面积，优化车站布局，降低了初期建设资金和将来运营期见成本

5. 推行国产化设备，降低工程造价

据国内外轨道交通工程的造价分析，一般土建工程造价占50%～55%，技术设备的建设、购置、安装费用占45%～50%。引进国外设备投资巨大、营运维修成本高，给地铁运营及地方财政背上沉重的包袱。广州、深圳、上海等城市在地铁建设中使用了国外资金，引进了世界上90年代最高水平的设备，新线投入运营3～5年，随车采购的配件用完后，二次采购配件的费用大幅度上涨，有些竟提高了5～10倍。根据有关厂家提供的数据，国内生产的地铁车辆的价格仅为国外车辆的1/4～1/2。

南京地铁的国产化率达到了一个很高的水平，其中，车辆达到70%，信号系统国产化率超过60%，而通信、自动扶梯、自动检票系统等全部实现国产化，平均国产化率达79.2%，为目前中国地铁工程中国产化率之最，大大降低了项目的工程造价。

6. 确定合理的施工方法，降低工程造价

施工工艺和方法对造价的影响较大，南京地铁结合地质、环境、工期等具体情况认真研究。根据周边建筑和地下管线的布置情况，确定施工时基坑的保护等级；围护结构型式主要从结构防水、基坑保护等级和降低围护结构造价方面考虑；根据地质条件、场地情况、对交通的影响等因素的分析，选择合理的挖掘方式。

南京地铁开挖时，在有条件的地方尽量采用明挖施工法，明挖法比暗挖法施工节省投资20%～50%，但要充分考虑对周边地区交通的影响，做好交通流的疏散工作。

南京地铁还努力通过科研成果转化、设计及施工方案的优化、技术创新的细化推进工程建设。积极采用新工艺、新材料、新技术来降低造价，节约成本，节省工期。如，设计优化方案经确认后，可按节约投资额的一定比例予以奖励。

7. 实现有效的项目施工的管理

由于南京地铁的建设和运营属于同一单位，且建设与运营班子同时组建，因此能有效做到对项目和施工现场实施有效管理，同时建立了完善的财务及经费管理制度，通过必要和规范的财务及经费管理制度使地铁建设资金的使用、运作能够经得住审计和审查，从而达到了降低工程成本的目的。

【思考与练习】

一、单选题

（1）从业主的角度，工程造价是指（　　）。

A. 工程的全部固定资产投资费用　　B. 工程合同价格

C. 工程承包价格　　D. 工程承发包价格

(2) 工程造价计价的单件性是由产品的(　　)决定的。
A. 个别差异性　　　　　　　　　　B. 特殊性
C. 价值　　　　　　　　　　　　　D. 价格
(3) 在建设工程招投标阶段确定的工程价格是指(　　)。
A. 预算造价　　　　　　　　　　　B. 合同价
C. 实际造价　　　　　　　　　　　D. 结算价
(4) 概算造价是指在(　　)阶段,通过编制工程概算文件预先测算和限定的工程造价。
A. 项目建设书和可行性研究　　　　B. 初步设计
C. 技术设计　　　　　　　　　　　D. 施工图设计
(5) 某钢铁厂的焦化车间属于(　　)。
A. 建设项目　B. 单项工程　C. 单位工程　D. 分部工程

二、多选题
(1) 工程造价的特点有(　　)。
A. 大额性　B. 个别性　C. 稳定性　D. 层次性　E. 兼容性
(2) 基本建设项目的组成包括(　　)。
A. 建设项目　B. 合同工程　C. 单位工程　D. 分部工程　E. 分项工程
(3) 计算人工、材料、机械等实物消耗量的依据,包括如下的(　　)。
A. 投资估算指标　　　　　　　　　B. 概算定额
C. 可行性研究报告　　　　　　　　D. 预算定额
(4) 工程造价的职能有(　　)。
A. 预测职能　B. 控制职能　C. 评价职能　D. 调节职能　E. 建筑职能

三、思考题
(1) 简述工程造价的含义。
(2) 试述工程造价的特点。
(3) 工程造价的计价特征包括哪些内容?
(4) 试述工程造价管理的基本概念以及工程造价管理目标和任务。
(5) 我国工程造价管理存在哪些问题?你认为应如何改进?

答案:
一、单选题
(1) A　(2) A　(3) B　(4) B　(5) B
二、多选题
(1) ABDE　(2) ACDE　(3) ABD　(4) ABCD
三、(略)

第1章 工程造价构成

【本章概述】

本章首先在介绍我国项目投资构成的基础上，介绍了目前我国工程造价的构成内容；然后重点讲述我国工程造价各部分的组成及计算方法、计价程序。本章内容是学习工程造价管理的基础。

【学习目标】

1. 了解世界银行建设项目费用构成和国外建筑安装工程费用的构成。
2. 掌握我国建设工程造价的构成与计算方法。
3. 掌握设备及工器具购置费的构成与计算。
4. 掌握建安工程费用的构成与计算。
5. 掌握工程建设其他费构成内容及有关规定。
6. 掌握预备费、建设期贷款利息的计算。

1.1 概述

1.1.1 我国现行建设项目投资构成和工程造价构成

建设项目投资是指一个工程项目在建设阶段所需要花费的全部费用的总和。

生产性建设项目总投资包括建设投资、建设期利息和流动资金三部分；非生产性建设项目总投资包括建设投资和建设期利息两部分。其中，建设投资和建设期利息之和对应于固定资产投资，固定资产投资与建设项目的工程造价在量上相等。由于工程造价具有大额性、动态性、兼容性等特点，要有效管理工程造价，必须按照一定的标准对工程造价的费用构成进行分解。一般可以按建设资金支出的性质、途径等方式来分解工程造价。工程造价基本构成包括用于购买工程项目所含各种设备的费用，用于建筑施工和安装施工所需支出的费用，用于委托工程勘察设计应支付的费用，用于购置土地所需的费用，也包括用于建设单位自身进行项目筹建和项目管理所花费的费用等。总之，工程造价是按照确定的建设内容、建设规模、建设标准、功能要求和使用要求等将工程项目全部建成并验收合格交付使用所需的全部费用。

建设项目工程造价即指固定资产投资，其主要构成部分是建设投资，建设投资包括工程费用、工程建设其他费用和预备费三部分。工程费用是指直接构成固定资产实体的各种费用,可以分为建筑安装工程费和设备及工器具购置费;工程建设其他费用是指根据国家有关规定应在投资中支付,并列入建设项目总造价或单项工程造价的费用。预备费是为了保证工程项目的顺利实施,避免在难以预料的情况下造成投资不足而预先安排的一笔费用。建设项目工程造价与建设项目总投资的关系及其具体内容如图1-1所示。

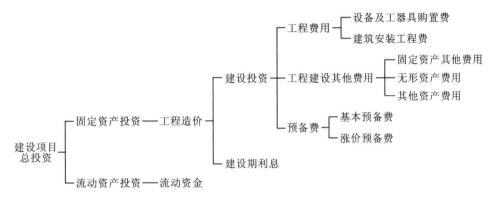

图1-1 我国现行建设项目总投资构成

1.1.2 世界银行工程造价的构成

1945年12月27日宣布正式成立的国际复兴开发银行现通称"世界银行"。1946年6月25日开始营业,1947年11月5日起称为联合国专门机构之一,通过向成员国提供用作生产性投资的长期贷款,为不能得到私人资本的成员国的生产建设筹集资金,以帮助成员国建立恢复和发展经济的基础,发展到目前为止,世界银行已经成为世界上最大的政府间金融机构之一。

为了便于对贷款项目的监督和管理,1978年,世界银行与国际咨询工程师联合会共同对项目的总建设成本(相当于我国的工程造价)作了统一的规定。工程项目总建设成本包括直接建设成本、间接建设成本、应急费和建设成本上升费等。

1. 项目直接建设成本

项目直接建设成本包括以下内容。

(1) 土地征购费。

(2) 场外设施费用,如道路、码头、桥梁、机场、输电线路等设施费用。

(3) 场地费用,指用于场地准备、厂区道路、铁路、围栏、场内设施等的建设费用。

(4) 工艺设备费,指主要设备、辅助设备及零配件的购置费用,包括海运包装费用、交货港离岸价,但不包括税金。

(5) 设备安装费,指设备供应商的监理费用,本国劳务及工资费用,辅助材料、施工设备、消耗品和工具等费用,以及安装承包商的管理费和利润等。

(6) 管道系统费用,指与系统的材料及劳务相关的全部费用。

(7) 电气设备费,指主要设备、辅助设备及零配件的购置费用,包括海运包装费用、交货港离岸价,但不包括税金。

(8) 电气安装费,指设备供应商的监理费用,本国劳务与工资费用、辅助材料、电缆、管道和工具费用,以及营造承包商的管理费和利润。

(9) 仪器仪表费,指所有自动仪表、控制板、配线和辅助材料的费用,以及供应商的监理费用、外国或本国劳务及工资费用、承包商的管理费和利润。

(10) 机械的绝缘和油漆费,指与机械及管道的绝缘和油漆相关的全部费用。

(11) 工艺建筑费,指原材料、劳务费,以及与基础、建筑结构、屋顶、内外装修、公共设施有关的全部费用。

(12) 服务性建筑费用,指原材料、劳务费,以及与基础、建筑结构、屋顶、内外装饰、公共设施有关的全部费用。

(13) 工厂普通公共设施费,包括材料和劳务费,以及与供水、燃料供应、通风、蒸汽发生及分配、下水道、污物处理等公共设施有关的费用。

(14) 车辆费,指工艺操作必需的机动设备零件费用,包括海运包装费用以及交货港的离岸价,但不包括税金。

(15) 其他当地费用,指那些不能归类于以上任何一个项目,不能计入项目的间接成本,但在建设期间又是必不可少的当地费用,如临时设备、临时公共设施及场地的维持费,营地设施及其管理、建筑保险和债券、杂项开支等等费用。

2. 项目间接建设成本

(1) 项目管理费,主要包括以下内容。

① 总部人员的薪金和福利费,以及用于初步和详细工程设计、采购、时间和成本控制,行政和其他一般管理的费用。

② 施工管理现场人员的薪金、福利费和用于施工现场监督、质量保证、现场采购、时间及成本控制、行政及其他施工管理机构的费用。

③ 零星杂项费用,如返工、旅行、生活津贴、业务支出等。

④ 各种酬金。

(2) 开工试车费,指工厂投料试车必需的劳务和材料费用(不包含项目完工后的试车和空运转费用,这项费用属于项目直接建设成本)。

(3) 业主的行政性费用,指业主的项目管理人员费用及支出(其中某些必须排除在外的费用要在"估算基础"中详细说明)。

(4) 生产前费用,指前期研究、勘测、建矿、采矿等费用(其中某些必须排除在外的费用要在"估算基础"中详细说明)。

(5) 运费和保险费,指海运、国内运输、许可证及佣金、海洋保险、综合保险等费用。

(6) 地方税,指地方关税、地方税及对特殊项目征收的税金。

3. 应急费

应急费包括未明确项目的准备金和不可预见准备金两部分。

(1) 未明确项目的准备金。此项准备金用于在估算时不可能明确的潜在项目,包括那些在做成本估算时因为缺乏完整、准确和详细的资料而不能完全预见和不能注明的项目,并且这些项目是必须完成的,或它们的费用是必定要发生的。不明确项目的准备金是估算不可缺少的一个组成部分。

(2) 不可预见准备金。此项准备金是在未明确项目准备金之外,用于估算达到了一定的完整性并符合技术标准的基础上,由于物质、社会和经济的变化,导致估算增加的情况。此种情况可能发生,也可能不发生。因此,不可预见准备金只是一种储备,也可能不动用。

4. 建设成本上升费用

通常,估算中使用的构成工资率、材料和设备价格基础的截止日期就是"估算日期"。由于工程在建设过程中价格可能会有上涨,因此,必须对该日期的已知成本基础进行调整,以补偿直至工程结束时的未知价格增长。

工程的各个主要组成部分的细目划分决定以后,便可确定每一个主要组成部分的增长率。这个增长率是一项判断因素,它以已发表的国内和国际成本指数、公司记录等为依据,并与实际供应商进行核对,然后根据确定的增长率和从工程进度表中获得的每项活动的中点值,计算出每项主要组成部分的成本上升值。

1.2 设备及工具、器具购置费用的构成

设备及工器具购置费用是由设备购置费用和工具、器具及生产家具购置费用组成的,它是固定资产投资中的积极部分。

1.2.1 设备购置费的构成及计算

设备购置费是指按照建设项目设计文件要求,建设单位(或其委托单位)购置或自制的达到固定资产标准的各种国产或进口设备、工具、器具所需的费用。它由设备原价和设备运杂费两部分构成。

$$设备购置费=设备原价+设备运杂费$$

式中,设备原价指国产设备或进口设备的原价;设备运杂费指除设备原价之外的关于设备采购、运输、途中包装及仓库保管等方面支出费用的总和。

1. 设备原价的构成及计算

1) 国产设备原价的构成及计算

国产设备原价一般指的是设备制造厂的交货价,或订货合同价。它一般根据生产厂或供应商的询价、报价、合同价确定,或采用一定的方法计算确定。国产设备原价分为国产标准设备原价和国产非标准设备原价。

(1) 国产标准设备原价。

国产标准设备是指按照主管部门颁布的标准图纸和技术要求,由我国设备生产厂批量生产的,符合国家质量检测标准的设备。国产标准设备原价一般是设备制造

厂的交货价,即出厂价,设备出厂价有两种,一是带有备件的出厂价,二是不带有备件的出厂价。在计算设备原价时,应按带有备件的出厂价计算。如设备由设备成套公司供应,则应以订货合同价为设备原价。

(2) 国产非标准设备原价。

国产非标准设备是指国家尚无定型标准,各设备生产厂不可能在工艺过程中采用批量生产,只能按一次订货,并根据具体的设计图纸制造的设备。

非标准设备由于单件生产、无定型标准,所以无法获取市场交易价格,只能按其成本构成或相关技术参数估算其价格。非标准设备原价有多种不同的计算方法,如成本计算估价法、系列设备插入估价法、分部组合估价法、定额估价法等。但无论采用哪种方法都应该使非标准设备计价接近实际出厂价,并且计算方法要简便。无论采用哪种方法都应该使非标准设备计价接近实际出厂价。按成本计算估价法,非标准设备的原价由以下各项组成。

① 材料费,其计算公式如下:

材料费＝材料净重×(1＋加工损耗系数)×每吨材料综合价

② 加工费,包括生产工人工资和工资附加费、燃料动力费、设备折旧费、车间经费等。

加工费＝设备总重量(吨)×设备每吨加工费

③ 辅助材料费,包括焊条、焊丝、氧气、氩气、氮气、油漆、电石等费用。

辅助材料费＝设备总重量×辅助材料费指标

④ 专用工具费,按材料费、加工费、辅助材料费之和乘以一定百分比计算。

⑤ 废品损失费,按材料费、加工费、辅助材料费、专用工具费之和乘以一定百分比计算。

⑥ 外购配套件费,按设备设计图纸所列的外购配套件的名称、型号、规格、数量、重量,根据相应的价格加运杂费计算。

⑦ 包装费,按材料费、加工费、辅助材料费、专用工具费、废品损失费、外购配套件费之和乘以一定百分比计算。

⑧ 利润,可按材料费、加工费、辅助材料费、专用工具费、废品损失费、包装费之和乘以一定利润率计算。

⑨ 税金,主要指增值税。

增值税＝当期销项税额－进项税额

当期销项税额＝销售额×适用增值税率

式中,销售额为材料费、加工费、辅助材料费、专用工具费、废品损失费、外购配套件费、包装费、利润之和。

⑩ 非标准设备设计费,按国家规定的设计费收费标准计算。

综上所述,单台非标准设备原价可用下列计算公式表达:

单台非标准设备原价＝{[(材料费＋加工费＋辅助材料费)×(1＋专用工具费率)

×(1＋废品损失率)＋外购配套件费]×(1＋包装费率)
－外购配套件费}×(1＋利润率)＋销项税金
＋非标准设备设计费＋外购配套件费

2) 进口设备原价的构成及计算

进口设备的原价是指进口设备的抵岸价,即抵达买方边境港口或边境车站,且交完关税等税费后形成的价格。通常由进口设备到岸价(CIF)和进口从属费构成。进口设备到岸价指抵达买方边境港口或边境车站的价格。进口设备到岸价的构成与进口设备的交货类别有关。进口从属费用包括银行财务费、外贸手续费、进口关税、消费税、进口环节增值税等,进口车辆还需缴纳车辆购置税。

(1) 进口设备的交货类别。

进口设备的交货类别可分为内陆交货类、目的地交货类、装运港交货类三种。

① 内陆交货类,即卖方在出口国内陆的某个地点交货。在交货地点,卖方及时提交合同规定的货物和有关凭证,并负担交货前的一切费用和风险;买方按时接受货物,交付货款,负担接货后的一切费用和风险,并自行办理出口手续和装运出口。货物的所有权也在交货后由卖方转移给买方。

② 目的地交货类,即卖方在进口国的港口或内地交货,有目的港船上交货价、目的港船边交货价和目的港码头交货价(关税已付)及完税后交货价(进口国的指定地点)等几种交货价。它们的特点是:买卖双方承担的责任、费用和风险是以目的地约定交货点为分界线,只有当卖方在交货点将货物置于买方控制下才算交货,才能向买方收取贷款。这种交货类别对卖方来说承担的风险较大,在国际贸易中卖方一般不愿采用。

③ 装运港交货类,即卖方在出口国装运港交货,主要有装运港船上交货价(FOB),习惯称离岸价格,运费在内价(CFR)和运费、保险费在内价(CIF),习惯称到岸价格。它们的特点是:卖方按照约定的时间在装运港交货,只要卖方把合同规定的货物装船后提供货运单据便完成交货任务,可凭单据收回货款。装运港船上交货价是我国进口设备采用最多的一种交货价。

(2) 进口设备抵岸价的构成及计算。

进口设备抵岸价＝货价＋国际运费＋运输保险费＋银行财务费＋外贸手续费＋关税＋消费税＋进口环节增值税＋车辆购置税

① 货价,一般指装运港船上交货价(FOB)。设备货价分为原币货价和人民币货价,原币货价一律折算为美元表示,人民币货价按原币货价乘以外汇市场美元兑换人民币汇率中间价确定。进口设备货价按有关生产厂商询价、报价、订货合同价计算。

② 国际运费,即从装运港(站)到达我国抵达港(站)的运费。我国进口设备国际运费计算公式为

$$国际运费(海、陆、空)＝原币货价(FOB)×运费率(\%)$$
$$国际运费(海、陆、空)＝运量×单位运价$$

其中,运费率或单位运价参照有关部门或进出口公司的规定执行。

③ 运输保险费。对外贸易货物运输保险是由保险人(保险公司)与被保险人(出口人或进口人)订立保险契约,在被保险人交付议定的保险费后,保险人根据保险契约的规定对货物在运输过程中发生的承保责任范围内的损失给予经济上的补偿。这是一种财产保险,计算公式为

$$运输保险费 = \frac{原币货价(FOB)+国外运费}{1-保险费率(\%)} \times 保险费率(\%)$$

其中,保险费率按保险公司规定的进口货物保险费率计算。

上述三项费用之和称为到岸价(CIF)。

$$进口设备到岸价(CIF) = 离岸价格(FOB) + 国际运费 + 运输保险费$$
$$= 运输在内价(CFR) + 运输保险费$$

④ 银行财务费,一般是指在国际贸易结算中,中国银行为进出口商提供金融结算服务所收取的费用。可按下式简化计算:

$$银行财务费 = 离岸价格(FOB) \times 人民币外汇汇率 \times 银行财务费率$$

⑤ 外贸手续费,指按对外经济贸易部规定的外贸手续费率计取的费用,外贸手续费率一般取 1.5%。计算公式为

$$外贸手续费 = 到岸价格(CIF) \times 人民币外汇汇率 \times 外贸手续费率$$

⑥ 关税,由海关对进出国境或关境的货物和物品征收的一种税。计算公式为

$$关税 = 到岸价格(CIF) \times 人民币外汇汇率 \times 进口关税税率$$

到岸价格作为关税的计征基数时,通常又可称为关税完税价格。进口关税税率分为优惠和普通两种。优惠税率适用于与我国签订关税互惠条款的贸易条约或协定的国家的进口设备;普通税率适用于与我国未签订关税互惠条款的贸易条约或协定的国家的进口设备;进口关税税率按我国海关总署发布的进口关税税率计算。

⑦ 消费税,仅对部分进口设备(如轿车、摩托车等)征收。一般计算公式为

$$应纳消费税税额 = \frac{到岸价格(CIF) \times 人民币外汇汇率 + 关税}{1-消费税税率(\%)} \times 消费税税率(\%)$$

其中,消费税税率根据规定的税率计算。

⑧ 进口环节增值税,是对从事进口贸易的单位和个人,在进口商品报关进口后征收的税种。我国增值税条例规定,进口应税产品均按组成计税价格和增值税税率直接计算应纳税额。即

$$进口环节增值税额 = 组成计税价格 \times 增值税税率(\%)$$
$$组成计税价格 = 关税完税价格 + 关税 + 消费税$$

其中,增值税税率根据规定的税率计算。

⑨ 车辆购置税,进口车辆需缴进口车辆购置税。其公式如下:

$$进口车辆购置税 = (关税完税价格 + 关税 + 消费税) \times 车辆购置税率(\%)$$

2. 设备运杂费的构成及计算

设备运杂费通常由下列各项构成。

(1) 运费和装卸费。国产设备由设备制造厂交货地点起至工地仓库(或施工组

织设计指定的需要安装设备的堆放地点)止所发生的运费和装卸费;进口设备则由我国到岸港口或边境车站起至工地仓库(或施工组织设计指定的需安装设备的堆放地点)止所发生的运费和装卸费。

(2) 包装费。指在设备原价中没有包含的,为运输而进行的包装支出的各种费用。在设备出厂价或进口设备价格中如已包括了此项费用,则不应重新计算。

(3) 设备供销部门的手续费。按有关部门规定的统一费率计算。

(4) 采购与仓库保管费。指采购、验收、保管和收发设备所发生的各种费用,包括设备采购人员、保管人员和管理人员的工资、工资附加费、办公费、差旅交通费,设备供应部门办公和仓库所占固定资产使用费、工具用具使用费、劳动保护费、检验试验费等,这些费用可按主管部门规定的采购与保管费费率计算。

一般来讲,沿海和交通便利的地区,设备运杂费率相对低一点;内地和交通不很便利的地区就要相对高一点,边远省份则要更高一些。对于非标准设备来讲,应尽量就近委托设备制造厂、施工企业制作或由建设单位自行制作,以大幅度降低设备运杂费。进口设备由于原价较高,国内运距较短,因而运杂费比率应适当降低。

设备运杂费的计算公式为

$$设备运杂费=设备原价×设备运杂费率$$

其中,设备运杂费率按各部门及省、市等的规定计取。

1.2.2 工器具及生产家具购置费的构成及计算

工器具及生产家具购置费是指新建项目或扩建项目初步设计规定所必须购置的不够固定资产标准的设备、仪器、工卡模具、器具、生产家具和备品备件的费用。一般以设备购置费为计算基数,按照部门或行业规定的工具、器具及生产家具费率计算。其一般计算公式为

$$工器具及生产家具购置费=设备购置费×定额费率$$

1.3 建筑安装工程费用构成

1.3.1 建筑安装工程费用内容及构成概述

建筑安装工程费用,是指建设单位支付给从事建筑安装工程的施工单位的全部生产费用,包括用于建筑物、构筑物的建造及有关的准备、清理等工程的投资;用于需要安装设备的安置、装配工程的投资。它是以货币表现的建筑安装工程的价值,包括建筑工程费用和安装工程费用两部分。建筑安装工程费占项目总投资的 50%～60%。

1. 建筑工程费用

(1) 各类房屋建筑工程和列入房屋建筑工程预算的供水、供暖、卫生、通风、煤气等设备费用及其装设、油饰工程的费用,列入建筑工程预算的各种管道、电力、电信和

电缆导线敷设工程的费用。

(2)设备基础、支柱、工作台、烟囱、水塔、水池、灰塔等建筑工程,以及各种炉窑的砌筑工程和金属结构工程的费用。

(3)为施工而进行的场地平整,工程和水文地质勘察,原有建筑物和障碍物的拆除以及施工临时用水、电、气、路和完工后的场地清理,环境绿化、美化等工作的费用。

(4)矿井开凿、井巷延伸、露天矿剥离,石油、天然气钻井,修建铁路、公路、桥梁、水库、堤坝、灌渠及防洪等工程的费用。

2. 安装工程费用

(1)生产、动力、起重、运输、传动和医疗、实验等各种需要安装的机械设备的装配费用,与设备相连的工作台、梯子、栏杆等设施的工程费用,附属于被安装设备的管线敷设工程费用,以及被安装设备的绝缘、防腐、保温、油漆等工作的材料费和安装费。

(2)为测定安装工程质量,对单台设备进行单机试运转、对系统设备进行系统联动无负荷试运转工作的调试费。

我国现行建筑安装工程费用的主要由四部分组成,即直接费、间接费、利润和税金。详见图1-2。

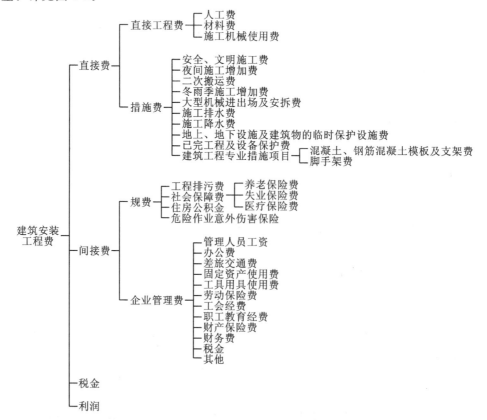

图 1-2 我国现行建筑安装工程费用构成

1.3.2 直接费

直接费由直接工程费和措施费组成。

1. 直接工程费

直接工程费是指施工过程中耗费的构成工程实体的各项费用,包括人工费、材料费、施工机械使用费。

$$直接工程费 = 人工费 + 材料费 + 施工机械使用费$$

1) 人工费

人工费是指直接从事建筑安装工程施工的生产工人开支的各项费用。构成人工费的基本要素有两个,即人工工日消耗量和人工日工资单价。人工费的计算公式如下:

$$人工费 = \sum(人工工日消耗量 \times 人工日工资单价)$$

人工工日消耗量是指在正常施工生产条件下,生产单位假定建筑安装产品(分部分项工程或结构构件)必须消耗的某种技术等级的人工工日数量。

生产工人日工资单价包括生产工人基本工资、工资性补贴、生产工人辅助工资、职工福利费及生产工人劳动保护费。

(1) 生产工人基本工资,是指发放给生产工人的基本工资。

(2) 工资性补贴,是指按规定标准发放的物价补贴,煤、燃气补贴,交通补贴,住房补贴,流动施工津贴等。

(3) 生产工人辅助工资,是指生产工人年有效施工天数以外非作业天数的工资,包括职工学习、培训期间的工资,调动工作、探亲、休假期间的工资,因气候影响的停工工资,女工哺乳时期的工资,病假在六个月以内的工资及产、婚、丧假期的工资。

(4) 职工福利费,是指按规定标准计提的职工福利费。

(5) 生产工人劳动保护费,是指按规定标准发放的劳动保护用品的购置费及修理费,徒工服装补贴,防暑降温费,在有碍身体健康环境中施工的保健费用等。

2) 材料费

材料费是指施工过程中耗费的构成工程实体的原材料、辅助材料、构配件、零件、半成品的费用。构成材料费的基本要素是材料消耗量、材料基价和检验试验费。材料费的计算公式如下:

$$材料费 = \sum(材料消耗量 \times 材料基价) + 检验试验费$$

材料消耗量是指在合理使用材料的条件下,生产单位假定建筑安装产品(分部分项工程或结构构件)必须消耗一定品种规格的材料、半成品、构配件等的数量标准。

材料基价是指材料在购买、运输、保管过程中形成的价格,其内容包括材料原价(或供应价格)、材料运杂费、运输损耗费、采购及保管费等。

(1) 材料原价(或供应价格)是指材料出厂价格、商业部门的批发价格、交货地点的价格等。

(2) 材料运杂费是指材料自来源地运至工地仓库或指定堆放地点所发生的全部费用,包括运输费、装卸费、运输保险费、调车费、过磅费等。

(3) 运输损耗费是指材料在运输装卸过程中不可避免的损耗所引起的费用。

(4) 采购及保管费是指为组织采购、供应和保管材料过程中所需要的各项费用,包括采购费、仓储费、工地保管费、仓储损耗。

检验试验费是指对建筑材料、构件和建筑安装物进行一般鉴定、检查所发生的费用,包括自设试验室进行试验所耗用的材料和化学药品等费用,不包括新结构、新材料的试验费和建设单位对具有出厂合格证明的材料进行检验,对构件做破坏性试验及其他特殊要求检验试验的费用。

3) 施工机械使用费

施工机械使用费是指施工机械作业所发生的机械使用费以及机械安拆费和场外运费。构成施工机械使用费的基本要素是施工机械台班消耗量和施工机械台班单价。施工机械使用费的计算公式如下:

$$施工机械使用费 = \sum (施工机械台班消耗量 \times 机械台班单价)$$

施工机械台班消耗量是指在正常施工条件下,生产单位合格产品(分部分项工程或结构构件)必须消耗的某种型号施工机械的台班数量。

施工机械台班单价由下列七项费用组成。

(1) 折旧费指施工机械在规定的使用年限内,陆续收回其原值及购置资金的时间价值。

(2) 大修理费指施工机械按规定的大修理间隔台班进行必要的大修理,以恢复其正常功能所需的费用。

(3) 经常修理费指施工机械除大修理以外的各级保养和临时故障排除所需的费用。包括为保障机械正常运转所需替换设备与随机配备工具附具的摊销和维护费用,机械运转中日常保养所需润滑与擦拭的材料费用及机械停滞期间的维护和保养费用等。

(4) 安拆费及场外运费 安拆费指施工机械在现场进行安装与拆卸所需的人工、材料、机械和试运转费用以及机械辅助设施的折旧、搭设、拆除等费用;场外运费指施工机械整体或分体自停放地点运至施工现场或由一施工地点运至另一施工地点的运输、装卸、辅助材料及架线等费用。

(5) 人工费指机上司机(司炉)和其他操作人员的工作日人工费及上述人员在施工机械规定的年工作台班以外的人工费。

(6) 燃料动力费指机械在运转或施工作业中所消耗的固体燃料(煤、木柴)、液体燃料(汽油、柴油)及水、电费用等。

(7) 养路费及车船使用税指施工机械按照国家规定和有关部门规定应缴纳的养路费、车船使用税、保险费及年检费等。

2. 措施费

措施费是指实际施工中必须发生的施工准备和施工过程中技术、生活、安全、环境保护等方面的非工程实体项目的费用。所谓非实体性项目,是指其费用的发生和金额的大小与使用时间、施工方法或者两个以上工序有关,并且不形成最终实体的工程,如大型机械设备进出场及安拆、文明施工和安全防护、临时设施等。措施项目的构成需考虑多种因素,除工程本身的因素外,还涉及水文、气象、环境、安全等因素。措施项目费可以归纳为以下几项。

1) 安全、文明施工费

安全防护、文明施工费用,是指按照国家现行的建筑施工安全、施工现场环境与卫生标准和有关规定,购置和更新施工安全防护用具及设施、改善安全生产条件和作业环境所需的费用。

建筑工程安全防护、文明施工措施费用由环境保护费、文明施工费、安全施工费、临时设施费组成。

(1) 环境保护费。

$$环境保护费 = 直接工程费 \times 环境保护费费率(\%)$$

$$环境保护费费率(\%) = \frac{本项费用年度平均支出}{全年建安产值 \times 直接工程费占总造价比例(\%)}$$

(2) 文明施工费。

$$文明施工费 = 直接工程费 \times 文明施工费费率(\%)$$

$$文明施工费费率(\%) = \frac{本项费用年度平均支出}{全年建安产值 \times 直接工程费占总造价比例(\%)}$$

(3) 安全施工费。

$$安全施工费 = 直接工程费 \times 安全施工费费率(\%)$$

$$安全施工费费率(\%) = \frac{本项费用年度平均支出}{全年建安产值 \times 直接工程费占总造价比例(\%)}$$

(4) 临时设施费。

临时设施费的构成包括周转使用临建费、一次性使用临建费和其他临时设施费。计算公式为

$$临时设施费 = (周转使用临建费 + 一次性使用临建费) \times [1 + 其他临时设施所占比例(\%)]$$

其中

$$周转使用临建费 = \sum \left[\frac{临建面积 \times 每平方米造价}{使用年限 \times 365 \times 利用率(\%)} \times 工期(天) \right] + 一次性拆除费$$

$$一次性使用临建费 = \sum \{临建面积 \times 每平方米造价 \times [1 - 残值率(\%)]\} + 一次性拆除费$$

其他临时设施在临时设施中所占比例,可由各地区造价管理部门依据典型施工

企业的成本资料经分析后综合测定。

2) 夜间施工增加费

夜间施工增加费是指因夜间施工所发生的夜班补助费、夜间施工降效、夜间施工照明设备摊销及照明用电等费用。

$$夜间施工增加费 = \left(1 - \frac{合同工期}{定额工期}\right) \times \frac{直接工程费中的人工费合集}{平均日工资单价} \times 每工日夜间施工费开支$$

3) 二次搬运费

二次搬运费是指因施工场地狭小等特殊情况而发生的二次搬运费用。

$$二次搬运费 = 直接工程费 \times 二次搬运费费率(\%)$$

$$二次搬运费费率(\%) = \frac{年平均二次搬运费开支额}{全年建安产值 \times 直接工程费占总造价的比例(\%)}$$

4) 冬雨季施工增加费

冬雨季施工增加费是指在冬季、雨季施工期间,为了确保工程质量,采取保温、防雨措施所增加的材料费、人工费和设施费用,以及因工效和机械作业效率降低所增加的费用。

$$冬雨季施工增加费 = 直接工程费 \times 冬雨季施工增加费费率(\%)$$

$$冬雨季施工增加费费率(\%) = \frac{年平均冬雨季施工增加费开支额}{全年建安产值 \times 直接工程费占总造价的比例(\%)}$$

5) 大型机械进出场及安拆费

大型机械进出场及安拆费是指机械整体或分体自停放场地运至施工现场或由一个施工地点运至另一个施工地点,所发生的机械进出场运输及转移费用和机械在施工现场进行安装、拆卸所需的人工费、材料费、机械费、试运转费及安装所需的辅助设施的费用。

$$大型机械进出场及安拆费 = \frac{一次进出场及安拆费 \times 年平均安拆次数}{年工作台班}$$

6) 施工排水费

施工排水费是指为确保工程在正常条件下施工,采取各种排水措施所发生的各种费用。

$$施工排水降水费 = \sum 排水机械台班费 \times 排水周期 + 排水使用材料费、人工费$$

7) 施工降水费

施工降水费是指为确保工程在正常条件下施工,采取各种降水措施所发生的各种费用。

$$施工降水费 = \sum 降水机械台班费 \times 降水周期 + 降水使用材料费、人工费$$

8) 地上地下设施、建筑物的临时保护设施费

地上地下设施、建筑物的临时保护设施费是指为了保护施工现场的一些成品免受其他施工工序的破坏,而在施工现场搭设一些临时保护设施所发生的费用。

9) 已完工程及设备保护费

已完工程及设备保护费是指竣工验收前,对已完工程及设备进行保护所需费用。

10) 专业措施项目

上述九项措施项目为各专业工程均可列的通用措施项目。除此之外,混凝土、钢筋混凝土模板及支架费被列为建筑工程的专业措施项目,脚手架费被列为建筑工程、装饰装修工程和市政工程的专业措施项目。

(1) 混凝土、钢筋混凝土模板及支架费是指混凝土施工过程中需要的各种钢模板、木模板、支架等的支、拆、运输费用及模板、支架的摊销(或租赁)费用。

模板及支架分自有和租赁两种,采取不同的计算方法。

① 自有模板及支架费的计算。

$$模板及支架费 = 模板摊销量 \times 模板价格 + 支、拆、运输费$$

$$摊销量 = 一次使用量 \times (1 + 施工损耗)$$

$$\times \left[\frac{1+(周转次数-1)\times 补损率}{周转次数} - \frac{(1-补损率)\times 50\%}{周转次数} \right]$$

$$\times 模板价格 + 支、拆、运输费$$

② 租赁模板及支架费的计算。

$$租赁费 = 模板使用量 \times 使用日期 \times 租赁价格 + 支、拆、运输费$$

(2) 脚手架费是指施工需要的各种脚手架搭、拆、运输费用及脚手架的摊销(或租赁)费用。分自有和租赁两种。

① 自有脚手架费的计算。

$$脚手架搭拆费 = \frac{单位一次使用量 \times (1-残值率)}{耐用期 \div 一次使用期} \times 脚手架价格 + 搭、拆、运输费$$

② 租赁脚手架费的计算。

$$租赁费 = 脚手架每日租金 \times 搭设周期 + 搭、拆、运输费$$

1.3.3 间接费的构成及计算

间接费是指虽不直接由施工的工艺过程所引起,但却与工程的总体有关的,建筑安装企业为组织施工和进行经营管理,以及间接为建筑安装生产服务的各项费用。由规费、企业管理费组成。

1. 规费

规费是指政府和有关权力部门规定必须缴纳的费用。规费主要包括:工程排污费、工程定额测定费、社会保障费、住房公积金和危险作业意外伤害保险费等五项内容。

(1) 工程排污费,指施工现场按规定缴纳的工程排污费。

(2) 工程定额测定费,指按规定支付工程造价(定额)管理部门的定额测定费。

(3) 社会保障费。

① 养老保险费,指企业按规定标准为职工缴纳的基本养老保险费。

② 失业保险费，指企业按照国家规定标准为职工缴纳的失业保险费。

③ 医疗保险费，指企业按照规定标准为职工缴纳的基本医疗保险费。

④ 住房公积金，指企业按规定标准为职工缴纳的住房公积金。

⑤ 危险作业意外伤害保险，指按照建筑法规定，企业为从事危险作业的建筑安装施工人员支付的意外伤害保险费。

规费是按相应的计算基数乘以规费费率确定的，其计算公式如下：

$$规费 = 计算基数 \times 规费费率$$

其中，计算基数可采用"直接费"、"人工费和机械费合计"或"人工费"。

2. 企业管理费

企业管理费是指建筑安装企业组织施工生产和经营管理所需费用，内容如下。

（1）管理人员工资，指管理人员的基本工资、工资性补贴、职工福利费、劳动保护费等。

（2）办公费，指企业管理办公用的文具、纸张、帐表、印刷、邮电、书报、会议、水电、烧水和集体取暖（包括现场临时宿舍取暖）用煤等费用。

（3）差旅交通费，指职工因公出差、调动工作的差旅费、住勤补助费，市内交通费和误餐补助费，职工探亲路费，劳动力招募费，职工离退休、退职一次性路费，工伤人员就医路费，工地转移费以及管理部门使用的交通工具的油料、燃料、养路费及牌照费。

（4）固定资产使用费，指管理和试验部门及附属生产单位使用的属于固定资产的房屋、设备仪器等的折旧、大修、维修或租赁费。

（5）工具用具使用费，指管理使用的不属于固定资产的生产工具、器具、家具、交通工具和检验、试验、测绘、消防用具等的购置、维修和摊销费。

（6）劳动保险费，指由企业支付离退休职工的易地安家补助费、职工退职金、六个月以上的病假人员工资、职工死亡丧葬补助费、抚恤费、按规定支付给离休干部的各项经费。

（7）工会经费，指企业按职工工资总额计提的工会经费。

（8）职工教育经费，指企业为职工学习先进技术和提高文化水平，按职工工资总额计提的费用。

（9）财产保险费，指施工管理用财产、车辆保险。

（10）财务费，指企业为筹集资金而发生的各种费用。

（11）税金，指企业按规定缴纳的房产税、车船使用税、土地使用税、印花税等。

（12）其他，包括技术转让费、技术开发费、业务招待费、绿化费、广告费、公证费、法律顾问费、审计费、咨询费等。

企业管理费是按相应的计算基数乘以企业管理费率确定的，其计算公式如下：

$$规费 = 计算基数 \times 企业管理费率$$

其中，计算基数可采用"直接费"、"人工费和机械费合计"或"人工费"。

1.3.4 利润和税金

建筑安装工程费用中的利润和税金是建筑安装企业职工为社会劳动所创造的那部分价值在建筑安装工程造价中的体现。

1. 利润

利润是指施工企业完成所承包工程获得的盈利，它是按相应的计算基础乘以利润率来确定的，其计算公式为

$$利润 = 计算基数 \times 利润率$$

其中，计算基数可采用"直接费和间接费合计"、"直接费中的人工费和机械费合计"或"直接费中的人工费合计"。

2. 税金

税金是指国家税法规定的应计入建筑安装工程造价内的营业税、城市维护建设税及教育费附加等。税金的计算公式如下：

$$税金 = 营业税 + 城市维护建设税 + 教育费附加$$

$$营业税 = 计税营业额 \times 3\%$$

$$城市维护建设税 = 营业税 \times 适用税率$$

其中，适用税率是指纳税人所在地为城市市区的，税率为7%；纳税人所在地为县城、建制镇的，税率为5%；纳税人所在地不在城市市区、县城或者建制镇的，税率为1%。

$$教育费附加 = 营业税 \times 3\%$$

税金的计算也可采用如下公式：

$$税金 = (直接费 + 间接费 + 利润) \times 综合税率$$

$$综合税率 = \frac{1}{1 - 营业税税率 \times (1 + 城市维护建设税税率 + 教育费附加税率)} - 1$$

其中，纳税人所在地为城市市区的，综合税率为3.41%；纳税人所在地为县城、建制镇的，综合税率为3.36%；纳税人所在地不在城市市区、县城或者建制镇的，综合税率为3.22%。

1.3.5 我国现行建筑安装工程费用的计价程序

建筑安装工程费用的计价方法分为工料单价法和综合单价法，两种方法计算工程承发包价格的步骤如下。

1. 工料单价法计算步骤

工料单价法是定额计价采用的方法，是以分部分项工程量乘以单价后的合计为直接工程费，直接工程费根据人工、材料、机械的消耗量及其相应价格确定。直接工程费汇总后另加间接费、利润、税金生成工程发、承包价，其计算程序分为三种：以直接费为计算基础(见表1-1)，以人工费和机械费为计算基础(见表1-2)，以人工费为

计算基础(见表1-3)。

表1-1 以直接费为计算基础的工料单价法计算步骤

序号	费用项目	计算方法	备注
1	直接工程费	按预算表	
2	措施费	按规定标准计算	
3	小计	1+2	
4	间接费	3×相应费率	
5	利润	(3+4)×相应利润率	
6	合计	3+4+5	
7	含税造价	6×(1+相应税率)	

表1-2 以人工费和机械费为计算基础的工料单价法计算步骤

序号	费用项目	计算方法	备注
1	直接工程费	按预算表	
2	其中人工费和机械费	按预算表	
3	措施费	按规定标准计算	
4	其中人工费和机械费	按规定标准计算	
5	小计	1+3	
6	人工费和机械费小计	2+4	
7	间接费	6×相应费率	
8	利润	6×相应利润率	
9	合计	5+7+8	
10	含税造价	9×(1+相应税率)	

表1-3 以人工费为计算基础的工料单价法计算步骤

序号	费用项目	计算方法	备注
1	直接工程费	按预算表	
2	直接工程费中人工费	按预算表	
3	措施费	按规定标准计算	
4	措施费中人工费	按规定标准计算	
5	小计	1+3	
6	人工费小计	2+4	
7	间接费	6×相应费率	
8	利润	6×相应利润率	

序号	费用项目	计算方法	备注
9	合计	5+7+8	
10	含税造价	9×(1+相应税率)	

2. 综合单价法计算步骤

清单计价采用综合单价法计价,综合单价法是指分部分项工程单价综合了包括直接工程费在内的多项费用内容。

由于各分部分项工程中的人工、材料、机械含量的比例不同,各分项工程可根据其材料费占人工费、材料费、机械费合计的比例(以字母"C"代表该项比值)在以下 3 种计算步骤中选择一种计算不含措施费的综合单价(措施费也可按此方法生成)。

(1) 当各分项工程材料费占人工费、材料费、机械费合计的比例(C)大于本地区原费用定额测算所选典型工程材料费占人工费、材料费、机械费合计的比例(C_0)时,可采用以人工费、材料费、机械费合计为基数计算该分项的间接费和利润。计算步骤详见表 1-4。

表 1-4 以直接费为计算基础的综合单价计算步骤

序号	费用项目	计算方法	备注
1	分项直接工程费	人工费+材料费+机械费	
2	间接费	1×相应费率	
3	利润	(1+2)×相应利润率	
4	合计	1+2+3	
5	含税造价	4×(1+相应税率)	

(2) 以人工费和机械费为计算基础。当 C 小于 C_0 值的下限时,可采用以人工费和机械费合计为基数计算该分项的间接费和利润。计算步骤详见表 1-5。

表 1-5 以人工费和机械费为计算基础的综合单价计算步骤

序号	费用项目	计算方法	备注
1	分项直接工程费	人工费+材料费+机械费	
2	其中人工费和机械费	人工费+机械费	
3	间接费	2×相应费率	
4	利润	2×相应利润率	
5	合计	1+3+4	
6	含税造价	5×(1+相应税率)	

(3) 以人工费为计算基础。如该分项工程的直接费中无材料费和机械费,而仅为人工费时,可采用以人工费为基数计算该分项的间接费和利润。计算步骤详见表 1-6。

表 1-6 以人工费为计算基础的综合单价计算步骤

序 号	费用项目	计算方法	备 注
1	分项直接工程费	人工费＋材料费＋机械费	
2	直接工程中人工费	人工费	
3	间接费	2×相应费率	
4	利润	2×相应利润率	
5	合计	1＋3＋4	
6	含税造价	5×(1＋相应税率)	

1.4 工程建设其他费用组成

工程建设其他费用是指应在建设项目的建设投资中开支的，为保证工程建设顺利完成和交付使用后能够正常发挥效用而发生的固定资产其他费用、无形资产费用和其他资产费用。

1.4.1 固定资产其他费用

固定资产其他费用是固定资产费用的一部分。固定资产费用是指项目投产时将直接形成固定资产的建设投资，包括设备及工器具购置费、建安工程费用以及在工程建设其他费用中按规定将形成固定资产的费用，后者被称为固定资产其他费用。固定资产其他费用包括建设管理费、建设用地费、可行性研究费、研究试验费、勘察设计费、环境影响评价费、劳动安全卫生评价费、场地准备及临时设施费、引进技术和引进设备其他费、工程保险费、联合试运转费、特殊设备安全监督检验费、市政公用设施费等。

1. 建设管理费

建设管理费是指建设单位从项目立项、筹建开始至施工全过程、联合试运转、竣工验收、交付使用及项目后评估等建设全过程所发生的管理费用，包括建设单位管理费、工程监理费。

建设单位管理费是指建设单位发生的管理性质的开支，包括工作人员工资、工资性补贴、施工现场津贴、职工福利费、住房基金、基本养老保险费、基本医疗保险费、失业保险费、工伤保险费、办公费、差旅交通费、劳动保护费、工具用具使用费、固定资产使用费、必要的办公及生活用品购置费、必要的通信设备及交通工具购置费、零星固定资产购置费、招募生产工人费、技术图书资料费、业务招待费、设计审查费、工程招标费、合同契约公证费、法律顾问费、咨询费、完工清理费、竣工验收费、印花税和其他管理性质开支。

工程监理费是指建设单位委托工程监理单位实施工程监理的费用。

建设单位管理费按照工程费用之和（包括设备工具购置费和建筑安装工程费用）乘以建设单位管理费费率计算。计算公式如下：

建设单位管理费＝工程费用×建设单位管理费费率

建设单位管理费费率按照建设项目的不同性质、不同规格来确定。有的建设项目按照建设工期和规定的金额计算建设单位管理费。如采用监理，建设单位部分管理工作量转移至监理单位。监理费应根据委托的监理工作范围和监理深度在监理合同中商定或按当地或所属行业部门有关规定计算；如建设单位采用工程总承包方式，其总包管理费由建设单位与总包单位根据总包工作范围在合同中商定，从建设管理费中支出。

2. 建设用地费

任何一个建设项目都固定于一定地点与地面相连接，必须占用一定量的土地，也就必然要发生为获得建设用地而支付的费用，这就是建设用地费。

1) 土地征用及拆迁补偿费

土地征用及拆迁补偿费是指建设项目通过划拨方式取得无限期的土地使用权，依照《中华人民共和国土地管理法》等规定所支付的费用，其总和一般不得超过被征土地年产值的 30 倍，土地年产值则按该地被征用前三年的平均产量和国家规定的价格计算。土地征用及拆迁补偿费内容包括：土地补偿费，青苗补偿费和被征用土地上的房屋、水井、树木等附着物补偿费，安置补助费，缴纳的耕地占用税或城镇土地使用税、土地登记费及征地管理费，征地动迁费，水利水电工程水库淹没处理补偿费等。

2) 土地使用权出让金

土地使用权出让金指建设项目通过土地使用权出让方式，取得有限期的土地使用权，依照《中华人民共和国城镇国有土地使用权出让和转让暂行条例》规定，支付的土地使用权出让金。

3. 可行性研究费

可行性研究费是指在建设项目前期工作中，编制和评估项目建议书（或预可行性研究报告）、可行性研究报告所需的费用。此项费用应依据前期研究委托合同计列，或参照《国家计委关于印发〈建设项目前期工作咨询收费暂行规定〉的通知》（计价格［1999］1283 号）规定计算。

4. 研究试验费

研究试验费是指为建设项目提供和验证设计参数、数据、资料等所进行的必要的试验费用以及设计规定在施工中必须进行试验、验证所需费用，包括自行或委托其他部门研究实验所需人工费、材料费、实验设备及仪器使用费等。这项费用按照设计单位根据本工程项目的需要提出的研究试验内容和要求计算。在计算时应注意不要包括以下项目。

（1）应由科技三项费用（即新产品试制费、中间试验费和重要科学研究补助费）开支的项目。

(2) 应在建筑安装费用中列支的施工企业对建筑材料、构件和建筑物进行一般鉴定、检查所发生的费用及技术革新的研究试验费。

(3) 应由勘察设计费或工程费用开支的项目。

5. 勘察设计费

勘察设计费是指委托勘察设计单位进行工程水文地质勘察、工程设计所发生的各项费用,包括:工程勘察费、初步设计费、施工图设计费、设计模型制作费等。

6. 环境影响评价费

环境影响评价费是指按照《中华人民共和国环境保护法》《中华人民共和国环境影响评价法》等规定,为全面、详细评价本建设项目对环境可能产生的污染或造成的重大影响所需的费用,包括编制环境影响报告书(含大纲)、环境影响报告表以及对环境影响报告书(含大纲)、环境影响报告表进行评估等所需的费用。

7. 劳动安全卫生评价费

劳动安全卫生评价费指按照劳动部《建设项目(工程)劳动安全卫生监察规定》(1996年劳动部第3号令)、《建设项目(工程)劳动安全卫生预评价管理办法》(1998年劳动部第10号令)及卫生部《关于开展建设项目职业卫生审查有关问题的通知》(卫法监发[2003]135号),为预测和分析建设项目存在的职业危险、危害因素的种类和危险、危害程度,提出先进、科学、合理可行的劳动安全卫生技术报告和管理对策所需的费用,包括编制建设项目劳动安全卫生预评价大纲和劳动安全卫生预评价报告书,以及为编制上述文件所进行的工程分析和环境现状调查等所需费用。

必须进行劳动安全卫生预评价的项目主要是含有危险因素大的项目或大项目。

(1) 属于《国家计划委员会、国家基本建设委员会、财政部关于基本建设项目和大中型划分标准的规定》中规定的大中型建设项目。

(2) 属于《建筑设计防火规范》(GB 50016—2006)中规定的火灾危险性生产类别为甲类的建设项目。

(3) 属于劳动部颁布的《爆炸危险场所安全规定》中规定的爆炸危险场所等级为特别危险场所和高度危险场所的建设项目。

(4) 大量生产或使用《职业性接触毒物危害程度分级》(GBZ 230—2010)规定的Ⅰ级、Ⅱ级危害程度的职业性接触毒物的建设项目。

(5) 大量生产或使用石棉粉料或含有10%以上的游离二氧化硅粉料的建设项目。

(6) 其他由劳动行政部门确认的危险、危害因素大的建设项目。

8. 场地准备及临时设施费

1) 场地准备及临时设施费的内容

(1) 建设项目场地准备费是指建设项目为达到工程开工条件进行的场地平整和对建设场地余留的有碍于施工建设的设施进行拆除清理的费用。

(2) 建设单位临时设施费是指为满足施工建设需要而供到场地界区的、未列入工程费用的临时水、电、路、气、通信等其他工程费用和建设单位的现场临时建（构）筑物的搭设、维修、拆除、摊销或建设期间租赁费用，以及施工期间专用公路或桥梁的加固、养护、维修等费用。

2）场地准备及临时设施费的计算

（1）场地准备及临时设施应尽量与永久性工程统一考虑。建设场地的大型土石方工程应进入工程费用中的总图运输费用中。

（2）新建项目的场地准备和临时设施费应根据实际工程量估算，或按工程费用的比例计算。改扩建项目一般只计拆除清理费。

$$场地准备和临时设施费 = 工程费用 \times 费率 + 拆除清理费$$

（3）发生拆除清理费时可按新建同类工程造价或主材费、设备费的比例计算。凡可回收材料的拆除工程采用以料抵工方式冲抵拆除清理费。

（4）此项费用不包括已列入建筑安装工程费用中的施工单位临时设施费。

9. 引进技术和引进设备其他费

（1）引进项目图纸资料翻译复制费、备品备件测绘费。可根据引进项目的具体情况计列或按引进货价（POB）的比例估列，引进项目发生备品备件测绘费时按具体情况估列。

（2）出国人员费用，包括买方人员出国设计联络、出国考察、联合设计、监造、培训等所发生的旅费、生活费等。可依据合同或协议规定的出国人次、期限以及相应的费用标准计算，生活费按照财政部、外交部规定的现行标准计算，旅费按中国民航公布的票价计算。

（3）来华人员费用，包括卖方来华工程技术人员的现场办公费用、往返现场交通费用、接待费用等。可依据引进合同或协议有关条款及来华技术人员派遣计划进行计算，来华人员接待费用可按每人次费用指标计算，引进合同价款中已包括的费用内容不得重复计算。

（4）银行担保及承诺费，指引进项目由国内外金融机构出面承担风险和责任担保所发生的费用，以及支付贷款机构的承诺费用。应按担保或承诺协议计取，投资估算和概算编制时可以担保金额或承诺金额为基数乘以费率计算。

10. 工程保险费

工程保险费是指建设项目在建设期间根据需要对建筑工程、安装工程、机器设备和人身安全进行投保而发生的保险费用，包括建筑安装工程一切险、引进设备财产保险和人身意外伤害险等。

根据不同的工程类别，分别以其建筑、安装工程费乘以建筑、安装工程保险费率计算。民用建筑（住宅楼、综合性大楼、商场、旅馆、医院、学校）占建筑工程费的2‰～4‰，其他建筑（工业厂房、仓库、道路、码头、水坝、隧道、桥梁、管道等）占建筑工程费的3‰～6‰，安装工程（农业、工业、机械、电子、电器、纺织、矿山、石油、化学及钢铁工业、钢结构桥梁）占建筑工程费的3‰～6‰。

11. 联合试运转费

联合试运转费是指新建项目或新增加生产能力的工程，在交付生产前按照批准的设计文件所规定的工程质量标准和技术要求，进行整个生产线或装置的负荷联合试运转或局部联动试车所发生的费用净支出，即试运转支出大于收入的差额部分费用。试运转支出包括试运转所需原材料和燃料及动力消耗、低值易耗品和其他物料消耗、工具用具使用费、机械使用费、保险金、施工单位参加试运转人员工资，以及专家指导费等，试运转收入包括试运转期间的产品销售收入和其他收入。联合试运转费不包括应由设备安装工程费用开支的调试及试车费用，以及在试运转中暴露出来的因施工原因或设备缺陷等发生的处理费用。

12. 特殊设备安全监督检验费

特殊设备安全监督检验费是指在施工现场组装的锅炉及压力容器、压力管道、消防设备、燃气设备、电梯等特殊设备和设施，由安全监察部门按照有关安全监察条例和实施细则以及设计技术要求进行安全检验，应由建设项目支付的、向安全监察部门缴纳的费用。此项费用按照建设项目所在省（自治区、直辖市）安全监察部门的规定标准计算。无具体规定的，在编制投资估算和概算时可按受检设备现场安装费的比例估算。

13. 市政公用设施费

市政公用设施费是指使用市政公用设施的建设项目，按照项目所在地省一级人民政府有关规定建设或缴纳的市政公用设施建设配套费用，以及绿化工程补偿费用。此项费用按工程所在地人民政府规定标准计列。

1.4.2 无形资产费用

无形资产费用指直接形成无形资产的建设投资，主要是指专利及专有技术使用费。专利及专有技术使用费的主要内容如下。

（1）国外设计及技术资料费，引进有效专利、专有技术使用费和技术保密费。

（2）国内有效专利、专有技术使用费。

（3）商标权、商誉和特许经营权费等。

在专利及专有技术使用费计算时应注意以下问题。

（1）按专利使用许可协议和专有技术使用合同的规定计列。

（2）专有技术的界定应以省、部级鉴定批准为依据。

（3）项目投资中只计需在建设期支付的专利及专有技术使用费。协议或合同规定在生产期支付的使用费应在生产成本中核算。

（4）一次性支付的商标权、商誉及特许经营权费按协议或合同规定计列。协议或合同规定在生产期支付的商标权或特许经营权费应在生产成本中核算。

（5）为项目配套的专用设施投资，包括专用铁路线、专用公路、专用通信设施、送变电站、地下管道、专用码头等，如由项目建设单位负责投资但产权不归属本单位的，应作无形资产处理。

1.4.3 其他资产费用

其他资产费用指建设投资中除形成固定资产和无形资产以外的部分,主要包括生产准备及开办费等。生产准备及开办费是指建设项目为保证正常生产(或营业、使用)而发生的人员培训费、提前进厂费以及投产使用必备的生产办公、生活家具用具及工器具等购置费用。

(1) 人员培训费及提前进厂费,包括自行组织培训或委托其他单位培训的人员工资、工资性补贴、职工福利费、差旅交通费、劳动保护费、学习资料费等。

(2) 为保证初期正常生产(或营业、使用)所必需的生产办公、生活家具用具购置费。

(3) 为保证初期正常生产(或营业、使用)必需的第一套不够固定资产标准的生产工具、器具、用具购置费,不包括备品备件费。

1.5 预备费、建设期贷款利息、固定资产投资方向调节税

1.5.1 预备费

预备费包括基本预备费和涨价预备费两部分。

1. 基本预备费

基本预备费是指在初步设计和概算中难以预料的费用。基本预备费的具体内容包括进行技术设计、施工图设计和施工过程中,在批准的初步设计范围内所增加的工程及费用;由于一般自然灾害所造成的损失和预防自然灾害所采取的措施费用;工程竣工验收时,为鉴定工程质量,必须开挖和修复的隐蔽工程的费用。

基本预备费一般以工程费用和工程建设其他费用之和为计算基数,乘以基本预备费率进行计算。

$$基本预备费=(工程费用+工程建设其他费用)\times 基本预备费率$$

其中,基本预备费率的取值应执行国家及有关部门的规定。

2. 涨价预备费

1) 涨价预备费的内容

涨价预备费是指针对建设项目在建设期间内由于材料、人工、设备等价格可能发生变化引起工程造价变化,而事先预留的费用,亦称为价格变动不可预见费。涨价预备费包括人工、设备、材料、施工机械的价差费,建筑安装工程费及工程建设其他费用调整,利率、汇率调整等增加的费用。

2) 涨价预备费计算

涨价预备费是根据国家规定的投资综合价格指数,以估算年份价格水平的投资

额为基数,采用复利方法计算。计算公式为

$$PF = \sum_{t=1}^{n} I_t [(1+f)^m (1+f)^{0.5} (1+f)^{t-1} - 1]$$

式中:PF——涨价预备费;

n——建设期年份数;

I_t——建设期中第 t 年的投资计划额,包括工程费用、工程建设其他费用及基本预备费,即第 t 年的静态投资;

f——年均投资价格上涨率;

m——建设前期年限(从编制估算到开工建设,单位:年)。

1.5.2 建设期贷款利息

建设期贷款利息包括向国内银行和其他非银行金融机构贷款、出口信贷、外国政府贷款、国际商业银行贷款以及在境内外发行的债券等在建设期间内应偿还的贷款利息。建设期贷款利息按复利计算。

当贷款是一次贷出且利率固定时,利息的计算公式为

$$q = p(1+i)^n - p$$

式中:q——建设期末的利息;

p——一次性贷款金额;

i——年利率;

n——贷款期限。

当总贷款分年均衡发放时,建设期利息的计算可按当年借款在年中支用考虑,即当年贷款按半年计息,上年贷款按全年计息,利息的计算公式为

$$q_j = \left(P_{j-1} + \frac{1}{2}A_j\right) \times i$$

式中:q_j——建设期第 j 年应计利息;

P_{j-1}——建设期第 $(j-1)$ 年末贷款累计金额与利息累计金额之和;

A_j——建设期第 j 年贷款金额;

i——年利率。

【例 1-1】 某新建项目,建设期为 3 年,在 3 年建设期中,第一年贷款额为 300 万元,第二年贷款额为 600 万元,第三年贷款额为 400 万元,贷款年利率为 6%,计算 3 年建设期贷款利息。

解 第一年建设期利息=(300÷2)×6%万元=9 万元

第二年建设期贷款利息=(300+9+600÷2)×6%万元=36.54 万元

第三年建设期贷款利息=(300+9+600+36.54+400÷2)×6%万元
=68.73 万元

建设期贷款利息=(9+36.54+68.73)万元=114.27 万元

【综合案例】

某工业引进项目,基础数据如下。

(1) 项目的建设期为 2 年,第一年完成项目的全部投资 40%,第二年完成 60%。

(2) 全套设备从国外进口,重量 1850 t,装运港船上交货价为 460 万美元,国际运费标准为 330 美元/t,海上运输保险费率为 0.267%,中国银行费率为 0.45%,外贸手续费率为 1.7%,关税税率为 22%,增值税税率为 17%,美元对人民币的银行牌价为 1∶8.07,设备的国内运杂费率为 2.3%。

(3) 该项目建筑工程占设备购置投资的 27.6%,安装工程占设备购置投资的 10%,工程建设其他费用占设备购置投资的 7.7%。

(4) 本项目固定资产投资中有 2000 万元来自银行贷款,其余为自有资金,且不论借款还是自有资金均按计划比例投入。根据借款协议,贷款利率按 10.38%。基本预备费费率 10%,项目建设前期年限为 0,年均投资价格上涨率为 5%。

问题:

(1) 计算项目设备购置投资。

(2) 估算项目固定资产投资额。

解 (1) 进口设备货价 = 460 × 8.07 万元 = 3712.20 万元

国际运费 = 1850 × 330 × 8.07 万元 = 492.67 万元

国外运输保险费 = (3712.20 + 492.67) ÷ (1 − 0.267%) × 0.267% 万元 = 11.26 万元

银行财务费 = 3712.20 × 0.45% 万元 = 16.70 万元

外贸手续费 = (3712.20 + 492.67 + 11.26) × 1.7% 万元 = 71.67 万元

进口关税 = (3712.20 + 492.67 + 11.26) × 22% 万元 = 927.55 万元

增值税 = (3712.20 + 492.67 + 11.26 + 927.55) × 17% 万元 = 874.43 万元

进口设备原价 = (3712.20 + 492.67 + 11.26 + 16.70 + 71.67 + 927.55 + 874.43) 万元 = 6106.48 万元

设备购置投资 = 6106.48 × (1 + 2.3%) 万元 = 6246.93 万元

(2) 设备购置费 + 建筑安装工程费 + 工程建设其他费 = 6246.93 × (1 + 27.6% + 10% + 7.7%) 万元 = 9076.79 万元

基本预备费 = 9076.79 × 10% 万元 = 907.68 万元

涨价预备费 = {(9076.79 + 907.68) × 40% × [$(1+5\%)^{0.5} - 1$] + (9076.79 + 907.68) × 60% × [$(1+5\%)^{0.5} × (1+5\%) - 1$]} 万元 = 413.76 万元

建设期第一年贷款利息 = 1/2 × 2000 × 40% × 10.38% 万元 = 41.52 万元

建设期第二年贷款利息 = (2000 × 40% + 41.52 + 1/2 × 2000 × 60%) × 10.38% 万元 = 149.63 万元

建设期贷款利息 = (41.52 + 149.63) 万元 = 191.15 万元

固定资产投资＝(9076.79＋907.68＋413.76＋191.15)万元＝10 589.38 万元

【思考与练习】

一、单选题

(1) 下列费用中,不属于工程造价构成的是( )。
　　A. 用于支付项目所需土地而发生的费用
　　B. 用于建设单位自身进行项目管理所支出的费用
　　C. 用于购买安装施工机械所支付的费用
　　D. 用于委托工程勘察设计所支付的费用

(2) 某建设项目建筑工程费 2000 万元,安装工程费 700 万元,设备购置费 1100 万元,工程建设其他费 450 万元,预备费 180 万元,建设期贷款利息 120 万元,流动资金 500 万元,则该项目的工程造价为( )万元。
　　A. 4250　　　B. 4430　　　C. 4550　　　D. 5050

(3) 下列各种费用中,属于工程建设其他费用的是( )。
　　A. 设备购置费　B. 间接费　C. 土地使用费　D. 直接费

(4) 根据世界银行工程造价构成的规定,项目直接建设成本中不包括( )。
　　A. 设备安装费　　　　　B. 工艺建筑费
　　C. 服务性建筑费用　　　D. 开工试车费

(5) 下列关于工具、器具及生产家具购置费的表述中,正确的是( )。
　　A. 该项费用属于设备费
　　B. 该项费用属于工程建设其他费用
　　C. 该项费用是为了保证项目生产运营期的需要而支付的相关购置费用
　　D. 该项费用一般以需要安装的设备购置费为基数乘以一定费率计算

(6) 某进口设备的人民币货价为 50 万元,国际运费费率为 10%,运输保险费费率为 3%,进口关税税率为 20%,则该设备应支付关税税额是( )万元。
　　A. 11.34　　　B. 11.33　　　C. 11.30　　　D. 10.00

(7) 采用成本计算估价法计算国产非标准设备原价时,包装费的计取基数不包括该设备的( )。
　　A. 材料费　　　　　　　B. 加工费
　　C. 外购配套件费　　　　D. 设计费

(8) 下列进口设备交货方式中,买方风险最大的是( )。
　　A. 内陆交货方式　　　　B. 装运港交货方式
　　C. 目的地交货方式　　　D. 抵达港交货方式

(9) 某进口设备 FOB 价为 100 万元,国外运费为 10 万美元,运输保险费费率为 1.5%,则该进口设备的运输保险费为( )万美元。
　　A. 1.675　　　B. 1.655　　　C. 1.523　　　D. 1.575

(10) 进口设备增值税额应以( )乘以增值税率来计算。
  A. 正常的到岸价格　　　　B. 离岸价格
  C. 关税＋消费税　　　　　D. 到岸价格＋关税＋消费税
(11) 下列费用中,属于建筑安装工程造价间接费的是( )。
  A. 材料检验试验费　　　　B. 文明施工费
  C. 工会经费　　　　　　　D. 脚手架费用
(12) 某建筑物室内给排水工程的部分预算资料如下:直接工程费为188.2万元,其中人工费为13.6万元;措施费为15.3万元,其中人工费8.76万元。若间接费按人工费的26.86%计算,则该工程间接费为( )万元。
  A. 3.65　　B. 6.01　　C. 50.55　　D. 54.66
(13) 某建设项目的建设期为2年,第一年贷款400万元,第二年贷款200万元,贷款年利率为5%,假设贷款是分年均衡发放,则建设期的贷款利息为( )万元。
  A. 25.5　　B. 30　　C. 35.5　　D. 51
(14) 竣工验收时为鉴定工程质量对隐蔽工程进行必要的挖掘和修复费用,应计入( )。
  A. 现场经费　　　　　　　B. 施工企业管理费
  C. 涨价预备费　　　　　　D. 基本预备费

二、多选题

(1) 固定资产投资中的积极部分包括( )。
  A. 建安工程费用　　　　　B. 工艺设备购置费
  C. 工具、器具购置费　　　D. 生产家具购置费
(2) 下列工程中,其工程费用列入建筑工程费用的是( )。
  A. 设备基础工程　　　　　B. 供水、供暖、通风工程
  C. 电缆导线敷设工程　　　D. 附属于被安装设备的管线敷设工程
(3) 下列费用中,应列入建筑安装工程措施费的有( )。
  A. 社会保障费　　　　　　B. 职工教育经费
  C. 脚手架费　　　　　　　D. 夜间施工费
(4) 计入建筑安装工程费用中的税费包括( )。
  A. 营业税　　　　　　　　B. 企业所得税
  C. 城市维护建设税　　　　D. 教育费附加
(5) 下列费用中属于工程建设其他费用中固定资产其他费用的是( )。
  A. 建设管理费　　　　　　B. 生产准备及开办费
  C. 建设用地费　　　　　　D. 劳动安全卫生评价费

三、问答题

(1) 简述建筑安装工程费用的组成内容。
(2) 什么是工程建设其他费?它由哪三类费用组成?

（3）设备购置费由哪些费用组成？其中进口设备的原价如何计算？

（4）建设期利息的计算有什么特点？如何计算？

答案：

一、单选题

（1）C　（2）C　（3）C　（4）D　（5）C　（6）A　（7）D　（8）A　（9）A　（10）D　（11）C　（12）B　（13）C　（14）D

二、多选题

（1）BCD　（2）ABC　（3）CD　（4）ACD　（5）ACD

三、（略）

第 2 章　建设项目决策阶段造价管理

【本章概述】

　　项目投资决策是选择和决定投资行动方案的过程,在这一阶段,造价管理的主要工作是编制建设项目投资估算,并对不同的建设方案进行比选,为决策者提供决策依据。本章主要介绍了寿命期相同和寿命期不同的建设项目方案比选方法及建设项目投资估算的编制方法。由于决策阶段是工程造价管理的关键性阶段,建设项目投资决策正确与否不仅直接关系到工程造价的高低和投资效果的好坏,而且还关系到项目建设的成败,因而正确的投资决策是工程造价有效管理的前提。

【学习目标】

1. 熟悉可行性研究的基本工作步骤。
2. 熟悉可行性研究报告的内容。
3. 了解投资估算的作用、编制内容及要求。
4. 掌握建设投资、流动投资估算的方法。
5. 掌握建设项目财务数据的测算和主要财务报表的编制。
6. 掌握建设项目经济评价的指标计算。
7. 熟悉建设项目投资方案的比较和选择的方法。

2.1　概述

2.1.1　建筑项目决策对工程造价管理的影响

1. 项目决策的正确性是工程造价合理性的前提

　　项目决策正确,意味着对项目建设做出科学的决断。优选出最佳投资行动方案,完成资源的合理配置,这样才能合理地估计和计算工程造价,并且在实施最优投资方案过程中,有效地控制工程造价。项目决策失误,主要体现在对不该建设的项目进行投资建设,或者项目建设地点的选择错误,或者投资方案不合理等。诸如此类的决策失误,会直接带来不必要的资金投入和人力、物力的浪费,甚至造成不可弥补的损失。在这种情况下,再进行工程造价的有效管理就已经毫无意义了。因此,要达到工程造价的合理性,首先就要保证项目决策的正确性,避免决策失误。

2. 项目决策的内容是决定工程造价的基础

工程造价的确定与控制贯穿于建设项目全过程，但决策阶段的各项技术经济决策对该项目的工程造价有重大影响，特别是建设标准的确定、建设地点的选择、工艺的评选、设备的选用等，直接关系到工程造价的高低。据有关资料统计，在项目建设各个阶段中，投资决策阶段影响工程造价的程度最高，达到80%~90%。因此，决策阶段中的项目决策内容是决定工程造价的基础，将直接影响决策阶段之后各建设阶段工程造价的确定与控制。

3. 造价高低、投资多少影响项目决策

决策阶段的投资估算是进行投资方案选择的重要依据之一，同时也是决定项目是否可行及主管部门进行项目审批的参考依据。

4. 项目决策的深度影响投资估算的精确度和工程造价的控制效果

投资决策过程是一个由浅入深、不断深化的过程，不同阶段决策的深度不同，投资估算的精确度也不同。如投资机会研究及项目建议书阶段是初步决策的阶段，投资估算误差率在±30%左右；而详细可行性研究阶段是最终决策阶段，投资估算误差率在±10%以内。另外，在项目建设各阶段，即决策阶段、初步设计阶段、技术设计阶段、施工图设计阶段、工程招投标及承发包阶段、施工阶段、竣工验收阶段，通过工程造价的确定与控制，相应地形成投资估算、设计概算、修正概算、施工图预算、承包合同价、结算价及竣工决算，这些造价形式之间存在着前者控制后者，后者补充前者这样的相互作用关系；而"前者控制后者"的制约关系，意味着投资估算对其后面各种形式的造价起着制约作用，可作为限额目标。由此可见，只有加强项目决策的深度，采用科学的估算方法和可靠的数据资料，合理地计算投资估算造价，才能保证其他阶段的造价被控制在合理范围，使投资控制目标能够实现，避免"三超"现象的发生。

2.1.2 建设项目决策阶段影响工程造价的主要因素

1. 项目合理规模的确定

项目合理规模的确定，就是要合理选择拟建项目的生产规模，解决"生产多少"的问题。每一个建设项目都存在着一个合理规模的选择问题。生产规模过小，资源得不到有效配置，单位产品成本较高，经济效益低下；生产规模过大，超过了项目产品市场的需求量，导致开工不足、产品积压或降价销售，致使项目经济效益也会低下。因此，项目规模的合理选择关系着项目的成败，决定着工程造价合理与否。在确定项目规模时，不仅要考虑项目内部各因素之间的数量匹配、能力协调，还要使所有生产力因素共同形成的经济实体（如项目）在规模上大小适应，这样可以合理确定和有效控制工程造价，提高项目的经济效益。但同时也须注意，规模扩大所产生的效益不是无限的，它受到技术进步、管理水平、项目经济技术环境等多种因素的制约。超过一定限度，规模效益将不再出现，甚至可能出现单位成本递增和收益递减的现象。

2. 建设标准水平的确定

建设标准的主要内容包括建设规模、占地面积、工艺装备、建筑标准、配套工程、劳动定员等方面的标准或指标。建设标准是编制、评估、审批项目可行性研究的重要依据,是衡量工程造价是否合理及监督检查项目建设的客观尺度。建设标准能否起到控制工程造价、指导建设投资的作用,关键在于标准水平定得合理与否。因此,建设标准水平应从我国目前的经济发展水平出发,根据不同地区、不同规模、不同等级、不同功能来合理确定。大多数工业交通项目应采用中等适用的标准,对少数引进国外先进技术和设备的项目或少数有特殊要求的项目,标准可适当高些。在建筑方面,应坚持经济、适用、安全、朴实的原则。建设项目标准中的各项规定,能定量的应尽量给出指标,不能规定指标的要有定性的原则要求。

3. 建设地区及建设地点(厂址)的选择

一般情况下,确定某个建设项目的具体地址(或厂址),需要经过建设地区选择和建设地点选择(厂址选择)这样两个不同层次的、相互联系又相互区别的工作阶段。这两个阶段是一种递进关系。其中,建设地区选择是指在几个不同地区之间对拟建项目适宜配置在哪个区域范围的选择;建设地点选择是指对项目具体坐落位置的选择。

1) 建设地区的选择

建设地区的选择要充分考虑各种因素的制约,具体要考虑以下因素。

(1) 要符合国民经济发展战略规划、国家工业布局总体规划和地区经济发展规划的要求。

(2) 要根据项目的特点和需要,充分考虑原材料条件、能源条件、水源条件、各地区对项目产品需求及运输条件等。

(3) 要综合考虑气象、地质、水文等建厂的自然条件。

(4) 要充分考虑劳动力来源、生活环境、生产协作、施工技术与力量、风俗文化等社会环境因素的影响。

因此,在综合考虑上述因素的基础上,建设地区的选择要遵循以下两个基本原则。

(1) 靠近原料、燃料提供地和产品消费地的原则。

(2) 工业项目适当聚集的原则(缩减)。

2) 建设地点(厂址)的选择

建设地点的选择是一项极为复杂的技术经济综合性很强的系统工程,它不仅涉及项目建设条件、产品生产要素、生态环境和未来产品销售等重要问题,受社会、政治、经济、国防等多种因素的制约,而且还直接影响项目建设投资、建设速度和施工条件,以及未来企业的经营管理及所在地点的城乡建设规划和发展。因此,必须从国民经济和社会发展的全局出发,运用系统观点和方法分析决策。

(1) 选择建设地点应满足下列要求。

① 节约土地。项目的建设应尽可能节约土地,尽量把厂址放在荒地和不可耕种的地点,避免大量占用耕地,节省土地的补偿费用。

② 应尽量选在工程地质、水文地质条件较好的地段,土壤耐压力应满足拟建厂的要求,严禁选在断层、熔岩、流沙层与有用矿床上以及洪水淹没区、已采矿塌陷区、滑坡区。厂址的地下水位应尽可能低于地下建筑物的基准面。

③ 厂区土地面积与外形能满足厂房与各种构筑物的需要,并适合按科学的工艺流程布置厂房与构筑物。

④ 厂区地形力求平坦而略有坡度(一般以 5%~10%为宜),以减少平整土地的土方工程量,节约投资,又便于地面排水。

⑤ 应靠近铁路、公路、水路,以缩短运输距离,减少建设投资。

⑥ 应便于供电、供热和其他协作条件的取得。

⑦ 应尽量减少对环境的污染。排放大量有害气体和烟尘的项目不能建在城市的上风口,以免对整个城市造成污染;噪声大的项目,其厂址应选在距离居民集中地区较远的地方,同时,要设置一定宽度的绿化带,以减弱噪声的干扰。

上述条件能否满足,不仅关系到建设工程造价的高低和建设期限,而且对项目投产后的运营状况也有很大影响。因此,在确定厂址时,也应进行方案的技术经济分析、比较,选择最佳厂址。

(2) 厂址选择时的费用分析。

在进行厂址多方案技术经济分析时,除比较上述厂址条件外,还应从两方面进行分析:

① 项目投资费用。包括土地征购费、拆迁补偿费、土石方工程费、运输设施费、排水及污水处理设施费、动力设施费、生活设施费、临时设施费、建材运输费等。

② 项目投产后生产经营费用比较。包括原材料、燃料运入及产品运出费用,给排水、污水处理费用,动力供应费用等。

4. 工程技术方案的确定

工程技术方案的确定主要包括生产工艺方案的确定和主要设备的选用两部分内容。

1) 生产工艺方案的确定

生产工艺是指生产产品所采用的工艺流程和制作方法。工艺流程是指投入物(原料或半成品)经过有次序的生产加工,成为产出物(产品或加工品)的过程。评价及确定拟采用的工艺是否可行,主要有先进适用和经济合理两项标准。

2) 主要设备的选用

在设备选用中,应注意处理好以下问题。

(1) 尽量选用国产设备。凡国内能够制造,并能保证质量、数量和按期供货的设备,或者进口一些技术资料就能仿制的设备,原则上必须国内生产,不必从国外进口;凡只引进关键设备就能由国内配套使用的,就不必成套引进。

(2) 注意进口设备之间以及国内外设备之间的衔接配套问题。有时一个项目从国外引进设备时,为了考虑各供应厂家的设备特长和价格等问题,可能分别向几家制造厂购买,这时,就必须注意各厂所供设备之间技术、效率等方面的衔接配套问题。为了避免各厂所供设备不能配套衔接,引进时最好采用总承包的方式。

(3) 注意进口设备与原有国产设备、厂房之间的配套问题,主要应注意本厂原有国产设备的质量、性能与引进设备是否配套,以免因国内外设备能力不平衡而影响生产。有的项目利用原有厂房安装引进设备,就应把原有厂房的结构、面积、高度以及原有设备的情况了解清楚,以免设备到厂后安装不上或互不适应而造成浪费。

(4) 注意进口设备与原材料、备品备件及维修能力之间的配套问题,应尽量避免引进的设备所用主要原料需要进口。采用进口设备还必须同时组织国内研制所需备品备件问题,以保证设备能长期发挥作用。另外,对于进口的设备,还必须懂得如何操作和维修,否则不能发挥设备的先进性。

2.2 可行性研究

2.2.1 可行性研究概述

1. 可行性研究的概念

建设项目可行性研究是工程项目建设前期管理的重要阶段,它是指在项目决策时,通过对项目有关的工程、技术、经济等各方面进行调查、研究、分析,对各种可能的建设方案和技术方案进行比较论证,并对项目建成后的经济效益进行预测和评价的一种科学分析方法。其任务是考察项目技术上的先进性和适用性,经济上的盈利性和合理性,建设的可能性和可行性。其结论为投资者的最终决策提供直接的依据。

目前,无论是发达国家还是发展中国家,都把可行性研究视为重要环节,投资者为了排除盲目性,减少风险,在竞争中取得最大利润,宁肯在投资前花费一定的代价,也要进行投资项目的可行性研究,以提高投资获利的可靠程度。

2. 可行性研究的发展

可行性研究是现代经济理论和管理科学发展的产物,最早起源于 20 世纪 30 年代,美国在开发田纳西河流域时,就开始对该流域的建设顺序、资金筹措、产品方案、生产规模等问题进行了全面的研究,使项目的建设稳步地发展,从而取得了明显的经济效益。以后这项工作得到不断的充实和发展,并扩大应用到各个建设领域,成为一套科学的研究方法。第二次世界大战后,特别是 20 世纪 60 年代以来,随着科技进步和管理科学的迅速发展,为适应经济发展需要,可行性研究方法不断得到充实、完善,形成了一套系统的科学分析方法,它的应用范围也不断扩大,不仅应用于投资项目的决策分析和新产品的开发,还渗透到工农业生产经营管理、区域发展规划等多方面。1978 年,联合国工业发展组织编写了《工业可行性研究手册》(以下简称《手册》),用于指导工业投资开发项目可行性研究。1992 年,工业发展组织在总结了《手册》应用十余年经验的基础上,改写了《手册》第二版。目前,联合国、世界银行、亚洲开发银行等国际组织援助我国的投资项目,都普遍采用了可行性研究方法。

我国建设项目投资决策前的可行性研究工作是在20世纪70年代末,随着改革开放的方针的提出,在引进国外的先进技术和设备的同时逐步发展起来的,在这之前,我国在投资项目决策前所作的技术经济论证工作,其作用和目的也是为了在投资前对拟建项目的必要性、建设条件、建成后的效果等进行分析论证,以提高投资效益。

1979年,国家有关部门邀请世界银行专家在我国举办可行性研究讲习班,介绍国外的可行性研究方法,在这之后,各部门相继举办了多次研讨班,开展对可行性研究的学习,组织翻译出版联合国工业发展组织编写的《手册》和其他出版物。

1983年2月,国家计委制定和颁发《关于建设项目可行性研究的试行管理办法》,这个试行管理办法共5章22条,对有关可行性研究工作的各种问题都作了全面的阐述与规定。

1987年,国家计委发布了《建设项目经济评价方法》《建设项目经济评价参数》《中外合资项目经济评价方法》,对可行性研究中的经济评价部分作了更为详细的规定和具体要求。随后又在总结和研究《建设项目经济评价方法与参数》(第一版)的基础上于1993年由国家计委、建设部发布《建设项目经济评价方法与参数》(第二版)。为更好地适应我国社会主义市场经济的发展,满足建设项目经济评价的需要,2006年7月3日国家发展和改革委员会与建设部又修订发布了《建设项目经济评价方法与参数》(第三版),为正确实行可行性研究和科学决策项目投资提供了指导原则。

3. 可行性研究的作用

可行性研究的主要作用如下。

(1) 作为项目评估的依据。

(2) 作为向银行申请贷款的依据。目前世界银行等国际金融组织、国家开发银行、中国建设银行、中国工商银行、中国投资银行等,都要根据可行性研究报告,对申请贷款的项目进行全面、细致的分析与评估,确认建设项目经济效益好,具有偿还能力,不会承担很大风险,才给予贷款。

(3) 作为与建设项目有关部门商谈合同和协议的依据。一个建设项目,在设备材料、协作件、燃料、供电、供水、运输、通信等很多方面都需要与有关部门协商,在签订合同或协议时都应以可行性研究为依据。对于技术引进和进口设备项目,国家规定必须在可行性研究报告批准后才能与外商正式签约。

(4) 作为项目编制初步设计的基础。可行性研究重在研究,对产品方案、建设规模、厂区位置、生产工艺、主要设备选型、工艺流程等都做了比较和论证,确定了原则,推荐了最佳建设方案。可行性研究和设计任务书批准后,进入项目的投资实施时期,初步设计必须以此为依据,一般不另作重大方案的比较和论证。

(5) 作为拟采用新技术、新设备研制计划的依据。建设项目采用新技术、新设备必须慎重,经过可行性研究证明,新技术、新设备确实可行时,方可列入研制计划进行研制。

(6)作为建设项目补充地形、地质工作和普通工业性试验的依据。可行性研究需要大量的基础资料,当资料不完整或深度不够,不能满足下一步工作需要时,则应根据可行性研究提出的要求进行地形、地质和工业性试验等补充。

(7)作为修改基本建设远景规划的依据。

(8)作为环保部门审查建设项目对环境影响的依据。我国基本建设环境保护法规定,编制可行性研究报告时,必须对环境影响作出评价,审批可行性研究报告时,同时审批环境保护方案。

2.2.2 可行性研究的基本工作步骤

项目的可行性研究,一般由项目业主根据工程需要,委托有资格的设计院或咨询公司进行可行性研究,编制可行性研究报告。

1. 签定委托协议

当项目建议书经审定批准后,即可开展可行性研究工作。可行性研究,一般采取有关部门、建设单位向设计或咨询单位进行委托的方式,就项目可行性研究工作的范围、内容、重点、深度要求、完成时间、经费预算和质量要求等交换意见,并签定委托协议,据以开展可行性研究各阶段的工作。

2. 组建研究小组,制订研究计划

承担可行性研究工作的单位首先要掌握项目建议书和有关项目背景材料,了解委托者或上级的意图和要求,明确研究内容,在此基础上组建可行性研究工作小组(项目组或课题组),项目组根据设计院(或咨询公司)下达的书面任务书,研究工作范围和要求,制订项目工作计划和安排实施进度。

3. 市场调查与预测

这一阶段的主要任务是通过调查研究进一步明确项目建设的必要性和现实性,为下一步工作提供资料。项目组首先要查阅、收集与项目建设、生产运营等各方面所必需的信息资料和数据,拟定调查提纲,然后开展实地踏勘和抽样调查,必要时进行专题调查、试验和研究,最后整理所收集的资料。为确定项目产品方案和生产规模,选定生产工艺和设备类型等提供确切的技术经济资料。

4. 方案设计和优选

根据项目建议书的要求,结合市场调查与预测,在收集到一定的资料和数据的基础上,建立几种可供选择的技术方案和建设方案,结合实际条件进行反复的方案比较论证,并会同委托单位明确选择方案的重大原则问题和优选标准,从若干方案中择出较优方案,研究论证项目在技术上的可行性,进一步明确产品方案、生产规模、工艺流程等建设方案,为下一步工作做好准备。

5. 经济分析和评价

在研究论证了项目建设的必要性和可能性以及技术的可行性之后,选定与本项目有关的经济评价基础数据和定额标准、参数,对所选定的最佳建设总体方案进行详细的财务预测、财务效益分析和国民经济评价。从测算项目投资、生产成本和销售利润入手,进行盈利性分析、费用效益分析和不确定性分析,研究论证项目在财务上的盈利性和经济上的合理性,进一步提出资金筹集建议和制订项目实施总进度计划。

6. 编制可行性研究报告

在对项目进行详细的技术经济分析论证之后,编制可行性研究报告初稿,选择一个项目建设方案和实施计划,提出结论性意见和重大措施建议,为最终决策提供科学依据。

7. 与委托单位交换意见

可行性研究报告初稿形成后,与委托单位交换意见,修改完善,形成正式的可行性研究报告。

2.2.3 可行性研究中市场调查方法与预测方法

市场调查与预测是项目可行性研究的重要组成部分,是项目可行性研究的前提。

1. 市场调查方法

市场调查方法分为间接搜集信息法和直接调查法。

间接搜集信息法是指调研人员通过各种媒体(互联网、报刊、统计年鉴、电视、广播、咨询公司的公益性信息等)对信息资料进行搜集、分析、研究和利用的活动。间接搜集信息法一般包括查找、购买、交换、接收等具体的手段。

间接搜集信息法的特点是获取资料速度快、费用省,能举一反三,并能对直接调查方法起弥补修正作用。缺点是针对性较差、深度不够、准确性不高,需要采用适当的方法进行二次处理和验证。

直接调查法是将所拟调查的事项,以当面或电话或书面的形式向被调查者进行询问,以获得所需资料信息的调查方法。常用的直接调查法一般包括访问调查法、通信调查法、会议调查法、观察法、实验法等。进行市场调查时应根据项目具体情况选用适当方法。

直接调查法的优点是调查结果针对性强,信息准确。缺点是调查成本高,调查结果易受工作人员水平及被调查人员本身素质的影响。

2. 市场预测方法

市场预测方法按其类型一般可以分为定性预测和定量预测两大类。

定性预测是根据掌握的信息资料,凭借专家个人和群体的经验、知识,运用一定的方法,对市场未来的趋势、规律、状态做出主观的判断和描述。定量预测是依据市场历史和现在的统计数据资料,选择或建立合适的数学模型,分析研究其发展变化规律并对未来作出预测。预测方法按预测的时间跨度不同,可分为短期预测方法和中、长期预测方法。

在进行市场预测时,应根据项目产品特点以及项目不同决策阶段对市场预测的不同深度要求,选用相应的预测方法。

2.2.4 可行性研究报告的编制

1. 可行性研究报告的编制依据

对工程项目编制可行性研究报告的主要依据如下。

(1) 国家经济发展的长期规划,部门、地区发展规划,经济建设的方针、任务、产业政策和投资政策。

(2) 批准的项目建议书和委托单位的要求。

(3) 对于大中型骨干建设项目,必须具有国家批准的资源报告、国土开发整治规划、区域规划、工业基地规划。交通运输项目,要有相关的江河流域规划与路网规划。

(4) 有关的自然、地理、气象、水文、地质、经济、社会、环保等基础资料。

(5) 有关行业的工程技术和经济方面的规范、标准、定额资料,以及国家正式颁发的技术法规和技术标准。

(6) 国家颁发的评价方法与参数,如国家基准收益率、行业基准收益率、外汇影子汇率、价格换算参数等。

2. 可行性研究报告的编制要求

(1) 预见性。可行性研究报告不仅要对历史、现状资料进行研究和分析,更重要的是应对未来的市场需求、投资效益进行预测和估算。

(2) 客观公正性。可行性研究报告必须坚持实事求是,在调查研究的基础上,按照客观规律进行论证和评价。

(3) 可靠性。可行性研究报告应认真研究确定项目的技术经济措施,以保证项目的可靠性,同时也应否定不可行的项目或方案,以避免投资损失。

(4) 科学性。可行性研究报告必须应用现代科学技术手段进行市场预测,运用科学的评价指标体系和方法分析评价项目的财务效益、经济效益和社会影响,为项目决策提供科学依据。

3. 可行性研究报告的主要内容

项目可行性研究的内容,因项目的性质不同、行业特点而异。从总体上看,主要包括以下内容。

(1) 总论。

总论主要说明项目提出的背景、研究工作的依据和范围,以及可行性研究的主要结论、存在的问题和建议。

(2) 市场调查与预测。

市场分析包括市场调查和市场预测,是可行性研究的重要环节,其内容包括市场现状调查、产品供需预测、价格预测、竞争力分析、市场风险分析。

(3) 建设方案。

建设方案主要包括建设规模与产品方案,工艺技术和主要设备方案,场(厂)址选择方案,主要原材料、辅助材料、燃料供应方案,总图运输和土建方案,公用工程方案,节能、节水措施,环境保护治理措施方案,安全、职业卫生措施和消防设施方案,项目的组织机构与人力资源配置方案等。

(4) 投资估算。

在确定项目建设方案工程量的基础上估算项目的建设投资,分别估算建筑工程费、设备购置费、安装工程费、工程建设其他费用、基本预备费、涨价预备费,还要估算建设期利息和流动资金。

(5) 融资方案。

在投资估算确定融资额的基础上,研究分析项目的融资主体,资金来源的渠道和方式,资金结构及融资成本,融资风险等。结合融资方案的财务分析,比较、选择和确定融资方案。

(6) 财务分析。

详细估算营业收入和成本费用,预测现金流量;编制现金流量表等财务报表,计算相关指标;进行财务盈利能力、偿债能力分析以及财务生存能力分析,评价项目的财务可行性。

(7) 经济分析。

对于财务现金流量不能全面、真实地反映其经济价值的项目,应进行经济分析。包括外汇影子价格及评价参数选取、效益费用范围与数值调整、国民经济评价报表、国民经济评价指标、国民经济评价结论等内容。

(8) 经济影响分析。

对于行业、区域经济及宏观经济影响较大的项目,还应从行业影响、区域经济发展、产业布局及结构调整、区域财政收支、收入分配以及是否可能导致垄断等角度进行分析。对于涉及国家经济安全的项目,还应从产业技术安全、资源供应安全、资本控制安全、产业成长安全、市场环境安全等角度进行分析。

(9) 资源利用分析。

对于高耗能、耗水、大量消耗自然资源的项目,如石油和天然气开采、石油加工、发电等项目,应分析能源、水资源和自然资源利用效率;一般项目也应进行节能、节水、节地、节材分析;所有项目都要提出降低资源消耗的措施。

(10) 土地利用及移民搬迁安置方案分析。

对于新增建设用地的项目,应分析项目用地情况,提出节约用地措施。涉及搬迁和移民的项目,还应分析搬迁方案和移民安置方案的合理性。

(11) 社会评价和社会影响分析。

对于涉及社会公共利益的项目,如农村扶贫项目,要在社会调查的基础上,分析拟建项目的社会影响,分析主要利益相关者的需求,分析对项目的支持和接受程度,分析项目的社会风险,提出需要防范和解决社会问题的方案。

(12) 敏感性分析和盈亏平衡分析。

进行敏感性分析,计算敏感度系数和临界点,找出敏感因素及其对项目效益的影响程度;进行盈亏平衡分析,计算盈亏平衡点,粗略预测项目适应市场变化的能力。

(13) 风险分析。

对项目主要风险因素进行识别,采用定性和定量分析方法估计风险程度,研究提出防范和降低风险的对策措施。

(14) 结论与建议。

应归纳总结,说明所推荐方案的优点,并指出可能存在的主要问题和可能遇到的主要风险,作出项目是否可行的明确结论,并对项目下一步工作和项目实施中需要解决的问题提出建议。

2.3 投资估算的编制与审查

2.3.1 投资估算概述

1. 投资估算的概念

投资估算是指在项目投资决策过程中,依据现有的资料和特定的方法,对建设项目的投资数额进行的估计。它是建设项目前期编制项目建议书和可行性研究报告的重要组成部分,是项目决策的重要依据之一。按照现行项目建议书和可行性研究报告审批的要求,其中的投资估算一经批准即为建设项目投资的最高限额,一般情况下不得随意突破,因此投资估算的准确与否不仅影响到项目可行性研究的工作质量和经济评价结果,而且也直接关系到下一阶段设计概算和施工图预算的编制及建设项目投资决策阶段的造价管理和控制。

2. 投资估算的阶段划分

(1) 投资机会研究及项目建议书阶段的投资估算。

这个阶段主要是选择有利的投资机会,明确投资方向,提出概略的项目投资建议,并编制项目建议书。投资估算的误差率在±30%左右。

(2) 初步可行性研究阶段的投资估算。

这个阶段介于投资机会研究和详细可行性研究之间,主要是进行项目的经济效益评价,判断项目的可行性,做出初步投资评价。投资估算的误差率在±20%左右。

(3) 详细可行性研究阶段(也称最终可行性研究阶段)的投资估算。

这个阶段主要是评价选择拟建项目的最佳投资方案,对项目的可行性提出结论性意见,投资估算的误差率在±10%左右。

3. 投资估算的作用

(1) 项目建议书阶段的投资估算,是项目主管部门审批项目建议书的依据之一,并对项目的规划、规模起参考作用。

(2) 项目可行性研究阶段的投资估算,是项目投资决策的重要依据,也是研究、分析、计算项目投资经济效果的重要条件。

（3）项目投资估算对工程设计概算起控制作用，当可行性研究报告被批准之后，设计概算就不得突破批准的投资估算额，并应控制在投资估算额以内。

（4）项目投资估算可作为项目资金筹措及制订建设贷款计划的依据，建设单位可根据批准的项目投资估算额，进行资金筹措和向银行申请贷款。

（5）项目投资估算是核算建设工程项目投资需要额和编制建设投资计划的重要依据。

（6）合理准确的投资估算是进行工程造价管理改革，实现工程造价事前管理和主动控制的前提条件。

4．投资估算编制的内容及要求

1）投资估算编制的内容

建设项目投资估算的编制包括建设投资、建设期利息和流动资金构成。

（1）建设投资。

建设投资是指在项目筹建与建设期间所花费的全部建设费用，包括建筑安装工程费、设备及工器具购置费、工程建设其他费用、基本预备费和涨价预备费。

（2）建设期利息。

建设期利息是指债务资金在建设期内发生并应计入固定资产原值的利息，包括借款（或债券）利息以及手续费、承诺费、管理费等其他融资费用。具体计算见第1章相关内容。

（3）流动资金。

流动资金是指项目投产后，为进行正常生产运营，用于购买原材料、燃料、支付工资及其他经营费用等所需的周转资金。对于生产性建设项目总投资，因为要考虑到正常投产运营前的投资，所以用铺底流动资金。铺底流动资金是项目建成后，在试运转阶段用于购买原材料、燃料、支付工资及其他经营费用等所需的周转资金，在项目决策阶段，这部分资金要落实。

$$铺底流动资金=流动资金×30\%$$

2）投资估算的要求

（1）投资估算的范围应与项目建设方案所涉及的范围、所确定的各项工程内容相一致。

（2）投资估算的工程内容和费用要构成齐全，计算合理，不提高或者降低估算标准，不重复计算或者漏项少算。

（3）投资估算应做到方法科学、基础资料完整、依据充分。

（4）投资估算选用的指标与具体工程质检存在标准或条件差异时，应进行必要的换算或者调整。

（5）投资估算的准确度应能满足项目决策阶段在不同阶段的要求。

5．投资估算的编制依据

（1）项目建议书。

(2) 项目建设规模、产品方案。
(3) 可行性研究报告或工程设计方案,包括文字说明或图纸。
(4) 投资估算指标或概算指标、概算定额。
(5) 设计参数指标。如各类工程建筑面积指标,医院:m^2/病床;学校:m^2/学生;暖气空调工程:每平方米建筑面积耗热(冷)量指标,kW/m^2等。
(6) 当地材料、设备预算价格及供应情况;原材料、燃料、动力价格及供应情况。
(7) 已建同类项目投资资料。
(8) 当地历年历季人工、材料、机械设备调价及价格实际上涨情况。
(9) 现场条件,如地形地质条件、供水供电条件、交通运输条件等。
(10) 其他条件及有关规定,如取费标准、银行贷款利率等。

2.3.2 建设投资估算

1. 建设投资中静态投资部分的估算

建设投资由工程费用(建筑工程费、设备购置费、安装工程费)、工程建设其他费用和预备费(基本预备费和涨价预备费)组成,把建设投资中不涉及时间变化因素的部分,即除涨价预备费外的部分称为静态投资部分。在项目的不同前期研究阶段,允许采用详简不同、深度不同的估算方法。常用的估算方法有资金周转率法、生产能力指数法、系数估算法、单元组合法、指标估算法等。估算时,应按建设项目的性质、内容、范围、技术资料和数据的具体情况,有针对性地选用较为适宜的方法。

1) 资金周转率法

该法是从资金周转率的定义推算出投资额的一种方法。

当资金周转率为已知时,则

$$C = \frac{Q \times P}{T}$$

式中:C——拟建项目投资;

Q——产品年产量;

P——产品单价;

T——资金周转率,$T = \dfrac{\text{年销售总额}}{\text{总投资}}$。

该法概念简单明了,方便易行,但误差较大,不同性质的工厂或生产不同产品的车间,资金周转率都不同,要提高投资估算的精确度,必须做好相关的基础工作。

2) 生产能力指数法

这种方法起源于国外对化工厂投资的统计分析,据统计,生产能力不同的 2 个装置,它们的初始投资与 2 个装置生产能力之比的指数幂成正比。计算公式为

$$C_2 = C_1 \left(\frac{Q_2}{Q_1}\right)^n \times f$$

式中:C_2——拟建项目或装置的投资额;

C_1——已建同类型项目或装置的投资额；

Q_2——拟建项目的生产能力；

Q_1——已建同类型项目的生产能力；

n——生产能力指数；

f——不同时期、不同地点的定额、单价、费用变更等的综合调整系数。

该法中生产能力指数 n 是一个关键因素。不同行业、性质、工艺流程、建设水平、生产率水平的项目，应取不同的指数值。选取 n 值的原则是：若已建类似项目的规模和拟建项目的规模相差不大，生产规模的比值在 0.5~2 之间，则指数 n 的取值近似为 1；若已建类似项目的规模和拟建项目的规模相差不大于 50 倍，且拟建项目规模的扩大仅靠增大设备规模来达到时，则 n 取值在 0.6~0.7 之间；若拟建项目规模的扩大靠增加相同规格设备的数量达到时，则 n 取值在 0.8~0.9 之间。

采用生产能力指数法，计算简单、速度快；但要求类似工程的资料可靠，条件基本相同，否则误差就会增大。在我国，生产能力指数法在项目建议书阶段较为适宜。

【例 2-1】 已知建设年产 40 万吨乙烯装置的投资额 80 000 万元，试估计建设年产 65 万吨乙烯装置的投资额是多少？($n=0.6, f=1.2$)

解 $C_2 = C_1 \left(\dfrac{Q_2}{Q_1}\right)^n \times f = 80\,000 \times \left(\dfrac{65}{40}\right)^{0.6} \times 1.2$ 万元 $= 128\,464.54$ 万元

【例 2-2】 若将设计中的化工生产系统的生产能力提高两倍，投资额大约增加多少？($n=0.6, f=1$)

解 $\dfrac{C_2}{C_1} = \left(\dfrac{Q_2}{Q_1}\right)^n \times f = \left(\dfrac{3}{1}\right)^{0.6} \times 1 = 1.93$

计算结果表明，生产能力提高两倍，投资额增加 93%。

3）系数估算法

系数估算法又称因子估算法，它是以拟建项目的主体工程费用或主体设备费用为基数，以其他工程费用占主体工程费用的百分比为系数来估算项目总投资的，其方法比较简单，但精度也较低，一般适用于项目建议书阶段。系数估算法的种类很多，这里介绍一种工艺设备投资系数法。

工艺设备投资系数法是以拟建项目中投资比重较大，并与生产能力直接相关的工艺设备的投资为基数，根据已建同类型项目的有关统计资料，计算出拟建项目的各专业工程（总图、土建、采暖、给排水、管道、电气、自控等）占工艺设备投资的百分比，据以求出各专业的投资，然后把各部分投资费用相加，即为项目的总费用。计算公式为

$$C = E(f_0 + f_1 + f_2 + \cdots) + I = E \sum_{i=0}^{n} f_i + I$$

式中：C——工程项目全部费用；

E——工艺设备费用；

f_i——各专业工程费用占工艺设备费用百分比，简称投资比重系数；

I——其他费用。

【例 2-3】 某工业项目主厂房各专业工程的投资比重系数为：工艺设备 $f_0=1.00$，土建工程 $f_1=0.76$，工业炉 $f_2=0.20$，供电及传热设备 $f_3=0.18$，起重运输设备 $f_4=0.08$，采暖通 $f_5=0.04$，给排水工程 $f_6=0.03$，自动化仪器 $f_7=0.04$，其他辅助附属设备 $f_8=0.18$。该主厂房工艺设备费用为 300 万元，设计与管理费为工程费用的 15%，不可预见费为工程费用的 5%，则主厂房建成后的费用是多少？

解 主厂房全部建成后的费用是

$$\sum_{i=0}^{n} f_i = 1.00 + 0.76 + 0.20 + 0.18 + 0.08 + 0.04 + 0.03 + 0.04 + 0.18 = 2.51$$

$$C = 300 \times 2.51 \times (1 + 0.15 + 0.05) \text{万元} = 903.6 \text{万元}$$

国外也将这种方法称为朗格系数法，其计算公式为

$$C = E\left(1 + \sum_{i=0}^{n} K_i\right) K_C$$

式中：C——工程项目总投资；

E——主要设备费用；

K_i——管线、仪表、建筑物等项费用的估算系数；

K_C——包括工程费、合同费、应急费等间接费在内的总估算系数。

总建设费用与设备费用之比为朗格系数 K_L，即：

$$K_L = \left(1 + \sum_{i=0}^{n} K_i\right) K_C$$

4) 单元组合法

单元组合法是根据拟建项目的特点，按工艺流程将其划分为若干个系统，先估算各系统的投资，然后把各系统的投资综合起来，再考虑其他特殊工程和其他费用，即为项目建设的总投资。

例如，火电厂建设项目中，可按工艺划分为：热力系统、燃料供应系统、除灰系统、水处理系统、供水系统、电气系统、热工控制系统、附属生产工程、生活福利工程、铁路工程、其他工程等部分。每个系统又包括设备购置费、建筑工程费、安装工程费及其他费用等。把各系统投资综合起来，再考虑某些特殊情况，如水下爆破、施工排水等费用，即为火电厂建设项目的总投资。

5) 指标估算法

这种方法是把建设项目划分为建筑安装工程、设备及工器具购置费及其他基本建设费等费用项目或单位工程，再根据各种具体的投资估算指标或概算指标，进行建筑安装工程及设备购置费用的估算，在此基础上，可汇总成每一单项工程的投资，另外再估算工程建设其他费用及预备费，即求得项目的建设投资。

目前，我国有些地区、部门已编制了相应各类建设项目的投资估算指标，并且绝大多数已审批通过，其颁布执行为建设项目的投资估算提供了一定的条件。有些地区尚未编制各类项目的投资估算指标，可利用概算指标进行投资估算，但在估算时要

注意,若所套用的指标与具体工程之间的标准或条件有差异,则应进行必要的换算或调整。

指标估算法精度较高,可适用于可行性研究阶段的投资估算。

① 运用建设项目综合指标估算项目投资额:

$$项目投资额=项目生产能力\times 建设项目综合指标\times 物价浮动指数$$

② 运用单项工程指数估算单项工程投资额:

$$单项工程投资额=建筑面积\times 单项工程指标\times 物价浮动指数$$

2. 涨价预备费、建设期利息的估算

具体计算方法见本书第1章。

2.3.3 流动资金估算

这里流动资金等于项目投产运营后所需全部流动资产扣除流动负债后的余额。其中,流动资产主要考虑应收与预付账款、现金和存货;流动负债主要考虑应付与预收款。由此看出,这里所指的流动资金的概念,实际上就是财务中的营运资金。

流动资金估算一般采用分项详细估算法,但项目决策分析与评价的初期阶段或者小型项目可采用扩大指标估算法。

1. 分项详细估算法

分项详细估算法就是对构成流动资金的各项流动资产与流动负债分别进行估算。计算公式为

$$流动资金=流动资产-流动负债$$
$$流动资产=应收账款+预付账款+存货+现金$$
$$流动负债=应付账款+预收账款$$
$$流动资金本年增加额=本年流动资金-上年流动资金$$

流动资金估算的具体步骤:首先计算各类流动资产和流动负债的年周转次数,然后再分别估算占用资金额。

1) 周转次数的计算

周转次数是指流动资金在一年内循环的次数。

$$年周转次数=360\div 最低周转天数$$

各类流动资产和流动负债的最低周转天数,可参照同类企业的平均周转天数并结合项目特点确定,或按部门(行业)规定计算。

2) 应收账款估算

应收账款是指企业对外赊销商品、提供劳务尚未收回的资金。

$$应收账款=年经营成本/应收账款周转次数$$

3) 预付账款估算

预付账款指企业为购买各类材料、半成品或服务所预先支付的款项。

$$预付账款=\frac{外购商品或服务年费用金额}{预付账款周转次数}$$

4）存货估算

存货指企业为销售或生产耗用而储备的各种物资,主要有原材料、辅助材料、燃料、低值易耗品、维修备件、包装物、商品、在产品、自制半成品和产成品等。

$$存货 = 外购原材料、燃料 + 其他材料 + 在产品 + 产成品$$

$$外购原材料、燃料 = \frac{年外购原材料、燃料费用}{分项周转次数}$$

$$其他材料 = \frac{年其他材料费用}{其他材料周转次数}$$

$$在产品 = \frac{年外购原材料、燃料 + 年工资及福利费 + 年修理费 + 年其他制造费用}{在产品周转次数}$$

$$产成品 = \frac{年经营成本 - 年其他营业费用}{产成品周转次数}$$

其中,其他制造费用是指由制造费用中扣除生产单位管理人员工资及福利费、折旧费、修理费后的其余部分。其他营业费用是指由营业费用扣除工资及福利费、折旧费、修理费后的其余部分。

5）现金估算

现金指企业生产运营活动中停留于货币形态的那部分资金,包括企业库存现金和银行存款。

$$现金 = \frac{年工资及福利费 + 年其他费用}{现金周转次数}$$

年其他费用 = 制造费用 + 管理费用 + 营业费用
     - (以上三项费用中所含的工资及福利费、折旧费、摊销费、修理费)

6）流动负债估算

流动负债估算指在一年或者超过一年的一个营业周期内,需要偿还的各种债务,包括短期借款、应付票据、应付账款、预收账款、应付工资、应付福利费、应付股利、应交税金、其他暂收应付款、预提费用和一年内到期的长期借款等。在可行性研究中,流动负债的估算可以只考虑应付账款和预收账款两项。

$$应付账款 = \frac{外购原材料、燃料动力费及其他材料年费用}{应付账款周转次数}$$

$$预收账款 = \frac{预收的营业收入年金额}{预收账款周转次数}$$

2. 扩大指标估算法

扩大指标估算法是一种简化的流动资金估算方法,一般可参照同类企业流动资金占建设投资、经营成本、销售收入的比例,或者单位产量占用流动资金的数额估算。

(1) 按建设投资的一定比例估算。例如,国外化工企业的流动资金,一般是按建设投资的 15%～20% 计算。

(2) 按经营成本的一定比例估算。

(3) 按年销售收入的一定比例估算。

(4) 按单位产量占用流动资金的比例估算。

具体采用何种基数依据企业习惯而定。该方法简单易行，但准确度不高，适用于项目建议书阶段的投资估算。

【例 2-4】 某企业预投资一石化项目，该项目达到设计生产能力以后，全厂定员 1100 人，工资与福利费按照每人每年 12 000 元估算，每年的其他费用为 860 万元（其中其他制造费用 300 万元）。年外购商品或服务费用 900 万元，年外购原材料、燃料及动力费为 6200 万元，年修理费为 500 万元，年经营成本为 4500 万元，年营业费用忽略不计，年预收营业收入为 1200 万元。各项流动资金的最低周转天数分别为：应收账款 30 天，预付账款 20 天，现金 45 天，存货中各构成项的周转次数均为 40 天，应付账款 30 天，预收账款 35 天。试用分项详细估算法估算拟建项目的流动资金。

解 应收账款＝年经营成本÷应收账款年周转天数
$$=4500÷(360÷30) 万元＝375 万元$$

预付账款＝外购商品或服务年费用金额÷预付账款年周转次数
$$=900÷(360÷20) 万元＝50 万元$$

现金＝（年工资福利费＋年其他费用）÷现金年周转次数
$$=(1.2×1100＋860)÷(360÷45) 万元＝272.50 万元$$

外购原材料、燃料及动力＝年外购原材料、燃料及动力费用÷存货年周转次数
$$=6200÷(360÷40) 万元＝688.89 万元$$

在产品＝（年工资福利费＋年其他制造费＋年外购原材料、
燃料动力费＋年修理费）÷存货年周转次数
$$=(1.2×1100＋300＋6200＋500)÷(360÷40) 万元$$
$$=924.44 万元$$

产成品＝（年经营成本－年营业费用）÷存货年周转次数
$$=4500÷(360÷40) 万元＝500 万元$$

存货＝外购原材料、燃料＋在产品＋产成品
$$=(688.89＋924.44＋500) 万元＝2113.33 万元$$

流动资产＝应收账款＋预付账款＋存货＋现金
$$=(375＋50＋2113.33＋272.50) 万元＝2810.83 万元$$

应付账款＝外购原材料、燃料动力及其材料年费用÷应付账款年周转次数
$$=6200÷(360÷30) 万元＝516.67 万元$$

预收账款＝预收的营业收入年金额÷预收账款年周转次数
$$=1200÷(360÷35) 万元＝116.67 万元$$

流动负债＝应付账款＋预收账款＝（516.67＋116.67）万元＝633.34 万元
流动资金＝流动资产－流动负债＝（2810.83－633.34）万元＝2177.49 万元

2.3.4 投资估算的审查

为了保证项目投资估算的完整性和准确性,确保投资估算的质量,防止低估少算与高估冒算,必须认真进行投资估算的审查。审查的内容主要有以下几个方面。

1. 审查投资估算的编制方法

投资估算的方法有很多,各种方法均有各自不同的适用范围和精确度。审查时一定要先看采用的投资估算编制方法是否符合拟建工程的情况。

2. 审查投资估算所采用的各种资料

编制投资估算时需采取各种基础资料,在审查时应重点审查各种资料的时效性、准确性和适用范围。由于地区、价格、时间、定额和指标水平的差异,投资估算数额往往有较大的偏差。因此,一定要使采用的各种资料适合拟建工程的实际情况。

3. 审查投资估算的内容

根据选定的投资估算方法,审查其投资估算的内容,具体包括以下几个方面。

(1) 审查费用项目和规定要求与实际情况是否相符,有无漏项和重项现象。

(2) 审查依据已建项目资料或投资估算指标编制估算时,是否考虑了地区差价因素和局部结构不同的调整因素。

(3) 审查是否考虑了物价变动、汇率变动对投资额的影响,以及波动幅度的确定是否合理。

(4) 审查建设项目采取环境保护措施和"三废"处理方法所需的投资是否合理。

2.4 建设项目财务评价

2.4.1 财务评价的内容

1. 建设项目财务评价的概念

财务评价也称财务分析,是在国家现行财税制度和价格体系的前提下,从微观投资主体即项目角度出发,计算项目范围内的财务效益和费用,计算财务评价指标,对项目的经济合理性、财务可行性及抗风险能力作出全面的分析与评价,为项目决策提供主要依据。作为市场经济微观主体的企业进行投资时,一般都要进行项目财务评价,与它相对应的是建设项目经济评价中的另一个层次,即国民经济评价。它是一种宏观层次的评价,一般只对某些在国民经济中有重要作用和影响的大中型重点建设项目,以及特殊行业和交通运输、水利设施等基础性或公益性建设项目展开国民经济评价。

根据《关于建设项目经济评价工作的若干规定》(第三版),财务评价的内容应根据项目的性质和目标确定。对于经营性项目,财务评价应通过编制财务分析报表,计算财务指标,分析项目的盈利能力、偿债能力和财务生存能力,判断项目的财务可接受性,明确项目对财务主体及投资者的价值贡献,为项目决策提供依据;对于非经营性项目,财务分析应主要分析项目的财务生存能力。

2. 建设项目财务评价的程序

财务评价是在项目市场研究、生产条件及技术研究的基础上进行的,财务评价可分为融资前分析和融资后分析,一般宜先进行融资前分析,在融资前分析结论满足要求的情况下,初步设定融资方案,再进行融资后分析。其程序如图 2-1 所示。

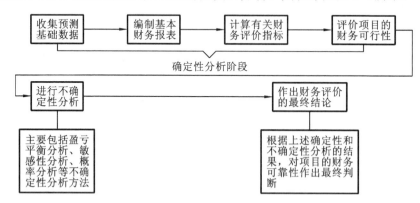

图 2-1 财务评价的基本程序

3. 建设项目财务数据的测算

在工程项目进行财务分析和评价之前,必须先进行财务基础数据的测算。它是在项目可行性研究的基础上,按照项目经济评价的要求,调查、收集和预算一系列的财务数据,如总投资、总成本、销售收入、税金和利润,并编制各种财务基础数据估算表。

1) 总成本费用估算

总成本费用是指在一定时期内因生产和销售产品发生的全部费用。

总成本费用构成按其生产要素来分如图 2-2 所示,其中可变成本是指产品成本中随产品产量发生变动的费用。固定成本是在一定生产规模中不随产品产量发生变动的费用。经营成本是项目评价所特有的概念,用于项目财务评价的现金流量分析,它是总成本费用扣除固定资产折旧费、无形资产摊销费、利息支出后的成本费用。

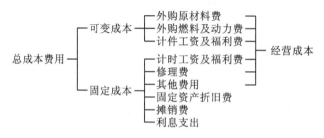

图 2-2 总成本费用构成

(1) 外购原材料、燃料、动力费。

外购原材料、燃料、动力费是指构成产品实体的原材料及有助于产品形成的材料、直接用于生产的燃料及动力费用。

$$外购原材料、燃料、动力费 = \sum(某种材料、燃料、动力消耗量 \times 某种原材料、燃料、动力单价)$$

（2）工资总额。

$$工资总额 = 企业定员人数 \times 年平均工资$$

（3）职工福利费。

$$职工福利费 = 工资总额 \times 规定的比例$$

企业按工资总额的 14% 估算。

（4）固定资产折旧费。

固定资产折旧是指固定资产在使用过程中，由于逐渐磨损而转移到生产成本中去的价值。固定资产折旧费是产品成本的组成部分，也是偿还投资贷款的资金来源。

固定资产折旧的计算可采用直线折旧法和加速折旧法，在项目可行性研究中，一般采用直线折旧法，公式如下：

$$年折旧率 = (1 - 预计净残值率) \times 100\% / 折旧年限$$
$$年折旧额 = 固定资产原值 \times 年折旧率$$

固定资产原值是指固定资产投资中形成固定资产的部分，不包括无形资产、递延资产等。

（5）修理费。

$$年修理费 = 年折旧费 \times 一定的百分比$$

该百分比可参照同类项目的经验数据加以确定。

（6）摊销费。

摊销费是指无形资产等的一次性投入费用在有效使用期限内平均分摊。摊销费一般采用直线法计算，不留残值。

（7）利息支出。

利息支出包括生产期中建设投资借款还款利息和流动资金借款还款利息。

① 等额还本付息。这种方法是指在还款期内，每年偿付的本金利息之和是相等的，但每年支付的本金数和利息数均不相等。

$$A = I \times i \times (1+i)^n / [(1+i)^n - 1]$$

式中：A——每年还本付息额；

I——还款年年初的本息和；

i——年利率；

n——预定的还款期。

其中：

$$每年支付利息 = 年初本金累计 \times 年利率$$
$$每年偿还本金 = A - 每年支付利息$$
$$年初本金累计 = A - 本年以前各年偿还的本金累计$$

【例 2-5】 已知某项目建设期末贷款本息和累计为 1000 万元，按照贷款协议，采用等额还本付息的方法分 5 年还清,已知年利率为 6%,求该项目还款期每年的还本额、付息额和还本付息总额。

解 每年的还本付息总额

$$A = I\frac{i(1+i)^n}{(1+i)^n-1} = 1000 \times \frac{6\% \times (1+6\%)^5}{(1+6\%)^5-1} \text{万元} = 237.40 \text{万元}$$

等额还本付息方式下每年的还款额如表 2-1 所示。

表 2-1 等额还本付息方式下各年的还款数据表　　　　（单位:万元）

年　份	1	2	3	4	5
年初借款余额	1000	822.60	634.56	435.23	223.94
利率	6%	6%	6%	6%	6%
年利息	60	49.36	38.07	26.11	13.46
年还本额	177.40	188.04	199.33	211.29	223.94
年还本付息总额	237.40	237.40	237.40	237.40	237.40
年末借款余额	822.60	634.56	435.23	223.94	0

② 等额还本、利息照付。这种方法是指在还款期内每年等额偿还本金,而利息按年初借款余额和利息率的乘积计算,利息不等,而且每年偿还的本利和不等。计算步骤如下:

首先计算建设期末的累计借款本金和未付的资本化利息之和;

其次计算在指定的偿还期内,每年应偿还的本金 A;

然后计算每年应付的利息额,年应付利息＝年初借款余额×年利率;

最后计算每年的还本付息额总额,年还本付息总额＝A＋年应付利息。

此方法由于每年偿还的本金是等额的,计算简单,但项目投产初期还本付息的压力大。因此,此法适用于投产初期效益好,有充足现金流的项目。

【例 2-6】 仍以上面的例子为例,求在等额还本、利息照付方式下每年的还本额、付息额和还本付息总额。

等额还本、利息照付方式下每年的还款额如表 2-2 所示。

解 每年的还本额 A＝1000/5 万元＝200 万元

表 2-2 等额还本、利息照付方式下各年的还款数据表　　　　（单位:万元）

年　份	1	2	3	4	5
年初借款余额	1000	800	600	400	200
利率	6%	6%	6%	6%	6%
年利息	60	48	36	24	12
年还本额	200	200	200	200	200
年还本付息总额	260	248	236	224	212
年末借款余额	800	600	400	200	0

③ 流动资金借款还本付息估算。

流动资金借款的还本付息方式与建设投资不同,流动资产借款在生产经营期内只计算每年所支付的利息,本金通常是在项目寿命期最后一年一次性支付的。利息的计算公式为

$$年流动资金借款利息 = 流动资金借款额 \times 年利率$$

(8) 其他费用。

其他费用是指除上述费用之外的,应计入生产总成本费用的其他所有费用。包括其他制造费用、其他管理费用和其他营业费用三部分。通过上述估算可编制总成本费用估算表,表格形式如表 2-3 所示。

表 2-3 总成本费用估算表　　　　　　　　　　　　(单位:万元)

序号	项目	合计	计算期					
			1	2	3	4	…	n
1	外购原材料							
2	外购燃料及动力费							
3	工资及福利费							
4	修理费							
5	其他费用							
6	经营成本(1+2+3+4+5)							
7	折旧费							
8	摊销费							
9	利息支出							
10	总成本费用合计(6+7+8+9)							
10.1	固定成本							
10.2	可变成本							

2) 销售收入、税金、利润的估算

(1) 销售收入的估算。

假定年生产量即为年销售量,不考虑库存,产品销售价格一般采用出厂价,公式如下:

$$销售收入 = 销售量 \times 销售单价$$

(2) 销售税金及附加的估算。

销售税金及附加指的是价内税,即在产品销售价格中已经包括了该项税,消费者在购买商品时就交了税,它的计征依据是项目的销售收入,公式如下:

$$销售税金及附加 = 销售收入 \times 销售税金及附加费率$$

(3) 利润总额和利润分配估算。

① 利润总额估算。

利润总额通常称为税前利润,是企业在一定时期内生产经营的最终成果,集中反映企业生产的经济效益。利润总额的估算公式为

$$利润总额＝产品销售(营业)收入－营业税金及附加－总成本费用$$

根据利润总额可计算所得税和净利润,在此基础上可进行净利润的分配。在工程项目的经济分析中,利润总额是计算一些静态指标的基础数据。

② 税后利润及其分配估算。

税后利润是利润总额扣除企业所得税后的余额,税后利润可在企业、投资者、职工之间分配。

a. 企业所得税。

根据税法的规定,企业取得利润后,应先向国家缴纳所得税,即凡在我国境内实行独立经营核算的各类企业或者组织者,其来源于我国境内和境外的生产、经营所得和其他所得,均应依法缴纳企业所得税。

$$企业所得税＝应纳税所得额×税率$$

其中: $$应纳税所得额＝收入总额－准予扣除项目$$

准予扣除项目金额是指与纳税取得收入有关的成本、费用、税金和损失。如企业发生年度亏损的,可以用下一纳税年度的所得弥补;下一纳税年度的所得不足以弥补的,可以逐年延续弥补,但是延续弥补期最长不得超过 5 年。

企业所得税税率一般为 33%。

b. 税后利润的分配。

税后利润是利润总额扣除所得税后的差额,即净利润,计算公式为

$$税后利润＝利润总额－所得税$$

在工程项目的经济分析中,一般视税后利润为可供分配的净利润,可按照下列先后顺序分配。

a. 提取盈余公积金和公益金。先按可供分配利润的 10% 提取法定盈余公积金,随后按可供分配利润的 5% 提取公益金,然后提取任意公积金,按可供分配利润的一定比例(由董事会决定)提取。

b. 应付利润。应付利润是向投资者分配的利润,如何分配由董事会决定。

c. 未分配利润。未分配利润是向投资者分配完利润后剩余的利润,该利润可用来归还建设投资借款。

4. 财务评价中基本报表的编制

财务评价的基本报表有项目投资财务现金流量表、项目资本金现金流量表、投资各方财务现金流量表、利润和利润分配表、资产负债表、财务计划现金流量表。

1) 现金流量表的编制

建设项目的现金流量系统将项目计算期内各年的现金流入与流出按照各自发生

的时点顺序排列,表达为具有确定时间概念的现金流量系统。现金流量表就是对建设项目现金流量系统的表格式反映,用以计算各项静态和动态评价指标,进行项目财务盈利分析。按投资计算基础的不同,现金流量表可分为项目投资财务现金流量表和项目资本金现金流量表。

(1) 项目投资财务现金流量表。

项目投资财务现金流量表不分资金来源,是从项目投资总获利能力的角度出发,考察项目方案设计的合理性,以动态分析(折现现金流量分析)为主,静态分析(非折现现金流量分析)为辅。表中数字按照"年末习惯法"填写,即表中的所有数据均认为是所对应年的年末值,报表格式如表 2-4 所示。

表 2-4 项目投资财务现金流量表　　　　　　　(单位:万元)

序号	项目	合计	计算期					
			1	2	3	4	…	n
1	现金流入							
1.1	产品销售收入							
1.2	补贴收入							
1.3	固定资产余值回收							
1.4	流动资金回收							
2	现金流出							
2.1	建设投资							
2.2	流动资金							
2.3	经营成本							
2.4	销售税金及附加							
2.5	维持运营投资							
3	所得税前净现金流量							
4	累计所得税前净现金流量							
5	调整所得税							
6	所得税后净现金流量							
7	累计所得税后净现金流量							

计算指标:

项目投资财务内部收益率(%)(所得税前);

项目投资财务内部收益率(%)(所得税后);

项目投资财务净现值(所得税前)($i_c = $%);

项目投资财务净现值(所得税后)($i_c = $%);

项目投资回收期(年)(所得税前);

项目投资回收期(年)(所得税后)。

(2) 项目资本金现金流量表。

项目资本金现金流量表是站在项目投资主体角度考察项目的现金流入流出情况的报表,报表格式如表 2-5 所示。

表 2-5 项目资本金现金流量表　　　　　　（单位:万元）

序号	项目	合计	计算期					
			1	2	3	4	...	n
1	现金流入							
1.1	产品销售收入							
1.2	补贴收入							
1.3	固定资产余值回收							
1.4	流动资金回收							
2	现金流出							
2.1	项目资本金							
2.2	经营成本							
2.3	销售税金及附加							
2.4	借款本金偿还							
2.4.1	长期借款本金偿还							
2.4.2	流动资金借款本金偿还							
2.5	借款利息支付							
2.5.1	长期借款利息支付							
2.5.2	流动资金借款利息支付							
2.6	所得税							

计算指标:

项目投资财务内部收益率(%)(所得税前);

项目投资财务内部收益率(%)(所得税后);

项目投资财务净现值(所得税前)($i_c=$%);

项目投资财务净现值(所得税后)($i_c=$%);

项目投资回收期(年)(所得税前);

项目投资回收期(年)(所得税后)。

从项目投资主体角度看,借款是现金流入,但又同时将借款用于投资则构成同一时点,相同数额的现金流出,二者相抵,对净现金流量的计算无影响。因此,表中投资只计自有资金。另一方面,现金流入又是因项目全部投资所获得,故应将借款本金的偿还及利息支付计入现金流量。

2）利润和利润分配表的编制

利润和利润分配表反映项目计算期内各年的利润总额、所得税及税后利润的分配情况。利润和利润分配表的编制以利润总额的计算过程为基础，报表格式如表2-6所示。

表 2-6　利润与利润分配表　　　　　　　　　（单位：万元）

序号	项目	合计	计算期					
			1	2	3	4	…	n
1	销售收入							
2	销售税金及附加							
3	总成本费用							
4	补贴收入							
5	利润总额							
6	弥补以前年度亏损							
7	应纳税所得额							
8	所得税							
9	净利润							
10	期初未分配利润							
11	可供分配的利润							
12	提取法定盈余公积金							
13	可供投资者分配的利润							
14	应付优先股股利							
15	提取任意盈余公积金							
16	应付普通股股利							
17	各投资方利润分配							
18	未分配利润							
19	息税前利润							
20	息税折旧摊销前利润							

3）投资各方财务现金流量表的编制

对于某些项目，为了考察投资各方的具体收益，还应从投资各方实际收入和支出的角度，确定其现金流入和现金流出，分别编制投资各方现金流量表，如表2-7所示。其中，现金流入是指出资方因该项目的实施将实际获得的各种收入；现金流出是指出资方因该项目的实施将实际投入的各种支出。

表 2-7 投资各方财务现金流量表 （单位：万元）

序号	项目	合计	计算期					
			1	2	3	4	...	n
1	现金流入							
1.1	实分利润							
1.2	资产处置收益分配							
1.3	租赁费收入							
1.4	技术转让或使用收入							
1.5	其他现金流入							
2	现金流出							
2.1	实缴资本							
2.2	租赁资产支出							
2.3	其他现金流出							
3	净现金流量(1-2)							

计算指标：
投资各方财务内部收益率(%)

4）资产负债表的编制

该表用以考察项目资产、负债、所有者权益的结构是否合理，进行清偿能力分析，报表格式如表 2-8 所示。表中的"资产＝负债＋所有者权益"。

表 2-8 资产负债表 （单位：万元）

序号	项目	合计	计算期					
			1	2	3	4	...	n
1	资产							
1.1	流动资产总额							
1.1.1	货币资金							
1.1.2	应收账款							
1.1.3	预付账款							
1.1.4	存货							
1.1.5	其他							
1.2	在建工程							
1.3	固定资产净值							
1.4	无形及其他资产净值							

续表

序 号	项 目	合计	计算期					
			1	2	3	4	...	n
2	负债及所有者权益(2.4+2.5)							
2.1	流动负债总额							
2.1.1	短期借款							
2.1.2	应付账款							
2.1.3	预收账款							
2.1.4	其他							
2.2	建设投资借款							
2.3	流动资金借款							
2.4	负债小计(2.1+2.2+2.3)							
2.5	所有者权益							
2.5.1	资本金							
2.5.2	资本公积金							
2.5.3	累计盈余公积金							
2.5.4	累计未分配利润							

计算指标：
资产负债率(%)

5）财务计划现金流量表的编制

财务计划现金流量表是国际上通用的财务报表，用以反映计算期内各年的投资活动、融资活动和经营活动所产生的现金流入、现金流出和净现金流量，分析项目是否有足够的净现金流量维持正常运营，是表示财务状况的重要财务报表。报表格式如表2-9所示。

表2-9 财务计划现金流量表　　　　　　　　（单位：万元）

序 号	项 目	合计	计算期					
			1	2	3	4	...	n
1	经营活动净现金流量							
1.1	现金流入							
1.1.1	营业收入							
1.1.2	增值税销项税额							
1.1.3	补贴收入							
1.1.4	其他流入							

续表

序号	项目	合计	计算期					
			1	2	3	4	…	n
1.2	现金流出							
1.2.1	经营成本							
1.2.2	增值税进项税额							
1.2.3	营业税金及附加							
1.2.4	增值税							
1.2.5	所得税							
1.2.6	其他流出							
2	投资活动净现金流量							
2.1	现金流入							
2.2	现金流出							
2.2.1	建设投资							
2.2.2	维持运营投资							
2.2.3	流动资金							
2.2.4	其他流出							
3	筹资活动净现金流量							
3.1	现金流入							
3.1.1	项目资本金投入							
3.1.2	建设投资借款							
3.1.3	流动资金借款							
3.1.4	债券							
3.1.5	短期借款							
3.1.6	其他流入							
3.2	现金流出							
3.2.1	各种利息支出							
3.2.2	偿还债务本金							
3.2.3	应付利润(股利分配)							
3.2.4	其他流出							
4	净现金流量(1+2+3)							
5	累计盈余资金							

2.4.2 建设项目财务评价的指标

1. 财务评价指标体系

建设工程经济效果可采用不同的指标来表达,任何一种评价指标都是从一定的角度、某一个侧面反映项目的经济效果,总会带有一定的局限性。因此,需建立一整套指标体系来全面、真实、客观地反映建设工程的经济效果。常用的财务评价指标体系如图 2-3 所示。

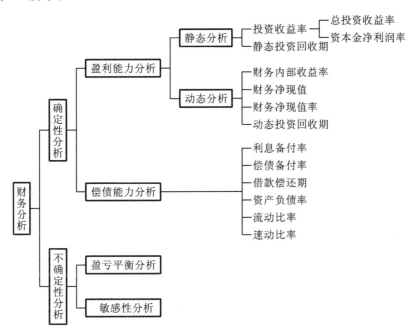

图 2-3 财务评价体系

静态分析指标的最大特点是不考虑时间因素,计算简便,所以在对方案进行粗略评价或对短期投资项目进行评价时,以及对于逐年收益大致相等的项目,静态评价指标是可采用的。动态分析指标强调利用复利方法计算资金时间价值,它将不同时间内资金的流入和流出,换算成同一时点的价值,从而为不同方案的经济比较提供了可比基础,并能反映方案在未来时期的发展变化情况。

总之,在项目财务评价时,应根据评价深度要求,可获得资料的多少以及评价方案本身所处的条件,选用多个不同的评价指标,这些指标有主有次,从不同侧面反映评价方案的财务评价效果。

2. 财务评价指标的计算

1) 净现值(NPV)

净现值是指按设定的折现率,将项目寿命期内每年发生的现金流量折现到建设期初的现值之和,它是对项目进行动态评价的最重要指标之一,其表达式为

$$NPV = \sum_{t=0}^{n}(CI-CO)_t(1+i_c)^{-t}$$

式中：NPV——净现值；

$(CI-CO)_t$——第 t 年的净现金流量（应注意"＋"、"－"号），CI 为现金流入量，CO 为现金流出量；

i_c——基准收益率；

n——投资方案计算期。

对单一项目方案而言，若 $NPV \geqslant 0$，则项目应予以接受；若 $NPV<0$，则项目应予以拒绝。多方案比选时，净现值越大的方案相对越优。

【例 2-7】 某项目各年的净现金流量如图 2-4 所示，试用净现值指标判断项目的经济性（$i_0=10\%$）。

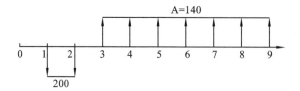

图 2-4　某项目各年的净现金流量图

解
$$NPV(i_0=10\%) = -200(P/A,10\%,2)+140(P/A,10\%,7)(P/F,10\%,2)$$
$$=216.15$$

由于 $NPV>0$，故项目在经济效果上是可以接受的。

2）净现值率（NPVR）

在多方案比较时，如果几个方案的 NPV 值都大于零但投资规模相差较大，可以进一步用净现值率（NPVR）作为净现值的辅助指标，净现值率是项目净现值与项目投资总额现值之比，其经济含义是单位投资现值所能带来的净现值，其计算公式为

$$NPVR = \frac{NPV}{I_P}, \quad I_P = \sum_{t=0}^{m} I_t(P/F,i_c,t)$$

式中：I_P——投资现值；

I_t——第 t 年投资额；

P/F——投资现值为 O 点的值；

i_c——基准收益率；

m——建设期年数。

【例 2-8】 试计算图 2-4 现金流量的净现值率。

$$I_P = 200\times(P/A,10\%,2) = 200\times\frac{(1+10\%)^2-1}{10\%\times(1+10\%)^2} = 347.1$$

解
$$NPVR = \frac{216.15}{347.1} = 0.623$$

对于单一项目而言,净现值率的判别准则与净现值一样;对多方案评价,净现值率越大越好。

3) 内部收益率(IRR)

内部收益率是反映项目获利能力常用的重要的动态指标。它是指项目在计算期内各年净现金流量现值累计等于零时的折现率。其表达式为

$$\sum_{t=0}^{n}(CI-CO)_t(1+IRR)^{-t}=0$$

内部收益率是反映项目实际收益率的一个动态指标,该指标越大越好,一般情况下,内部收益率大于等于基准收益率时,项目可行。

内部收益率的计算过程是可通过现金流量表中的净现金流量计算的,用试差法求得。当 $IRR \geqslant i_c$ 时,表明项目获利能力超过或等于基准收益率或设定的收益率的获利水平,即该项目是可以接受的。

内部收益率计算,一般是采用一种称为线性插值试算法的近似方法进行计算,计算过程如下。

① 首先根据经验确定一个初始折现率 i_0。

② 根据投资方案的现金流量计算净现值 $NPV(i_0)$。

③ 若 $NPV(i_0)=0$,则 $IRR=i_0$;

若 $NPV(i_0)>0$,则继续增大 i_0;

若 $NPV(i_0)<0$,则继续减小 i_0。

④ 重复步骤③,直到找到两个折现率 i_1 和 i_2,满足 $NPV(i_1)>0$,$NPV(i_2)<0$,其中 i_2-i_1 一般为 2%~5%。

⑤ 利用线性插值公式近似计算内部收益率 IRR。其近似计算公式为

$$IRR = i_1 + \frac{NPV_1}{NPV_1+|NPV_2|}(i_2-i_1)$$

判别准则:设基准收益率为 i_c,若 $IRR \geqslant i_c$,则 $NPV \geqslant 0$,投资方案在经济上可以接受;若 $IRR < i_c$,则 $NPV < 0$,投资方案在经济上应予拒绝。

【例 2-9】 某方案净现金流量如表 2-10 所示。当基准收益率 $i_c=12\%$ 时,试用内部收益率指标判断方案是否可行。

表 2-10 现金流量表　　　　　　　　　　　　　　　　(单位:万元)

年 份	0	1	2	3	4	5
净现金流量	−200	40	60	40	80	80

解 第一步,初估 IRR 的值。设 $i_1=12\%$,则

$NPV_1 = [-200+40(P/F,12\%,1)+60(P/F,12\%,2)$
$\qquad +40(P/F,12\%,3)+80(P/F,12\%,4)+80(P/F,12\%,5)]$ 万元
$\quad = 8.25$ 万元

第二步,再估 IRR 的值。设 $i_2=15\%$,则

$$NPV_2 = -8.04 \text{ 万元}$$

第三步，用线性插入法算出内部收益率 IRR 的近似值为

$$IRR = 12\% + 8.25 \div (8.25 + 8.04) \times (15\% - 12\%) = 13.52\%$$

由于 IRR 大于基准收益率，即 $13.52\% > 12\%$，故该方案在经济效果上是可以接受的。

4）净年值（NAV）

净年值通常称为年值，是指将方案计算期内的净现金流量，通过基准收益率折算成其等值的各年年末等额支付序列。计算公式为

$$NAV = NPV(A/P, i_c, n) = \sum_{t=0}^{n}(CI-CO)_t(1+i_c)^{-t}(A/P, i_c, n)$$

由于 $(A/P, i_c, n) > 0$，所以 NAV 与 NPV 总是同为正或同为负，故 NAV 与 NPV 在评价同一项目时的结论总是一致的，其评价准则是：

$NAV \geqslant 0$，则投资方案在经济上可以接受；$NAV < 0$，则投资方案在经济上应予以拒绝。

5）静态投资回收期（P_t）

从项目投资开始（第0年）算起，用投产后项目净收益回收全部投资所需的时间，称为投资回收期，一般以年为单位计。如果从投产年或达产年算起，应予以注明。投资回收期反映了方案的增值能力和方案运行中的风险，因而是常用的评价指标。一般认为，投资回收期越短，其实施方案的增值能力越强，运行风险越小。

所谓静态投资回收期是指不考虑资金的时间价值因素的回收期。因静态投资回收期不考虑资金的时间价值，所以项目投资的回收过程就是方案现金流的算术累加过程，累计净现金流为"0"时所对应的年份即为投资回收期。其计算公式可表示为

$$\sum_{t=0}^{P_t}(CI-CO)_t = 0$$

式中：CI——现金流入量；

CO——现金流出量；

$(CI-CO)_t$——第 t 年的净现金流量。

如果投产或达产后的年净收益相等，或用年平均净收益计算时，则投资回收期的表达式转化为

$$P_t = \frac{TI}{A}$$

式中：TI——项目总投资；

A——每年的净收益，即 $A = (CI-CO)_t$。

实际上投产或达产后的年净收益不可能都是等额数值，因此，投资回收期亦可根据全部投资财务现金流量表中累计净现金流量计算求得，表中累计净现金流量等于零或出现正值的年份，即为项目投资回收的终止年份。其计算公式为

$$P_t = T - 1 + \frac{第(T-1)年累计净现金流量的绝对值}{第\ T\ 年净现金流量}$$

式中：T——累计净现金流量出现正值的年份。

设基准投资回收期为 P_c，则判别准则为：

若 $P_t \leq P_c$，则项目可以接受；若 $P_t > P_c$，则项目应予以拒绝。

静态投资回收期的优点主要是概念清晰，简单易用，在技术进步较快时能反映项目的风险大小。缺点是舍弃了回收期以后的收入与支出数据，不能全面反映项目在寿命期内的真实效益，难以对不同方案的比较做出正确判断，所以使用该指标时应与其他指标相配合。

6）动态投资回收期（P'_t）

动态投资回收期是将投资方案各年的净现金流量按基准收益率折成现值之后，再来计算投资回收期，这是它与静态投资回收期的根本区别。动态投资回收期就是累计现值等于零时的年份。

动态投资回收期的表达式为

$$\sum_{t=0}^{P'_t} (CI - CO)_t (1 + i_c)^{-t} = 0$$

式中：P'_t——动态投资回收期；

i_c——基准收益率。

在实际应用中，可根据项目现金流量表用下列近似公式计算：

$$P'_t = （累计净现金流量现值出现正值的年数 - 1）$$
$$+ \frac{上一年累计净现金流量现值的绝对值}{出现正值年份净现金流量的现值}$$

【例 2-10】 某投资方案的现金流量及累计现金流量如表 2-11 所示，求该方案的静态和动态投资回收期。

表 2-11 现金流量表　　　　　　　　　　（单位：万元）

年　份	1	2	3	4	5	6	7	8
净现金流量	-600	-900	300	500	500	500	500	500
累计净现金流量	-600	-1500	-1200	-700	-200	300	800	1300
净现金流量现值	-555.54	-771.57	238.14	367.5	340.4	315.1	291.75	270.15
累计净现金流量现值	-555.54	-1327.11	-1088.97	-721.47	-381.17	-66.07	225.68	495.83

解 根据静态投资回收期的公式,$P_t = \left[(6-1) + \dfrac{|-200|}{500} \right]$年 $= 5.4$ 年

根据动态投资回收期的公式,$P_t' = \left[(7-1) + \dfrac{|-66.07|}{291.75} \right]$年 $= 6.23$ 年

从计算看,动态投资回收期长于静态投资回收期。这是因为,计算动态投资回收期考虑了资金的时间价值,先投资的资金比未来的资金价值更大。

动态投资回收期具有静态投资回收期的优点和缺点,但由于资金具有时间价值的事实,因此,动态投资回收期比静态投资回收期应用更广,在经济效果评价中应用非常普遍。

7) 投资收益率

(1) 总投资收益率(ROI)。

总投资收益率是指项目达到设计能力后正常年份的年息税前利润或营运期内年平均息税前利润(EBIT)与项目总投资(TI)的比率,它考察项目总投资的盈利水平。其表达式为

$$ROI = \dfrac{EBIT}{TI} \times 100\%$$

式中:$EBIT$——项目达到设计生产能力后正常年份的年息税前利润或运营期内年平均息税前利润,息税前利润=利润总额+计入总成本费用的利息费用;

TI——项目总投资。

总投资收益率高于同行业的收益率参考值,表明用总投资收益率表示的盈利能力满足要求。

(2) 项目资本金净利润率(ROE)。

项目资本金净利润率是指项目达到设计能力后正常年份的年净利润或运营期内平均净利润(NP)与项目资本金(EC)的比率。其表达式为

$$ROE = \dfrac{NP}{EC} \times 100\%$$

项目资本金净利润率高于同行业的净利润率参考值,表明用项目资本金净利润率表示的盈利能力满足要求。

【例 2-11】 某项目期初投资 2500 万元,其中 1500 万元为自有资金,建设期为 3 年,投产前两年每年的利润总额为 300 万元,以后每年的利润总额为 500 万元,假定利息支出为 0,所得税税率为 25%,基准投资收益率和净利润率均取为 18%,问方案是否可行?

解 该方案正常年份的利润总额为 500 万元,因此

$$ROI = \dfrac{500}{2500} \times 100\% = 20\%$$

$$ROE = \dfrac{500 \times (1 - 25\%)}{1500} \times 100\% = 25\%$$

该方案的投资收益率和资本金净利润率均大于基准值,因此,该方案可行。

8) 资产负债率

资产负债率是反映项目各年所面临的财务风险程度及偿债能力的指标,其表达式如下:

$$资产负债率 = \frac{负债总额}{资产总额} \times 100\%$$

作为提供贷款的机构,可以接受100%以下(包括100%)的资产负债率,资产负债率大于100%,表明企业已资不抵债,已达到破产底线。

9) 流动比率

流动比率是反映项目各年偿付流动负债能力的指标,其表达式如下:

$$流动比率 = \frac{流动资产总额}{流动负债总额} \times 100\%$$

计算出的流动比率越高,单位流动负债将有更多的流动资产作保障,短期偿债能力就越强。但是在不导致流动资产利用效率低下的情况下,流动比率保证在200%较好。

10) 速动比率

速动比率是反映项目快速偿付流动负债能力的指标,其表达式如下:

$$速动比率 = \frac{(流动资产总额 - 存货)}{流动负债总额} \times 100\%$$

速动比率越高,短期偿债能力越强,同时速动比率过高也会影响资产利用效率,进而影响企业经济效益,因此速动比率保证在接近100%较好。

【例 2-12】 某建设项目开始运营后,在某一生产年份资产总额为6000万元,短期借款为500万元,长期借款为2500万元,应收账款130万元,存货款为600万元,现金为1500万元,应付账款为120万元,项目单位产品可变成本为50万元,达产期的产量为30吨,年总固定成本为600万元,销售收入为3000万元,销售税金税率为6%,试求该项目的相关的偿债能力分析指标。

解 $资产负债率 = \frac{负债总额}{资产总额} \times 100\% = \frac{2500+500+120}{6000} \times 100\% = 52\%$

$流动比率 = \frac{流动资产总额}{流动负债总额} \times 100\% = \frac{130+600+1500}{500+120} \times 100\% = 360\%$

$速动比率 = \frac{流动资产总额 - 存货}{流动负债总额} \times 100\% = \frac{2230-600}{620} \times 100\% = 263\%$

11) 利息备付率(ICR)

利息备付率是指项目在借款偿还期内,各年可用于支付利息的息税前利润(EBIT)与当期应付利息(PI)费用的比值,其表达式为

$$ICR = \frac{EBIT}{PI}$$

式中:PI——计入总成本费用的全部利息。

利息备付率应当按年计算。利息备付率表示项目的利润偿付利息的保障程度。对于正常运营的企业,利息备付率应当大于1,否则,表示付息能力保障程度不足。

12) 偿债备付率(DSCR)

偿债备付率是指项目在借款偿还期内,各年可用于还本付息资金($EBITDA-T_{AX}$)与当期应还本付息金额(PD)的比值,其表达式为

$$DSCR = \frac{EBITDA - T_{AX}}{PD}$$

式中：$EBITDA$——息税前利润加折旧和摊销；

T_{AX}——企业所得税；

PD——应还本付息金额,包括还本金额和计入总成本费用的全部利息。融资租赁费用可视同借款偿还。运营期内的短期借款本息也应纳入计算。

如果项目在运行期内有维持运营的投资,可用于还本付息的资金应扣除维持运营的投资。

偿债备付率应分年计算,偿债备付率越高,表明可用于还本付息的资金保障程度越高。偿债备付率应大于1,并结合债权人的要求确定。

13) 借款偿还期

借款偿还期是指在国家财政规定及项目具体财务条件下,以项目投产后可用于还款的资金来偿还建设投资借款本金和建设期利息(不包括已用自有资金支付的建设期利息)所需要的时间。可按下式估算：

$$\sum_{t=1}^{P_d} R_t - I_d = 0$$

式中：I_d——建设投资借款本金和建设期利息(不包括已用自有资金支付的部分)之和；

P_d——建设投资借款偿还期(从借款开始年计算,当从投产年算起时,应予以注明)；

R_t——第 t 年可用于还款的资金,包括净利润、折旧、摊销及其他还款资金。

在实际工作中,借款偿还期可用下式估算：

$$P_d = (借款偿还后出现盈余的年份数 - 1) + \frac{当年应偿还借款额}{当年可用于还款的收益额}$$

计算出借款偿还期后,要与贷款机构要求的还款期限进行对比,满足贷款机构提出的要求期限时,即认为项目是有清偿能力的,否则,认为项目没有清偿能力。从清偿能力角度考虑,没有清偿能力的项目则认为是不可行的。

【例2-13】 某工业项目建设期3年,第一年借款1066万元,第二年借款3704万元,第三年借款2056万元,第七年开始出现盈余资金。通过计算,第七年偿还借款额1215万元,第七年可用于还款的未分配利润1823万元,每年折旧费3730万元,每年摊销费394万元。计算该项目借款偿还期。

解 借款偿还期=借款偿还开始出现盈余的年份数－开始借款年份数

＋当年偿还借款额÷当年用于还款的资金
＝7－1＋1215÷(1823＋3730＋394)≈6.2年

财务评价所采用的数据,大部分来自于估算和预测,有一定程度的不确定性。为了分析不确定性因素对项目经济评价指标的影响,需进行不确定性分析,以估计项目可能承担的风险,确定项目在经济上的可靠性。不确定分析包括盈亏平衡分析、敏感性分析和概率分析,盈亏平衡分析只适用于财务评价,敏感性分析和概率分析可同时用于财务评价和国民经济评价。这里主要阐述盈亏平衡分析。

(1) 盈亏平衡分析原理。

盈亏平衡分析(又称保本点分析)是在一定的市场和生产能力条件下,通过研究拟建项目的产量、成本、利润三者之间的关系,找出项目的利润等于零(即收入等于成本)时,在产量、销售收入、销售价格、生产能力利用率、单位可变成本等方面的临界值——盈亏平衡点(BEP),分析项目对不确定因素变动的适应能力和抗风险能力。

盈亏平衡分析是一种静态分析方法,既没有考虑资金的时间价值,又是在一定的假设条件下进行的分析。但由于其分析计算较为简便,因而在实际工作中经常被采用。

盈亏平衡分析按照成本及收入与产量(销售量)之间的关系可分为线性盈亏平衡分析和非线性盈亏平衡分析。

线性盈亏平衡分析只在下述前提条件下才能适用:

① 单价与销售量无关;

② 可变成本与产量成正比,固定成本与产量无关;

③ 产品不积压。

(2) 盈亏平衡点的确定和表达方式。

盈亏平衡分析就是要找出盈亏平衡点,确定线性盈亏平衡点的方法有图解法和代数法。

① 图解法。

图解法就是将销售收入、固定成本、可变成本随产量(销售量)变化的关系画出来,生成盈亏平衡图,在图上找出盈亏平衡点。

盈亏平衡图是以产量(销售量)为横坐标,以销售收入和产品总成本费用(包括固定成本和可变成本)为纵坐标绘制的销售收入曲线和总成本费用曲线。两条曲线的交点即为盈亏平衡点。与盈亏平衡点对应的横坐标,即为以产量(销售量)表示的盈亏平衡点。在盈亏平衡点的右方为盈利区,在盈亏平衡点的左方为亏损区。随着销售收入或总成本费用的变化,盈亏平衡点将随之上下移动,如图 2-5 所示。

② 代数法。

代数法是利用销售收入的函数和总成本费用的函数,用数学方法求出盈亏平衡点。

$$V = P(1-t)Q$$
$$C = F + C_v Q$$

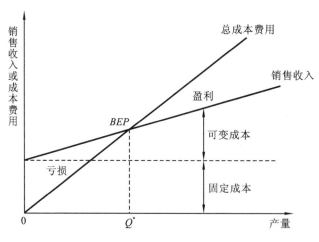

图 2-5 线性盈亏平衡分析图

式中：V——项目总收益；

P——产品销售单价；

t——销售税率；

C——项目总成本；

F——固定成本；

C_V——单位产品变动成本；

Q——产量或销售量。

令 $V=C$ 即可分别求出盈亏平衡产量、盈亏平衡价格、盈亏平衡单位产品可变成本、盈亏平衡生产能力利用率，它们的表达式分别为

盈亏平衡产量 $$Q^* = \frac{F}{P(1-t)-C_V}$$

盈亏平衡价格 $$P^* = \frac{F+C_V Q_c}{(1-t)Q_c}$$

盈亏平衡单位产品可变成本 $$V^* = P(1-t) - \frac{F}{Q_c}$$

盈亏平衡生产能力利用率 $$\alpha^* = \frac{Q^*}{Q_c} \times 100\%$$

式中：Q_c——设计生产能力。

盈亏平衡产量表示项目的保本产量，盈亏平衡产量越低，项目保本越容易，则项目风险越低；盈亏平衡价格表示项目可接受的最低价格，该价格仅能收回成本，该价格水平越低，表示单位产品成本越低，项目的抗风险能力就越强；盈亏平衡单位产品可变成本表示单位产品可变成本的最高上限，实际单位产品可变成本低于 V^* 时，项目盈利。因此，V^* 越大，项目的抗风险能力越强。

【例 2-14】 某房地产开发公司拟开发一普通住宅，建成后，每平方米造价为 3000 元。已知住宅项目总建筑面积为 2000 平方米，销售税金及附加税率为 5.5%，预计每米建筑面积的可变成本 1700 万元,假定开发期间的固定成本为 150 万元,计算盈亏平衡时的销售量和单位售价,并计算该项目预期利润。

解 盈亏平衡时的销售量

$$Q^* = \frac{F}{P(1-t) - C_V} = \frac{1\,500\,000}{3000 \times (1-5.5\%) - 1700} \text{ m}^2 = 1321.59 \text{ m}^2$$

盈亏平衡时的单位售价

$$P^* = \frac{F + C_V Q_c}{(1-t)Q_c} = \frac{1\,500\,000 + 1700 \times 2000}{2000 \times (1-5.5\%)} \text{元/m}^2 = 2592.59 \text{ 元/m}^2$$

预期利润 $= V - C = [3000 \times 2000 \times (1-5.5\%) - 1\,500\,000 - 1700 \times 2000]$ 万元
$= 77$ 万元

2.5 建设项目投资方案的比较和选择

前面我们列出了经济评价指标。但是,要想正确评价工程项目方案的经济性,仅凭对评价指标的计算及判别是不够的,还必须了解工程项目方案所属的类型,从而按照方案的类型确定适合的评价指标,最终为做出正确的投资决策提供科学依据。所谓工程项目方案类型是指一组备选方案之间所具有的相互关系。这种关系类型常见的有互斥方案和独立方案。互斥方案指各方案之间是相互排斥的,即在多个投资方案中只能选择其中一个方案,如有甲、乙、丙、丁四个投资方案,最终选择甲方案,则必须放弃乙、丙、丁三个方案。独立方案是各方案之间经济上互不相关的方案,如有甲、乙、丙、丁四个投资方案,最终选择甲方案或放弃甲方案,与乙、丙、丁三个方案无关。下面主要介绍互斥方案的比选。

2.5.1 寿命期相同的多个投资方案比较和选择

1. 净现值(NPV)

对互斥方案评价,首先剔除 $NPV<0$ 的方案,即进行方案的绝对效果检验;然后对所有 $NPV>0$ 的方案比较其净现值,选择净现值最大的方案为最佳方案。

在工程经济分析中,如果方案所产生的效益相同(或基本相同),但效益无法或很难用货币直接计量时,对互斥方案的比较常用费用现值 PW 替代净现值进行评价。为此,首先计算各备选方案的费用现值 PW,然后进行对比,以费用现值较低的方案为最佳。

2. 净年值(NAV)

在互斥方案评价时,只须按方案的净年值的大小直接进行比较即可得出最优可行方案。在具体应用净年值评价互斥方案时常分以下两种情况。

第一种情况,当给出"+""一"现金流量时,分别计算各方案的等额年值。凡等额年值小于 0 的方案,先行淘汰,在余下方案中,选择等额年值大者为优。若各方案的等额年值均为"一"时,择其绝对值小者为优。

第二种情况,当只给出"一"的现金流量时,即只给出投资和年经营成本或作业成本时,计算的等额年值也为"一"值,此时,择其绝对值小者的方案为优。这种情况就是通常所说的年费用(AC)。

当项目所产生的效益无法或很难用货币直接计量,即得不到项目具体现金流量的情况时,可以用年费用(AC)比较法替代净年值(NAV)进行评价。即通过计算各备选方案的等额年费用(AC),然后进行对比,以年费用(AC)较低的为最佳方案。

【例 2-15】 4种具有同样功能的设备,使用寿命均为10年,残值均为0。初始投资和年经营费用如表2-12所示($i_c=10\%$)。试问选择哪种设备在经济上更为有利。

表 2-12　设备投资与费用　　　　　　　　　　　　(单位:元)

项目(设备)	A	B	C	D
初始投资	3000	3800	4500	5000
年经营费用	1800	1770	1470	1320

解 由于4种设备功能相同,故可以比较费用大小,选择相对最优方案;又因各方案寿命相等,保证了时间可比性,故可以利用费用现值(PC)选优。费用现值是投资项目的全部开支的现值之和,可视为净现值的转化形式(收益为零)。本题即是选择诸方案中费用现值最小者。对于本题,因为有

$$PW_A(10\%) = [3000 + 1800(P/A, 10\%, 10)]元 = 14\,060\,元$$
$$PW_B(10\%) = [3800 + 1770(P/A, 10\%, 10)]元 = 14\,676\,元$$
$$PW_C(10\%) = [4500 + 1470(P/A, 10\%, 10)]元 = 13\,533\,元$$
$$PW_D(10\%) = [5000 + 1320(P/A, 10\%, 10)]元 = 13\,111\,元$$

其中设备D的费用现值最小,故选择设备D较为有利。

3. 增量内部收益率(ΔIRR)

增量投资内部收益率 ΔIRR 是两个方案各年净现金流量的差额的现值之和等于零时的折现率。

应用 ΔIRR 法评价互斥方案的基本步骤如下。

(1) 计算各备选方案的 IRR_j,分别与基准收益率 i_c 比较。IRR_j 小于 i_c 的方案,即予淘汰。

(2) 将 $IRR_j \geqslant i_c$ 的方案按初始投资额由小到大依次排列。

(3) 按初始投资额由小到大依次计算相邻两个方案的增量内部收益率 ΔIRR,若 $\Delta IRR > i_c$,则说明初始投资大的方案优于初始投资小的方案,保留投资大的方案;反之,若 $\Delta IRR < i_c$,则保留投资小的方案。直至全部方案比较完毕,保留的方案就是最优方案。

【例 2-16】 A、B是两个互斥方案,其寿命均为10年,方案A期初投资为200万元,第1年到第10年每年的净收益为39万元。方案B期初投资为100万元,第1年到第10年每年的净收益为19万元。若基准折现率为10%,试用增量内部收益率法

来选择方案。

解 第一步,先检验方案自身的绝对经济效果。

经过计算,两个方案自身的内部收益率为 $IRR_A=14.4\%$,$IRR_B=13.91\%$。

由于 $IRR_A>i_c$,$IRR_B>i_c$,两个方案自身均可行。

第二步,再判断方案的优劣。

两个方案的增量内部收益率计算式为

$$\Delta NPV = (39-19)(P/A,IRR,10)-(200-100)$$

取 $i_1=15\%$,$\Delta NPV_A=0.376$ 万元;取 $i_2=17\%$,$\Delta NPV_B=-6.828$ 万元;

$$\Delta IRR = 15\% + (17\%-15\%)\times\frac{0.376}{0.376+6.828} = 15.11\%$$

由于两个方案自身可行,且 $\Delta IRR>i_c$,所以方案 A 优于方案 B,应选择方案 A。

2.5.2 寿命期不同的多个投资方案比较和选择

1. 净年值(NAV)

通过分别计算各备选方案净现金流量的等额年值(NAV)并进行比较,以 $NAV \geq 0$ 且 NAV 最大者为最优方案。

用净年值法进行寿命不等的互斥方案比选,实际上隐含着这样一种假定:各备选方案在其寿命结束时均可按原方案重复实施或以与原方案经济效果水平相同的方案接续。由于净年值法是以"年"为时间单位比较各方案的经济效果,一个方案无论重复实施多少次,其净年值是不变的,从而使寿命不等的互斥方案之间具有可比性。

在对寿命不等的互斥方案进行比选时,净年值是最为简便的方法。同时,由于用等值年金可不考虑计算期的不同,故它也较净现值(NPV)简便,当参加比选的方案数目众多时,更是如此。

2. 净现值(NPV)

常用的比较方法有最小公倍数法、研究期法和无限计算期法。

1) 最小公倍数法(又称方案重复法)

最小公倍数法是以各备选方案计算期的最小公倍数作为比选方案的共同计算期,并假设各个方案均在这样一个共同的计算期内重复进行。对各方案计算期内各年的净现金流量进行重复计算,得出各个方案在共同的计算期内的净现值,以净现值较大的方案为最佳方案。

2) 研究期法

以相同时间来研究不同期限的方案就称为研究期法。研究期的确定一般以互斥方案中年限最短或最长方案的计算期作为互斥方案评价的共同研究期。通过比较各个方案在共同研究期内的净现值来对方案进行比选,以净现值最大的方案为最佳方案。

需要注意的是,对于计算期比共同研究期长的方案,要对其在共同研究期以后的现金流量情况进行合理的估算,以免影响结论的正确性。

3) 无限计算期法

如果评价方案的最小公倍数计算期很长,为简化计算,则可以计算期为无穷大计算 NPV,NPV 最大者为最优方案。即:

$$NPV = NAV(P/A, i_c, n) = NAV \frac{(1+i)^n - 1}{i(1+i)^n}$$

当 $n \to \infty$,即计算期为无穷大时,

$$NPV = \frac{NAV}{i}$$

3. 增量内部收益率(ΔIRR)

用增量内部收益率进行寿命不等的互斥方案经济效果评价时,首先需要对各备选方案进行绝对效果检验。对于通过绝对效果检验(NPV、NAV 大于或等于零,IRR 大于或等于基准收益率)的方案,再用计算增量内部收益率的方法进行比选。

求解寿命不等互斥方案间增量投资内部收益率的方程可以两方案净年值相等的方式建立,其中隐含了方案可重复实施的假定。

在 ΔIRR 存在的情况下,若 $\Delta IRR > i_c$,则初始投资额大的方案为优选方案;若 $0 < \Delta IRR < i_c$,则初始投资额小的方案为优选方案。

【例 2-17】 某建设项目拟从两种新设备中选择一种作为生产设备,相关数据如表 2-13 所示。

表 2-13 基本数据表 （单位:万元）

设备	期初投资	寿命期	1	2	3	4	5	6	7	8	备注
A	1000	5 年	850	850	850	850	850				后 8 列数据为年经营费用 $i_c = 12\%$
B	1500	8 年	800	800	800	800	800	800	800	800	

问题:(1) 试用净年值法进行比较,确定设备选型。

(2) 试用净现值法的最小公倍数法和研究期法进行比较,确定设备选型。

(3) 试用增量内部收益率法进行比较,确定设备选型。

解 (1) 本题可用年费用(AC)比较法替代净年值(NAV)来进行评价。

就 A 方案而言,若以 5 年为计算期,因投资及经营费用均发生在 5 年内,其年费用为

$$AC_A = [1000(A/P, 12\%, 5) + 850] 元 = 1127 元$$

就 B 方案而言,投资 1500 元,将在整个服务年限内发挥作用,故应摊入 8 年内。

$$AC_B = [1500(A/P, 12\%, 8) + 800] 元 = 1102 元$$

由于 $AC_A > AC_B$,所以 B 方案优于 A 方案。

(2) ① 用最小公倍数来进行比较,取两方案寿命期的最小公倍数 40 年为计算

期,则

$$PW_A = [1000 \times (A/P,12\%,5) + 850] \times (P/A,12\%,40) 元 = 9290 元$$
$$PW_B = [1500 \times (A/P,12\%,8) + 800] \times (P/A,12\%,40) 元 = 9085 元$$

$PW_A > PW_B$,所以方案 B 较优。

② 用研究期法来进行比较。

这里以 5 年(服务年限较短的 A 方案的寿命)为研究期。

A 方案的投资和经营费用均发生在 5 年内,故其费用现值为

$$PW_A = [1000 + 850 \times (A/P,12\%,5)] 元 = 4064 元$$

B 方案投资 1500 元将在整个服务年限(8 年)内发挥作用,必须摊入 8 年内,然后将研究期间(5 年)内的费用归集起来,计算其现值。

$$PW_B = [1500 \times (A/P,12\%,8) + 800] \times (P/A,12\%,40) 元 = 9085 元$$

$PW_A > PW_B$,所以方案 B 较优。

(3) 因为 A、B 两方案效益是相同的,可利用净年值相等的方式来求增量内部收益率。

$$AC_A = 1000(A/P, \Delta IRR, 5) + 850$$
$$AC_B = 1500(A/P, \Delta IRR, 8) + 800$$

求两方案年值相等的折现率,可得

$$1000(A/P, \Delta IRR, 5) + 850 = 1500(A/P, \Delta IRR, 8) + 800$$

通过试算法可得

$$\Delta IRR = 18.36\% > i_c = 12\%$$

故投资大的 B 方案较优。

【综合案例】

拟建某工业性生产项目,建设期为 2 年,运营期为 6 年。项目资金投入见表 2-14,基础数据如下。

1. 固定资产投资估算额为 2200 万元,其中,预计形成固定资产 2080 万元(含建设期贷款利息 80 万元),无形资产 120 万元。固定资产使用年限为 8 年,残值率为 5%,按平均年限法计算折旧。在运营期末回收固定资产余值。无形资产在运营期内均匀摊入成本。

2. 本项目固定资产投资中自有资金为 520 万元,固定资产投资资金来源为贷款和自有资金。建设期贷款发生在第 2 年,贷款年利率为 10%,还款方式为在运营期内等额偿还本息。

3. 流动资产投资 800 万元,在项目计算期末回收。流动资金贷款利率为 3%,还款方式为运营期内每年末只还所欠利息,项目期末偿还本金。

4. 项目投产即达产,设计生产能力为 100 万件,预计产品售价为 30 元/件,营业税金及附加的税率为 6%,企业所得税税率为 15%。年经营成本为 1700 万元。

5. 经营成本的2%计入固定成本(折旧费、摊销费、利息支出均应计入固定成本)。

6. 行业的投资收益率为20%,行业净利润率为25%。

表2-14 项目资金投入表　　　　　　　　(单位:万元)

序号	项　目	年　份			
		1	2	3	4	5~8
1	建设投资					
	自有资金	260	260			
	贷款(不含贷款利息)					
2	流动资金					
	自有资金			200		
	贷款			500	100	

问题:

(1) 计算该项目发生建设期贷款的数额,并填入项目资金投入表中。

(2) 编制项目借款还本付息计划表。

(3) 编制项目的总成本费用估算表。

(4) 计算项目的盈亏平衡产量和盈亏平衡单价,对项目进行盈亏平衡分析。

(5) 编制项目利润与利润分配表(法定盈余公积金按10%提取),并计算项目的总投资收益率、项目资本金净利润率。

(6) 计算利息支付最多年份的利息备付率、计算期最末一年的偿债备付率。

解 (1) 建设期贷款额=(2200-520-80)万元=1600万元。或者,建设期贷款额=[2080-80-(520-120)]万元=1600万元。填写项目资金投入表,见表2-15。

表2-15 项目资金投入表　　　　　　　　(单位:万元)

序号	项　目	年　份				
		1	2	3	4	5~8
1	建设投资					
	自有资金	260	260			
	贷款(不含贷款利息)		1600			
2	流动资金					
	自有资金			200		
	贷款			500	100	

(2) 每年应还本息和=1600(A/P,10%,6)万元=385.74万元。

编制项目借款还本付息计划表,见表2-16。

表 2-16 项目借款还本付息计划表　　　　　　　　　　（单位：万元）

序号	项目	年份							
		1	2	3	4	5	6	7	8
1	年初累计借款	0	0	1680	1462.26	1222.75	699.48	699.48	350.69
2	本年新增借款	0	1600	0	0	0	0	0	0
3	本年应计利息	0	80	168	146.23	122.28	66.95	66.95	35.07
4	本年应还本息		0	385.74	385.74	385.74	385.74	385.74	385.74
4.1	本年应还本金		0	217.84	239.51	289.81	318.79	318.79	350.67
4.2	本年应还利息			168	146.23	95.93	66.95	66.95	35.07

(3) 年折旧费 = [2080×(1−5%)]/8 万元 = 247 万元。

年摊销费 = 120/6 万元 = 20 万元。

编制项目总成本费用估算表,见表 2-17。

表 2-17 项目总成本费用估算表　　　　　　　　　　（单位：万元）

序号	项目	年份					
		3	4	5	6	7	8
1	经营成本	1700	1700	1700	1700	1700	1700
2	折旧费	247	247	247	247	247	247
3	摊销费	20	20	20	20	20	20
4	利息支出	183	164.23	140.28	113.93	84.95	53.07
4.1	长期借款利息	168	146.23	122.28	95.93	66.95	35.0715
4.2	流动资金借款利息	15	18	18	18	18	18
5	总成本费用	2150	2131.23	2107.28	2080.93	2051.9	2020.07
5.1	固定成本	484	465.23	441.28	414.93	385.95	354.07
5.2	可变成本	1666	1666	1666	1666	1666	1666

(4) 年平均固定成本 = (484+465.23+441.28+414.93+385.95+354.07)/6 万元 = 424.24 万元

单位产品可变成本 = 1666/100 元/件 = 16.66 元/件

盈亏平衡产量 = 424.24/[30×(1−6%)−16.66] 万件 = 36.76 万件

盈亏平衡单价 = (424.24+16.66×100)/[100×(1−6%)] 元/件 = 22.24 元/件

该项目盈亏平衡产量为 36.76 万件,远远低于设计生产能力 100 万件;盈亏平衡单价为 22.24 元/件,也低于预计单价 30 元/件,说明该项目抗风险能力较强。

(5) 息税前利润($EBIT$) = 利润总额 + 利息支出。

第 3 年 $EBIT$ = (670+183) 万元 = 853 万元

第 4 年 $EBIT$ = (688.77+164.23) 万元 = 853 万元

第 5 年 $EBIT=(712.72+140.28)$ 万元 $=853$ 万元
第 6 年 $EBIT=(739.07+113.93)$ 万元 $=853$ 万元
第 7 年 $EBIT=(768.05+84.95)$ 万元 $=853$ 万元
第 8 年 $EBIT=(799.93+53.07)$ 万元 $=853$ 万元

编制项目利润与利润分配表,见表 2-18。

表 2-18 项目利润与利润分配表　　　　　　　　　　（单位:万元）

序号	项　目	年 份					
		3	4	5	6	7	8
1	营业收入	3000	3000	3000	3000	3000	3000
2	营业税金及附加	180	180	180	180	180	180
3	总成本费用	2150	2131.23	2107.28	2080.93	2051.95	2020.07
4	利润总额(1-2-3)	670	688.77	712.72	739.07	768.05	799.93
5	弥补以前年度亏损	0	0	0	0	0	0
6	应纳税所得额(4-5)	670	688.77	712.72	739.07	768.05	799.93
7	所得税(6)×15%	100.50	103.32	106.91	110.86	115.21	119.99
8	净利润(4-7)	569.50	585.45	605.82	628.21	652.84	679.94
9	提取法定盈余公积金(8)×15%	56.95	58.55	60.58	62.82	62.82	67.99
10	息税前利润	853	853	853	853	853	853
11	息税折旧摊销前利润	1120	1120	1120	1120	1120	1120

$$总投资收益率=\frac{853}{(2200+800)}\times 100\%=28.43\%$$

$$资本金净利润率=\frac{(569.50+585.45+605.82+628.21+652.84+679.94)/6}{(520+200)}\times 100\%$$
$$=86.15\%$$

(6) 由上述计算可知,项目计算期第 3 年,即运营期第 1 年需要支付的利息为 183 万元,其中长期借款利息为 168 万元,流动资金借款利息为 15 万元,为各年中支付利息最多的年份。

$$第 3 年利息备付率=\frac{853}{183}=4.66$$

由计算可知,项目计算期最末一年(即项目计算期第 8 年)的应还本付息项目包括:长期借款还本付息、流动资金借款偿还本金、流动资金借款支付利息,为各年中还本付息金额最多的年份。

息税折旧摊销前利润＝息税前利润＋折旧＋摊销

第 3~8 年息税折旧摊销前利润 $=(853+247+20)$ 万元 $=1120$ 万元

$$第 8 年偿债备付率=\frac{EBITDA-TA_{AX}}{PD}=\frac{1120-119.99}{(385.74+600+18)}=1.00$$

【思考与练习】

一、单选题

(1) 已知两个投资方案,则下面结论正确的有(　　)。
A. $NPV_1 > NPV_2$,则 $IRR_1 > IRR_2$
B. $NPV_1 = NPV_2$,则 $IRR_1 = IRR_2$
C. $NPV_1 > NPV_2 \geq 0$,则方案1优于方案2
D. $IRR_1 > IRR_2 \geq 0$,则方案1优于方案2

(2) 根据净现值法进行投资决策时,应该否决的方案为(　　)。
A. 方案的净现值大于零　　B. 方案的净现值小于零
C. 方案的净现值等于零　　D. 方案的未来收益的总现值大于期初一次性总投资

(3) 某项目设计生产能力8000台,每台销售价格为300元,单件产品变动成本150元,年固定成本32万元,每台产品销售税金50元,则该项目的产量盈亏平衡点为(　　)台。
A. 1280　　B. 1600　　C. 2133　　D. 3200

(4) 某公司开发一项目投资400万元,年利率为10%,计划5年内等额回收,则每年应回收资金额为(　　)万元。
A. 66.83　　B. 82.17　　C. 91.85　　D. 105.51

(5) 进行寿命周期不同的互斥方案选择时,应采用(　　)指标。
A. 内部收益率　　B. 净现值　　C. 净年值　　D. 获利指数

(6) 经营成本=(　　)。
A. 总成本费用－折旧费－摊销费
B. 总成本费用－折旧费－摊销费－利息支出
C. 总成本费用－折旧费－摊销费－营业费用
D. 总成本费用－折旧费－无形资产摊销费－其他资产摊销－利息支出

(7) 2001年已建年产10万吨的某铝材厂,其投资额为5000万元,2006年拟建生产50万吨的铝材厂项目,建设期2年,自2001年至2006年每年平均造价指数递增3%,预计建设期2年平均造价指数递增2%,估算拟建铝材厂的静态投资额为(　　)万元(生产能力指数n取0.8)。
A. 21 006　　B. 21 636　　C. 20 174　　D. 20 779

(8) (　　)是项目财务生存能力分析的基本报表。
A. 借款还本付息计划表　　B. 项目投资现金流量表
C. 财务计划现金流量表　　D. 资产负债表

二、多选题

(1) 在对投资方案进行经济效益评价时,常用的动态指标有(　　)。
A. 内部收益率　　　　　　B. 净现值

C. 静态投资回收期　　　　　　　　D. 投资收益率
E. 平均报酬率

(2) 不确定性分析包括(　　)。
A. 盈亏平衡分析　　　　　　　　B. 敏感性分析
C. 现金流量分析　　　　　　　　D. 价值工程分析
E. 概率分析

(3) 下列五个方案中在经济上可以接受的是(　　)。
A. 投资回收期＞基准投资回收期　　B. 净现值≥0
C. 投资收益率≥0　　　　　　　　D. 内部收益率≥基准收益率
E. 获利指数≥1

(4) 在编制"资产负债表"时,下列(　　)属于流动资产项目。
A. 货币资金　　　　B. 预收账款　　　　C. 应收账款
D. 应付账款　　　　E. 预付账款

(5) 项目投资财务现金流量表和项目资本金财务现金流量表中(　　)是共同有的现金流出项目。
A. 流动资金　　　　B. 所得税　　　　　C. 经营成本
D. 借款本金偿还　　E. 营业税金及附加

(6) 在建设项目投资估算时,有关流动负债的计算公式是(　　)。
A. 流动负债＝应付账款＋预收账款
B. 流动负债＝应付账款
C. 应付账款＝外购原材料、燃料动力及其他材料年费用/应付账款周转次数
D. 预收账款＝年经营成本/预收账款周转次数

三、问答题
(1) 简述可行性研究报告的主要内容。
(2) 建设投资估算可采用哪些方法?
(3) 基本财务报表有哪些?如何填列?
(4) 财务评价指标是如何分类的?如何利用各类指标判断项目是否可行?
(5) 简述盈亏平衡分析判断项目风险的原理。

答案:
一、单选题
(1) C　(2) B　(3) D　(4) D　(5) C　(6) C　(7) A　(8) C
二、多选题
(1) AB　(2) ABE　(3) BDE　(4) ACE　(5) BCE　(6) ACD
三、(略)

第 3 章 建设项目设计阶段造价管理

【本章概述】

在建设项目实施中,项目的设计阶段是决定建筑产品价值形成的关键阶段,它对建设项目的建设工期、工程造价、工程质量以及建成后能否产生较好的经济效益和使用效益,起到决定性的作用。因此,重视设计阶段的造价管理特别重要。本章首先讲解了设计阶段对工程造价的影响要素;接着阐述了对设计方案评价和比选的方法,以及运用价值工程、限额设计和标准设计来优化设计方案;最后介绍了设计概算和施工图预算的概念、作用、编制依据、内容、编制方法和审查方法。

【学习目标】

1. 了解设计要素对工程造价的影响。
2. 熟悉设计招投标和设计方案竞选。
3. 熟悉价值工程优化设计方案限额设计和标准设计。
4. 掌握设计概算和施工图预算的概念、作用、编制依据和内容、编制方法和审查方法。

3.1 设计要素对工程造价的影响

3.1.1 工业项目设计中影响工程造价的因素

工业项目设计由总平面设计、工艺设计及建筑设计三部分组成。各部分设计方案侧重点不同,评价内容也有差异。因此,分别对各部分的设计方案进行技术经济分析与评价,是保证总设计方案经济合理的前提。

1. 总平面设计中影响工程造价的因素

总平面设计是按照批准的设计任务书,对厂区内的建筑物、构筑物、堆场、运输路线、管线、绿化等作全面合理的布置,以便整个项目形成布置紧凑、经济合理、方便使用的格局。在总平面设计中影响工程造价的因素有占地面积、功能分区、运输方式的选择等。

(1)占地面积。占地面积的大小一方面会影响征地费用的高低,另一方面也会影响管线布置成本及项目建成运营的运输成本。

(2)功能分区。合理的功能分区既可以使建筑物的各项功能充分发挥,又可使总平面布置紧凑、安全,避免深挖深填,减少土石方量和节约用地,降低工程造价。同时,合理的功能分区还可以使生产工艺流程顺畅,运输简便,降低项目建成后的运营成本。

(3) 运输方式的选择。不同的运输方式,其运输效率及成本不同。有轨运输运输量大,运输安全,但是需要一次性投入大量资金;无轨运输无需一次性大规模投资,但是运输量小,运输安全性较差。从降低工程造价的角度来看,应尽可能选择无轨运输,但若项目运营有需要,或运输量较大,则有轨运输往往比无轨运输成本低。

2. 工艺设计中影响工程造价的因素

工艺设计部分要确定企业的技术水平,主要包括建设规模、标准和产品方案,工艺流程和主要设备的选型;主要原材料、燃料供应,"三废"治理及环保措施,此外,还包括生产组织及生产过程中劳动定员情况等。

工艺设计是工程设计的核心,工艺设计标准的高低,不仅直接影响工程建设投资的大小和建设进度,还决定未来企业的产品质量、数量和经营费用。在工艺设计过程中影响工程造价的因素主要有生产方法的合适性、工艺流程的合理性和设备选型。

(1) 选择合适的生产方法。生产方法是否合适首先表现在是否先进适用。落后的生产方法不但会影响产品的生产质量,而且在生产流程中也会造成维持费用较高,同时还需要追加投资改进生产方法;但是,太过先进的生产方法往往需要较高的技术获取费,如果不能与企业的生产要求及生产环境相配套,将会带来不必要的浪费。

生产方法的合理性还表现在是否符合所采用的原料路线。选择生产方法时要考虑工艺路线对原来规格、型号、品质的要求,以及原料供应是否稳定可靠。选择生产方法时还应符合清洁生产的要求,以满足环境保护的要求。

(2) 合理布置工艺流程。工艺流程设计是工业设计的核心,合理的工艺流程既能保证主要工序生产的稳定性,又能根据市场需要的变化,在产品生产的品种规格上保持一定的灵活性。工艺流程是否合理主要表现在运输路线的组织是否合理,工艺流程的合理布置首先在于保证生产工艺流程无交叉和逆行现象,并使生产路线尽可能短,从而节约占地,减少技术管线的工程量,节约造价。

(3) 合理的设备选型。在工业建筑中,设备工程投资占很大的比例,设备的选型不仅影响着工程造价,还对生产方法、产品质量有着决定性的作用。

3. 建筑设计中影响工程造价的主要因素

建筑设计部分,主要确定工程的平面和空间设计及结构方案,在建筑设计中影响工程造价的因素有平面形状、流通空间、层高、层数、柱网布置、建筑物的体积和面积、建筑结构。

(1) 平面形状。一般来说,建筑物平面形状越简单,其单位面积造价就越低。而不规则的建筑物将导致室外工程、排水工程、砌砖工程、屋面工程等复杂化,从而增加工程费用。

建筑物周长与建筑面积之比 K 值越低,设计越经济。K 值按圆形、矩形、T形、L 形的次序依次增大。但是,圆形建筑施工复杂,施工费用高,与矩形建筑相比,施工费用增加 20%~30%;正方形建筑设计和施工均比较经济,但对于某些有较高自然采光和通风要求的建筑,方形建筑不易满足,而矩形建筑能较好地满足各方面的要求。

平面形状的选择除考虑造价因素外,还应考虑美观、采光和使用要求方面的影响。

(2) 流通空间。在满足建筑物使用要求的前提下,应将流通空间减少到最小,如门厅、过道等空间。

(3) 层高。在建筑面积不变的情况下,层高增加会引起各项费用的增加,包括墙与隔墙及其有关粉刷、装饰费用的提高,还有供暖空间体积的增加,施工垂直运输量的增加等。

据有关资料分析,单层厂房层高每增加 1 m,单位面积造价增加 1.8%~3.6%,年度采暖费增加约 3%;多层厂房层高每增加 0.6 m,单位面积造价增加 8.3% 左右。

单层厂房的高度主要取决于车间内的运输方式,正确选择车间内的运输方式,对降低层高、降低造价有很大影响。当起重量较小时,应考虑采用悬挂式运输设备来代替桥式吊车。

(4) 层数。工程造价随着建筑物层数的增加而提高,但当层数增加时,单位建筑面积所分摊的土地费用、外部流通空间费用将有所降低,从而使单位建筑面积造价发生变化。

如果增加一个楼层不影响建筑物的结构形式,单位建筑面积的造价可能会降低。但是,建筑物超过一定层数时,结构形式就要改变或者需要增设电梯,单位造价通常会增加。

工业厂房层数的选择主要考虑生产性质和生产工艺的要求。对于需要跨度大和层数高,拥有重型生产设备,生产时有较大振动及大量热和气散发的重型工业厂房,采用单层厂房是经济合理的;对于工艺过程紧凑,设备和生产重量不大,并要求恒温条件的中型车间,可采用多层厂房,以充分利用土地,减少基础工程量,缩短交通路线,降低单位面积造价。

(5) 柱网布置。柱网尺寸的选择与厂方中有无吊车、吊车的类型及吨位、屋顶的承重结构以及厂房的高度等因素有关。对于单跨厂房,当柱间距不变时,跨度越大单位面积造价越低,因为除屋架外,其他结构分摊在单位面积上的平均造价随跨度的增大而减小;对于多跨厂房,当跨度不变时,中跨数目越多越经济,因为柱子和基础分摊在单位面积上的造价减少。

(6) 建筑物的体积和面积。一般情况下,随着建筑物体积和面积的增加,工程总造价会提高。因此,在不影响生产能力的条件下,厂房、设备布置力求紧凑合理,从而减少建筑物的体积和总面积。

（7）建筑结构。建筑结构是指建筑物中支撑各种荷载的构件（如梁、板、柱、墙、基础等）所组成的骨架。建筑结构按所用材料不同分为砌体结构、钢筋混凝土结构、钢结构等。

采用各种先进的结构形式和轻质高强度建筑材料，能减轻建筑物自重，减少建筑材料和构配件的费用及运费，并能提高劳动生产率，缩短建设工期，取得较好的经济效果。

3.1.2 民用项目设计中影响工程造价的因素

民用建筑设计是根据建筑物的使用功能要求，确定建筑标准、结构形式、建筑物空间与平面布置以及建筑群体的配置等。民用建筑设计包括住宅设计、公共建筑设计、住宅小区设计。

1. 住宅小区规划中影响工程造价的主要因素

住宅小区是人们日常生活相对完整、独立的居住单元。在进行住宅小区建设规划时，要根据小区的基本功能和要求，确定各构成部分的合理层次与关系，据此安排住宅建筑、公共建筑、管网、道路、绿地的布局，确定合理人口与建筑密度、房屋间距、建筑物层数等。小区规划的核心问题是提高土地的利用率。

（1）占地面积。居住小区的占地面积不仅直接决定征地费用的高低，还影响着小区内道路、工程管线长度、公共设备的多少，而这些费用约占小区建设投资的1/5。因而，用地面积指标在很大程度上影响小区建设的总造价。

（2）建筑群体的布置形式。可通过采取高低搭配、点条结合、前后错列，以及局部东西向布置、斜向布置或拐角单元等方法节省用地。在保证小区居住功能的前提下，适当集中公共设施，合理布置道路，充分利用小区内的边角用地，有利于提高密度，降低小区的造价。

2. 民用住宅建筑设计中影响工程造价的主要因素

民用住宅建筑设计中影响工程造价的因素有建筑物平面形状和周长系数，住宅的层高和净高，住宅的层数，住宅单元组成、户型和住户面积，住宅建筑结构的选择。

（1）建筑物平面形状和周长系数。与工业项目建筑设计类似，民用住宅一般都采用矩形或正方形平面形状，既有利于施工，又能降低造价和方便使用，在矩形住宅建筑中，又以长∶宽＝2∶1为佳。一般住宅以3～4个住宅单元、房屋长度60～80 m较为经济。

（2）住宅的层高和净高。根据不同性质的工程综合测算，住宅层高每降低10 cm，可降低造价1.2%～1.5%，层高降低还可提高住宅区的建筑密度，节约征地费、拆迁费及市政设施费。但是，考虑到层高过低不利于采光通风，因此，民用住宅的层高一般在2.5～2.8 m。

（3）住宅的层数。随着住宅层数的增加，单方造价系数逐渐降低，即层数越多越经济，但当住宅超过7层，就要增加电梯的费用，需要较多的交通面积（过道、走廊要加宽)和补充设备(供水设备和供电设备等),特别是高层住宅,要经受较强的风力荷载,需要提高结构强度,改变结构形式,使工程造价大幅度上升。因此,中小城市以建筑多层住宅(4~6层)较为经济,大城市可以合理利用空间,沿主要街道建设一部分高层住宅,对于土地特别昂贵的地区,为了降低土地费用,中、高层住宅是比较经济的选择。

(4) 住宅单元组成、户型和住户面积。据统计,三居室住宅设计比两居室的设计降低1.5%左右的高层造价,四居室的设计比三居室的设计降低3.5%左右的高层造价。

衡量单元的组成、户型设计的指标是结构面积系数(住宅结构面积与建筑面积之比),这个系数越小则设计方案越经济。因为结构面积小,有效面积就增加,结构面积系数除了与房屋结构有关外,还与房屋外形及其长度和宽度有关,同时也与房间平均面积大小和户型组成有关。房屋平均面积越大,内墙与隔墙在建筑面积中所占的比重就越小。

(5) 住宅建筑结构的选择。随着工业化水平的提高,住宅工业化建筑体系的结构形式多种多样,考虑工程造价时应根据实际情况,因地制宜、就地取材,采用适合本地区的经济合理的结构形式。

3.2 设计方案的评价和比较

3.2.1 设计招投标

1. 设计招投标的概念

工程设计招投标是指招标单位就拟建工程的设计任务发布招标公告,以吸引众多设计单位参加竞争,经招标单位审查符合投标资格的设计单位按照招标文件的要求,在规定的时间内填报投标文件,招标单位择优确定中标设计单位来完成工程设计任务的活动。设计招标的目的是鼓励竞争,促使设计单位改进管理,促使设计人员设计出采用先进技术、降低工程造价、缩短工期、提高经济效益的施工图纸。

2. 设计招投标的类型及条件

设计招标分为建筑方案设计招标和概念方案设计招标两种。

1) 实行建筑方案设计招标的建筑工程项目应当具备的条件

(1) 政府投资的项目具有经过审批机关同意的项目建议书或可行性研究报告批复,企业(含外资、合资)投资的项目具有经核准或备案的项目确认书。

(2) 具有规划管理部门确定的项目建设地点、规划控制条件和用地红线图。

(3) 有符合要求的地形图,有条件提供建设场地的工程地质、水文地质初勘资料,水、电、燃气、供热、环保、通讯、市政道路和交通等方面的基础资料。

(4) 有充分体现招标人意愿的设计任务书。

2) 实行概念方案设计招标的建筑工程项目应当具备的条件

(1) 具有经过审批机关同意的项目建议书批复或招标人已取得土地使用证。

(2) 具有规划管理部门确定的项目建设地点、规划控制条件和用地红线图。

(3) 项目处于可行性研究阶段,需要更多构思方案比选的,招标人可以根据招标项目的特点和条件提出申请,经批准的以及其他不宜进行方案设计招标的项目。

(4) 特、大型公共建筑工程和有一定社会影响力的建筑工程为选择优质的方案和优良的设计单位,招标人可以对投标人采取资格预审和进行概念方案设计,经初步评审后比选出三家以上合格候选人再进行方案设计招标。

3. 设计招标的方式及流程

1) 设计招标的方式

设计招标的方式有公开招标和邀请招标两种。实行公开招标的,招标人应当发布招标公告。实行邀请招标的,招标人应当向三个以上设计单位发出招标邀请书。

2) 设计招标的流程

(1) 招标单位编制招标文件。

(2) 招标单位发布招标公告。

(3) 招标单位对投标单位进行资格审查。主要审查单位性质和隶属关系,工程设计等级和证书号,单位成立时间和近期承担的主要工程设计情况,技术力量和装备水平以及社会信誉等。

(4) 招标单位向合格设计单位发售或发送招标文件。

(5) 招标单位组织投标单位勘察工程现场,解决招标文件中的问题。

(6) 投标单位编制投标文件并按规定时间、地点密封报送。投标文件内容一般应包括:方案设计综合说明书,方案设计内容和图纸,建设工期,主要施工技术和施工组织方案,工程投资估算和经济分析,设计进度和设计费用。

(7) 招标单位当众开标,组织评标,确定中标单位,发出中标通知书。确定中标的依据是设计方案优劣,投入产出经济效益好坏,设计进度快慢,设计资历和社会信誉等。

(8) 招标单位与中标单位签订合同。招标单位和中标单位应当自中标通知书发出之日起 30 日内签订书面设计合同。

4. 设计招标文件的编制

设计招标文件编制的质量是关系到设计招标成败的极为关键的问题。它是设计招标过程中极为重要的工作,其重要性体现在三个方面:一是设计招标文件规定了招标设计的内容、范围和深度;二是设计招标文件是提供给投标方的具有法律效力的投标依据;三是设计招标文件是签订设计合同的重要内容。

设计招标文件应公正地处理好招标投标双方的利益,合理地分担经济风险以提高投标方的积极性。招标文件应详细地说明工程设计内容,设计范围和深度,设计进度要求,以及设计文件的审查方式。一般来说,设计的范围越广,深度越深,越有利于评定标时把握尺度,量化指标,比较优劣。但过度的要求可能会造成投标方过多的人力、物力、财力的投入,增加其经济风险而降低其投标的积极性。因此,确定适度的设计范围和深度是实际招标文件编制中一个十分重要的技术问题。

5. 评标标准问题

由于设计招投标没有标底,因此评标标准在设计招标中具有十分重要的意义,评标标准是否科学合理,是否能客观地衡量设计方案质量的优劣,是设计招标成败的关键。

(1) 先进性标准:体现设计技术水平,反映本行业或地区的先进水平。在坚持先进性原则的同时应注意所选择的先进技术是成功的、成熟可靠的。

(2) 适应性标准:在既定条件下,技术运用恰当,设计方案最能体现项目特点,以及与当地市场资源、技术水平、技术政策等的适应性。

(3) 系统性标准:在评价方案优劣的指标中,应该且必须遵循系统工程的观点,从整体上去判断设计方案的优劣。

(4) 效益标准:评标标准一定要体现效益原则,即技术先进、经济合理。

在确定评标标准的同时,还必须考虑评标标准的可操作性问题,即上述那些抽象、原则性的标准,怎样转化为可量化的,可操作性的评价体系。

3.2.2 设计方案竞选

设计方案竞选是指由组织竞选活动的单位通过报刊、信息网络或其他媒体发布方案竞选公告,吸引设计单位参加方案竞选;参加竞选的设计单位按照竞选文件和国家有关规定,做好方案设计和编制有关文件,经具有相应资质的注册建筑师签字,并加盖单位法定代表人或法定代表人委托的代理人的印鉴,在规定的时间内,密封送达组织竞选单位;组织竞选单位邀请有关专家组成评定小组,采用科学的方法,按照适用、经济、美观的原则,以及技术先进、结构合理、满足建筑节能、环境等要求,综合评定设计方案优劣,择优确定中选方案,最后签订设计合同等一系列活动。

1. 设计方案竞选的组织

有相应资格的建设单位或其委托的有相应工程设计资格的中介机构代理有权按照法定程序组织方案设计竞选活动,有权选择竞选方式和确定参加竞选的单位,主持评选工作,公正确定中选者。参加竞选的设计单位在规定期限内向竞选主办单位提交参赛设计方案。

2. 设计方案竞选方式和文件内容

1) 设计方案竞选方式

可采用公开竞选,即由组织竞选活动的单位通过报刊、广播、电视或其他方式发布竞选公告,也可采用邀请竞选,由竞选组织单位直接向有承担该项工程设计能力的三个及以上设计单位发出设计方案竞选邀请书。

2) 设计方案竞选文件的内容

（1）工程综合说明，包括工程名称、地址、竞选项目、占地范围、建筑面积。

（2）经批准的项目建议书或设计任务书及其他文件的复印件。

（3）项目说明书。

（4）合同的重要条件和要求。

（5）提供设计基础资料的内容、方式和期限。

（6）踏勘现场及竞选文件答疑的时间和地点。

（7）文件评定要求及评定原则。

（8）截止日期和评定时间。

（9）其他需要说明的问题。

竞选文件一经发出，组织竞选活动的单位不得擅自变更其内容或附件条件，确需变更和补充的，应在截止日期 7 天前通知所有参加竞选的单位。

3. 设计方案竞选的评定

竞选主办单位聘请专家组成评审委员会，一般 7~11 人，其中技术专家人数应占 2/3 以上，参加竞选的单位和方案设计者不得进入评审委员会。评审委员会当众宣布评定方法，启封各参加竞选单位的文件和补充文件，公布其主要内容。

评定须按是否能满足设计要求，是否符合规划管理的有关规定，是否技术先进、功能全面、结构合理、安全适用、满足建筑节能及环境要求、经济实用、美观的原则，综合设计方案优劣、设计进度快慢以及设计单位和注册建筑师的资历信誉等因素考虑，提出评价意见和候选名单，最后由建设单位负责人作出评选决策。

确定中选单位后，应于 7 天内发出中选通知书，同时抄送各个中选单位。中选通知书发出 30 天内，建设单位与中选单位应依据有关规定签订工程设计承发包合同。中选单位使用未中选单位的方案成果时，须征得该单位的同意，并实行有偿转让，转让费由中选单位承担。

设计竞选的第一名往往是设计任务的承担者，但有时也以优胜者的竞赛方案作为确定设计方案的基础，再以一定的方式委托设计商签订设计合同，由此可见设计竞选和设计招标的区别。

3.3 运用价值工程优化设计方案

3.3.1 价值工程的含义

价值工程（Value Engineering，VE）又称为价值分析（Value Analysis，VA），是一门新兴的管理技术，是降低成本、提高经济效益的有效方法。20 世纪 40 年代，价值工程起源于美国，麦尔斯（L. D. Miles）是其创始人。1961 年美国价值工程协会成立，麦尔斯当选为该协会第一任会长。二战之后，由于原材料供应短缺，采购工作常常碰到难题。经过实际工作中孜孜不倦的探索,麦尔斯发现有一些相对不太短缺的材料可以很好地替代短缺材料的功能。后来,麦尔斯逐渐总结出一套解决采购问题的行之有效的方法,并且把这种方法的思想及应用推广到其他领域,例如,将技术与经济价值结合起来研究生产和管理的其他问题,这就是早期的价值工程。1955 年这一方法传入日本后与全面质量管理相结合,进一步发扬光大,成为一套更加成熟的价值分析方法。麦尔斯发表的专著《价值分析的方法》使价值工程很快在世界范围内产生巨大影响。

这里价值工程中"工程"的含义是指为实现提高价值的目标所进行的一系列分析研究的活动。"价值"是一个相对的概念,是指作为某种产品(或作业)所具有的功能与获得该功能的全部费用的比值。它不是对象的使用价值,也不是对象的交换价值,而是对象的比较价值,是作为评价事物有效程度的一种尺度。

价值工程可以表示为一个数学公式,如下:

$$V = F/C$$

式中:V——价值系数;

F——功能系数;

C——成本系数。

价值工程的三个基本要素包括:价值、功能和寿命周期成本。

3.3.2 价值工程的目的

1. 价值工程的特点

(1) 价值工程的目标是以最低的寿命周期成本,使产品具备它所必须具备的功能。产品的寿命周期成本由生产成本和使用及维护成本组成。

① 产品生产成本是指发生在生产企业内部的成本,也是用户购买产品的费用,包括产品的科研、实验、设计、试制、生产、销售等费用及税金等。

② 产品使用及维护成本是指用户在使用过程中支付的各种费用的总和,它包括使用过程中的能耗费用、维修费用、人工费用、管理费用等,有时还包括报废拆除所需费用(扣除残值)。

(2) 价值工程的核心是对产品进行功能分析。

(3) 价值工程将产品价值、功能和成本作为一个整体,同时来考虑。

(4) 价值工程强调不断改革和创新。

(5) 价值工程要求将功能定量化。

(6) 价值工程是以集体的智慧开展的有计划、有组织的管理活动。

2. 价值工程的意义

在工程寿命周期的各个阶段都可以实施价值工程,但在设计阶段实施价值工程的意义更加重大,不仅可以保证各专业的设计符合国家和用户的要求,而且可以解决各专业设计的协调问题,得到全局合理优良的方案,具体意义如下。

(1) 可以使建筑产品的功能更合理。工程设计实质上是对建筑产品的功能进行设计,而价值工程的核心,是对产品进行功能分析。通过实施价值工程,可以使设计人员更准确地了解建筑产品之间的比重,使设计更合理。

(2) 可以有效地控制目标成本。工程设计决定建筑产品的目标成本,目标成本是否合理,直接影响产品的经济效益。目标成本的确定主要取决于有关信息情报的完全程度。通过价值工程,在设计阶段收集和掌握先进技术和大量信息,追求更高的价值目标,设计出优秀的产品。

(3) 可以通过投资效益,节约社会资源。建筑工程成本的 70%~90% 取决于设计阶段。当设计方案确定或设计图纸完成后,其结构、施工方案、材料等也限制在一定条件内了。设计水平的高低,直接影响投资效益。同时,工程设计本身就是一种创造性的活动。而价值工程作为有组织的创新活动,强调创新,鼓励创造出更多更好的设计方案。通过应用价值工程,在工程设计阶段就可以发挥设计人员的创新精神,设计出物美价廉的建筑产品,提高投资效益。

3.3.3 提高价值的途径

提高价值有以下五种途径。

(1) 在提高产品功能的同时,又降低产品成本,这是提高价值最为理想的途径。

(2) 在产品成本不变的条件下,通过提高产品的功能,提高利用资源的成果或效用。

(3) 在保持产品功能不变的前提下,通过降低成本达到提高价值的目的。

(4) 较大幅度提高产品功能,较少提高产品成本。

(5) 在产品功能略有下降、产品成本大幅度降低的情况下,也可达到提高产品价值的目的。

3.3.4 价值工程的工作程序

价值工程是一项有组织的系统活动,其思维过程和工作过程都遵循着一定的程序,详细内容如表 3-1 所示。

从思维过程来讲,人们总结了进行价值工程活动的思维方法和逻辑步骤,把它归纳成为提出并回答七个问题的过程。通过逐步深入的一系列问题的回答,找出解决问题的最佳方案。结合系统工程方法论来看,提出和回答前四个问题的过程就相当于系统分析;提出和回答第五个问题的过程就相当于系统综合;提出和回答第六、七个问题的过程就相当于系统评价决策。

从工作过程来讲,价值工程活动的过程可划分为选择对象、功能分析和制定改进方案三大基本步骤,并进一步划分成十个详细步骤。为保证开展价值工程活动的质量和效果,这十个步骤所包含的内容一般不应省略。

表 3-1 价值工程的实施程序

决策的一般程序	价值工程实施程序		价值工程提问
	基本步骤	详细步骤	
系统分析	选择对象	(1) 选择对象 (2) 收集情报	(1) 价值工程的对象是什么?
	功能分析	(1) 功能定义 (2) 功能整理 (3) 功能成本分析 (4) 功能评价	(1) 它的功能是什么? (2) 它的成本是多少? (3) 它的价值如何?
系统综合	制定改进方案	(1) 方案创造 (2) 方案评价 (3) 试验证明 (4) 提案	(1) 有无其他的方法实现同样的功能? (2) 新方案的成本是多少? (3) 新方案能满足要求吗?
系统评价决策			

3.3.5 应用价值工程进行设计方案优化、选择

一切发生费用的地方都可以应用价值工程。据大量统计,运用价值工程约可降低成本 20%,用于价值工程的投资与其效益之比约为 1:12。建筑工程需要投入大量的人、财、物,因而价值工程在建筑工程设计中大有可为。

打破原有框框,发挥彻底的创新精神是价值工程的重要特征。价值工程在工程设计中的推广和应用,可以充分激发设计人员的创造性,不断改进设计方案,在此过程中,一些新颖别致的设计方案常常脱颖而出,大大提高了工程设计水平和工程投资效益。同一建设项目,同一单项、单位工程,在满足使用功能的前提下,可以采用不同的建筑材料,选择不同的结构形式,设计出不同的方案,从而有不同的造价。因此,应用价值工程可进行设计方案的优化、选择。

下面介绍北京市大模板高层住宅外墙板的价值工程分析过程,说明价值工程在建筑工程设计中的应用。

1. 选择工作对象

北京市用大模板工艺建造了一批高层住宅楼,分析其造价,发现结构造价占土建工程总造价的 70%,而外墙造价又占结构造价的 1/3,但外墙体积在结构混凝土量中只占 1/4。从造价的构成来看,外墙是降低造价的主要问题,应作为价值工程的主要目标。

2. 功能分析

通过调研和功能分析,可以明确回答以下问题。

(1) 在大模板住宅建筑体系中,外墙的功能是什么?

答:作为受力部件,抵抗水平力;作为围护部件,挡风防雨,隔热防寒。

(2) 这种外墙是用什么材料做成的?

答:配钢筋的陶粒混凝土墙板。

(3) 规格尺寸如何?

答:长×高×厚=3300 mm×2900 mm×280 mm,重量约4 t,净面积7.3 m²。

(4) 有几道生产工艺?成本如何分配?

答:构件厂预制板材,300元,占87%;专用拖车运到工地,30元,占8.7%;塔式起重机吊装,15元,占4.3%。

(5) 有哪些可供选择的代替方案?

答:现浇混凝土贴钙塑保暖板,加气混凝土拼装整间大板,玻璃纤维增强水泥复合板。

3. 评价代替方案

经过建筑师、结构工程师、混凝土制品工艺技术人员及工人、施工技术人员和材料供应人员,以及预算人员的共同分析后,选出以膨胀珍珠岩做保暖层的玻璃纤维增强水泥复合板,作为优先考虑的代替方案,并拟定产品规格为:长×高×厚=6300 mm×2900 mm×120 mm,重量约5 t,净面积13 m²。

生产工艺及成本分配预计为:构件厂预制板材,320元,占93.3%;专用拖车运到工地,8元,占2.3%;塔式起重机吊装,15元,占4.4%。

代替方案与原方案的成本比较,如表3-2所示。

表3-2 不同方案的成本比较　　　　　　　　　　（单位:元）

成本项目	原方案		代替方案	
	每块墙板成本（净面积7.3 m²）	每平方米墙面成本	每块墙板成本（净面积13 m²）	每平方米墙面成本
板材预制	300	41.10	320	24.62
运输	30	4.11	8	0.62
吊装	15	2.05	15	1.15
合计	345	47.26	343	26.39

经过测试,代替方案的物理性能和力学性能都可满足功能要求,且从上表可以看出,每平方米墙体可节约成本(47.26-26.39)元=20.87元,节约率高达44.2%,那么代替方案的经济效果是很显著的。因此,建议采用该代替方案。

大量的工程建设实践证明,在建筑工程设计中利用价值工程控制造价,提高工程"价值",是大有可为的。

【例3-1】 某市高新技术开发区有两幢科研楼和一幢综合楼,其设计方案对比项目如下。

A楼方案:结构方案为大柱网框架轻墙体系,采用预应力大跨度叠合楼板,墙体材料采用多孔砖及移动式可拆装式分室隔墙,窗户采用单框双玻璃钢塑窗,面积利用系数为93%,单方造价为1438元/m²。

B楼方案:结构方案同A方案,墙体采用内浇外砌,窗户采用单框双玻璃腹钢塑窗,面积利用系数为87%,单方造价为1108元/m²。

C楼方案:结构方案采用砖混结构体系,采用多孔预应力板,墙体材料采用标准黏土砖,窗户采用单玻璃空腹钢塑窗,面积利用系数为79%,单方造价为1082元/m²。

表3-3 方案各功能和权重及各方案的功能得分

方案功能	功能权重	方案功能得分		
		A	B	C
结构体系	0.25	10	10	8
模板类型	0.05	10	10	9
墙体材料	0.25	8	9	7
面积系数	0.35	9	8	7
窗户类型	0.10	9	7	8

问题:

1. 试应用价值工程方法选择最优设计方案。

2. 为控制工程造价和进一步降低费用,拟针对所选的最优设计方案的土建工程部分,以工程材料费为对象开展价值工程分析。将土建工程划分为四个功能项目,各功能项目评分值及其目前成本见表3-3,按限额设计要求,目标成本额应控制为12170万元。

试分析各功能项目和目标成本及其可能降低的额度,并确定功能改进顺序。

分析要点:价值工程要求在运用价值工程对方案的功能进行分析时,各功能和价值指数有以下三种情况。

(1) Ⅵ=1,说明该功能的重要性与其成本的比重大体相当,是合理的,无须再进行价值工程分析。

(2) Ⅵ<1,说明该功能不太重要,而目前成本比重偏高,可能存在过剩功能,应作为重点分析对象,寻找降低成本的途径。

(3) Ⅵ>1,出现这种结果的原因较多,其中较常见的是:该功能较重要,而目前成本偏低,可能未能充分实现该重要功能,应适当增加成本,以提高该功能的实现程度。

各功能目标成本的数值为总目标成本与该功能指数的乘积,见表3-4。

表 3-4 各功能项目评分值及其目前成本

功 能 项 目	功能评分	目前成本/万元
A. 桩基围护工程	10	1520
B. 地下室工程	11	1482
C. 主体结构工程	35	4705
D. 装饰工程	38	5105
合　　计	94	12 812

解 问题1：分别计算各方案的功能指数、成本指数和价值指数，并根据价值指数选择最优方案。

(1) 计算各方案的功能指数，见表3-5。
(2) 计算各方案的成本指数，见表3-6。
(3) 计算各方案的价值指数，见表3-7。

表 3-5 方案的功能指数

方案功能	功能权重	方案功能加权得分		
		A	B	C
结构体系	0.25	10×0.25=2.50	10×0.25=2.50	8×0.25=2.00
模板类型	0.05	10×0.05=0.50	10×0.05=0.50	9×0.05=0.45
墙积系数	0.25	8×0.25=2.00	9×0.25=2.25	7×0.25=1.75
面积系数	0.35	9×0.35=3.15	8×0.35=2.80	7×0.35=2.45
窗户类型	0.10	9×0.10=0.90	7×0.10=0.70	8×0.10=0.80
合　　计		9.05	8.75	7.45
功能指数		9.05/25.25=0.358	8.75/25.25=0.347	7.45/25.25=0.295

表 3-6 方案的成本指数

方　　案	A	B	C	合　计
单方造价(元/m²)	1438	1108	1082	3628
成本指数	0.396	0.305	0.298	0.999

表 3-7 各方案的价值指数

方　　案	A	B	C
功能指数	0.358	0.347	0.295
成本指数	0.396	0.305	0.298
价值指数	0.904	1.138	0.990

由表3-7的计算结果可知，B方案的价值指数最高，为最优方案。

问题 2：

根据表 3-4 所列数据，分别计算桩基围护工程、地下室工程、主体结构工程和装饰工程的功能指数、成本指数和价值指数；再根据给定的总目标成本额，计算各工程内容的目标成本，如表 3-8 所示。

表 3-8 成本降低额度

功能项目	功能评分	功能指数	目前成本/万元	成本指数	价值指数	目标成本/万元	成本降低额/万元
桩基围护工程	10	0.1064	1520	0.1186	0.8971	1295	225
地下室工程	11	0.1170	1482	0.1157	1.0112	1424	58
主体结构工程	35	0.3723	4705	0.3672	1.0139	4531	174
装饰工程	38	0.4043	5105	0.3985	1.0146	4920	185
合　　计	94	1.0000	12 812	1.0000	3.9638	12 170	642

由表 3-8 的计算结果可知，桩基围护工程、地下室工程、主体结构工程和装饰工程均应通过适当方式降低成本。根据成本降低额的大小，功能改进顺序依次为：桩基围护工程、装饰工程、主体结构工程、地下室工程。

3.4 限额设计和标准设计

3.4.1 限额设计

1. 限额设计的基本原理

技术与经济相结合是控制工程造价最有效的手段。限额设计就是要正确处理工程建设过程中技术与经济的对立统一关系，通过经济目标的设置控制工程设计过程，从而达到控制工程投资的目的。具体来说，就是按照批准的可行性研究投资估算，控制初步设计，按照批准的初步设计总概算控制施工图设计，同时各专业在保证达到使用功能的前提下，按照分配的投资限额控制设计，并严格控制设计的不合理变更，保证不突破总投资限额的工程设计过程。

限额设计通过合理确定设计标准、设计规模和设计原则，取定有关概预算基础资料，通过层层限额设计，来实现对投资限额的控制与管理，同时也实现了对设计规模、设计标准、工程数量与概预算指标等各个方面的控制。限额设计并不是一味地考虑节约投资，也不是简单地裁减投资，而是实事求是、精心设计，保证投资合理、设计科学的实际内容，这应该是设计质量的管理目标。

2. 限额设计的目标

1) 限额设计目标的确定

限额设计目标（指标）是在初步设计开始前，根据批准的可行性研究报告及其投资估算(原值)确定的。一旦限额设计目标确定后,设计项目经理或总设计师按总额度的90%下达任务,把具体的目标值分解到各专业内部,各专业限额指标用完或节约下来的单项费用,需经批准才能调整。

2) 采用优化设计,确保限额设计的实现

所谓优化设计(最优化设计),是以系统工程理论为基础,应用现代数学成就——最优化技术和计算机技术,对工程设计方案、设备选型、参数匹配、效益分析、项目可行性等方面进行最优化设计的方法。它是保证投资限额的重要措施和行之有效的重要方法。在进行优化设计时,必须根据最优化问题的性质,选择不同的最优化方法。一般来说,对于一些确定性问题,如投资、资源、时间等有关条件已经确定的,可采用线性规划、非线性规划、动态规划等理论和方法进行优化;对于一些非确定性问题,即有关条件不能确定,只掌握随机规律的情况下,可应用"排队论"和"对策论"等方法进行优化;对于流量大、路途短、费用不多的问题,可使用图形和网络理论进行优化。

优化设计不仅可选择最佳方案,获得满意的设计产品,提高设计质量,而且能有效实现对投资限额的控制。

3. 限额设计的全过程控制

限额设计是工程建设领域控制投资支出、有效使用建设资金的重要措施,在一定阶段一定程度上很好地解决了工程项目在建设过程中技术与经济相统一的关系。因此,抓住限额设计这个关键阶段,也就是抓住了造价全过程控制中的重点。限额设计的全过程实际上是建设项目投资目标管理的过程,造价全过程控制体现在设计阶段的限额设计应层层展开,纵向到底,横向到边,即限额设计的纵向控制和横向控制。

1) 限额设计的纵向控制

纵向控制的内容包括投资分配、初步设计造价控制、施工图设计造价控制、设计变更控制。

(1) 投资分配。它是在建设项目可行性研究阶段,采用科学、合理的方法并考虑影响投资的各种因素来估算投资额,一旦可行性研究报告和投资估算额批准以后,就将投资先分解到各专业,然后再分配到各单项工程和单位工程,作为初步设计的造价控制目标。

(2) 初步设计造价控制。在初步设计开始时,将设计任务和投资限额分专业下达到设计人员,促使设计人员进行多方案比选,使设计人员严格按分配的投资限额进行设计。为此,初步设计阶段的限额设计,其控制设计概算不超过投资估算,主要是对工程量、设备和材质的控制。如果发现投资超限额,应及时反映,并提出解决问题的办法。

(3) 施工图设计造价控制。施工图设计是按已批准的初步设计和初步设计概算为依据,在施工图设计过程中,严格按批准的初步设计和初步设计概算进行设计,重点应放在工程量控制上,控制的工程量是经审定的初步设计工程量,并作为施工图设计工程量的最高限额,不得突破,并注意把握两个标准,一个是质量标准,一个是造价标准,两个标准协调一致,相互制约。如果发现单位工程施工图预算超设计概算,应及时找出原因,修改施工图设计,直到满足限额要求。

(4) 设计变更控制。由于外部条件的制约和人们主观认识的局限,在施工图设计阶段可以对初步设计进行局部的修改和变更,使设计更趋完善。但设计变更应尽量提前,施工图设计阶段的变更,只需修改设计图纸,这种变更损失不大;如果在采购阶段变更,不仅需要修改图纸,而且需要重新采购材料、设备;如果在施工阶段变更,除上述费用外,变更部分工程需要拆除,会造成更大的损失。所以,应尽量把变更控制在设计阶段初期,对于设计变更较大的项目,采用先算账后变更的方法解决,使工程造价控制在限额范围内。

2) 限额设计的横向控制

横向控制的内容包括健全责任分配制度和健全奖罚制度。明确设计单位内部各专业科室对限额设计所负的责任,建立、健全设计院内部的院级、项目经理级、室主任级"三级"管理制度,使责任具体落到个人,并使落实到个人的指标不突破限额。为使限额设计落到实处,应建立、健全奖罚制度,对于设计单位和设计人员,在保证工程功能水平和工程安全的前提下,采用新工艺、新材料、新设备、新技术优化设计方案,节约项目投资额,按节约投资额的大小,给予设计单位和设计人员奖励;对于设计单位设计错误或由于设计原因造成较大的设计变更,导致投资额超过了目标控制限额,按超支比例扣除相应比例的设计费用。

3.4.2 标准设计

1. 标准的划分

1) 国家标准

国家标准是指为了在全国范围按统一的技术要求和国家需要控制的技术要求执行所制定的标准。国家标准分为强制性标准(代号 GB)和推荐性标准(代号 GB/T)。工程建设国家标准由我国工程建设行政主管部门即建设部负责制定计划、组织草拟、审查批准和发布。

2) 行业标准

行业标准是指对没有国家标准而又需要在全国某个行业范围内按统一的技术要求执行所制定的技术标准。行业标准由行业主管部门负责编制本行业标准的计划、组织草拟、审查批准和发布。如建工行业标准(代号 JG)、建材行业标准(代号 JC)、交通行业标准(代号 JT)等。

3) 地方标准

地方标准是指对没有国家标准、行业标准而又需要在某个地区范围内按统一的技术要求执行所制定的技术标准(代号 DB)。地方标准根据当地的气象、地质、资源等特殊情况的技术要求制定,由各省、自治区、直辖市建设主管部门负责编制本地区标准的计划、组织草拟、审查标准和发布。

4) 企业标准

企业标准是指对没有国家标准、行业标准、地方标准而企业为了组织生产需要在企业内部按统一的要求执行所制定的标准(代号 QB)。企业标准是企业自己制定的，只能适用于企业内部，作为本企业组织生产的依据，而不能作为合法交货、验收的依据。

标准的一般表示方法，由标准名称、部门代号、编号和批准年份组成。例如：国家标准(强制性)《金属拉伸试验方法》(GB 228—1988)。

对强制性国家标准，任何技术(或产品)不得低于其规定的要求；对推荐性国家标准，表示也可执行其他标准的要求，地方标准或企业标准所制定的技术要求应高于国家标准。

2. 采用设计标准和标准设计的意义和作用

标准规范的技术保障作用主要表现在安全可靠、技术先进、经济合理三个方面。同时，采用标准规范可促进科技成果转化为生产力，实现良性循环。

1) 采用新技术、新方法，使设计技术先进，经济合理

建筑工程中地基处理需要耗费大量的基建投资，建设部下达的《建筑地基处理技术规范》(JGJ 79—2012)，总结了国内外地基处理方面的科研成果和实践经验，并加以系统化、规范化。该标准推广使用粉煤灰、矿渣处理建筑地基，可促进工业废料利用，推广预压法或强夯法加固建筑地基，可实现在我国沿海滩涂"围海造地"的目标。采用该标准所规定的各种地基处理方法，可将工程界以往视为不宜为建筑用地的软弱不良场地改造成适合建设的用地，保护了珍贵的农田。该标准发布实施后，仅对 9 个建筑工程地基处理实例进行统计分析，节约地基处理费用达 3461 万元。

2) 采用科研新成果，使设计安全可靠，经济合理

将建筑物防腐、抗震研究新成果纳入设计规范，通过标准实施，优化设计，达到提高经济效益的目的。如在 40 项科研成果基础上编成的《工业建筑防腐蚀设计规范》(GB 50046—2008)，与过去习惯做法比较，虽不直接降低投资，但可提高工业建筑厂房的使用寿命 3～5 倍，也可防止盲目提高防护标准，浪费贵重材料，有利于降低建筑物全寿命费用，经济效益提高也较明显。按《建筑抗震设计规范》(GB 50011—2010)设计的建筑物，造价虽比原来增加了，据初步统计，抗震烈度为 7 度时，造价增加 1%～3%，8 度时增加 5%，9 度时增加 10%，但有利于保障建筑物和人民生命财产安全，可大大减少地震引起的损失，从宏观上讲，经济效益也是好的。

3) 标准设计作为一种通用设计，其推广意义较大

(1) 有利于提高设计效率(一般可加快设计速度 1～2 倍)，减少重复劳动，缩短设计周期，提高设计质量，节约设计费用。

(2) 能够使工艺定型，有利于提高工艺水平，便于进行工业化生产，提高劳动生产率，加快建设速度，缩短建设时间，既能保证工程质量，又能降低建筑安装费用。

(3) 有利于统一配料，节约建筑材料，使构配件生产成本大幅度降低，从而降低

工程造价。据统计，标准构件的木材消耗仅为非标准构件的25%。

（4）便于贯彻执行各项技术经济政策和各种设计规范及制度，推广和采用行之有效的新技术、新成果。因此，标准设计一般都能使工程造价低于个别设计的造价，做到既经济又优质。

由此可见，大力推广标准设计，有利于降低工程造价，有效控制投资。据天津市统计，采用标准构配件可降低建筑安装工程造价16%；上海的调查材料说明，采用标准构件的建筑工程可降低费用10%~15%。

总之，在明确设计要素对工程造价影响的基础上，采用先进、科学的设计方法进行工程设计，是设计阶段控制项目投资、降低工程造价的有效途径。设计阶段正确处理技术与经济这一对立统一关系，是控制工程造价的关键，只有通过技术比较、经济分析和效果评价，才能达到技术先进、经济合理的目的。因此，要有效地控制和管理工程造价，应从组织、技术、经济、合同和信息管理等多方面采取措施。设计人员和工程造价人员必须密切配合，严格按照可行性研究报告规定的投资估算做好多方案技术经济比较，在批准的设计概算限额内，充分发挥主观能动性，在降低和控制投资上下工夫，特别是工程造价人员，在设计过程中应及时对项目投资进行分析对比，反馈造价信息，能动地影响设计，以保证工程造价管理的有效实施。

3.5 设计概算的编制与审查

3.5.1 设计概算的概念和分类

1. 设计概算的概念

设计概算是设计文件的重要组成部分，是在投资估算的控制下由设计单位根据初步设计图纸、概算定额（或概算指标）、各项费用定额或取费标准（指标）、建设地区自然和技术经济条件，以及设备、材料预算价格等资料，编制和确定的建设项目从筹建至竣工交付使用所需全部费用的文件。采用两阶段设计的建设项目，初步设计阶段必须编制设计概算；采用三阶段设计的，技术设计阶段必须编制修正概算。

设计概算的编制应包括编制期价格、费率、利率、汇率等确定的静态投资和编制期到竣工验收前的工程和价格变化等多种因素的动态投资两部分。静态投资作为考核工程设计和施工图预算的依据；动态投资作为筹措、供应和控制资金使用的限额。

2. 设计概算的分类

设计概算可分为单位工程概算、单项工程综合概算和建设项目总概算三级。各级概算间的相互关系如图3-1所示。

1）单位工程概算

单位工程概算是确定各单位工程建设费用的文件，是编制单项工程综合概算的依据，是单项工程综合概算的组成部分。单位工程概算按其工程性质分为建筑工程

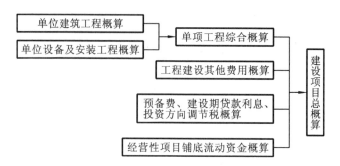

图 3-1　设计概算的三级概算关系图

概算和设备及安装工程概算两大类。建筑工程概算包括土建工程概算,给排水、采暖工程概算,通风、空调工程概算,电气、照明工程概算,弱电工程概算,特殊构筑物工程概算等;设备及安装工程概算包括机械设备及安装工程概算,电气设备及安装工程概算,热力设备及安装工程概算,工具、器具及生产家具购置费概算等。

2) 单项工程综合概算

单项工程综合概算是确定一个单项工程所需建设费用的文件,它是由单项工程中的各单位工程概算汇总编制而成的,是建设项目总概算的组成部分。单项工程综合概算的组成内容如图 3-2 所示。

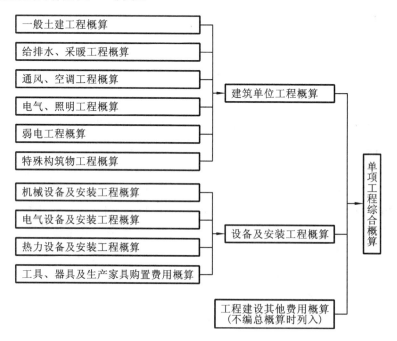

图 3-2　单项工程综合概算的组成

3) 建设项目总概算

建设项目总概算是确定整个建设项目从筹建到竣工验收所需全部费用的文件,

它是由各单项工程综合概算、工程建设其他费用概算、预备费、建设期贷款利息和固定资产投资方向调节税概算汇总编制而成的,如图 3-3 所示。

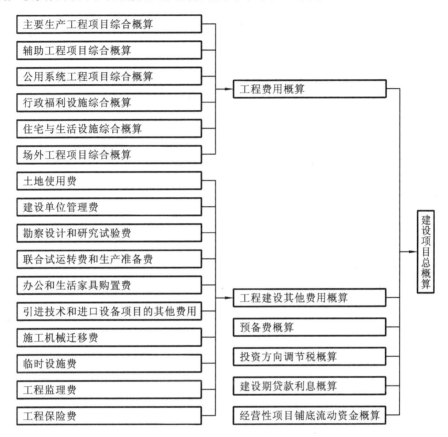

图 3-3 建设项目总概算的组成

3.5.2 设计概算的编制依据和编制原则

1. 设计概算的编制依据

(1) 国家发布的有关法律、法规、规章等。

(2) 批准的可行性研究报告及投资估算、设计图纸等有关资料。

(3) 有关部门颁布的现行概算定额、概算指标、费用定额等和建设项目设计概算编制办法。

(4) 有关部门发布的人工、设备材料价格、造价指数等。

(5) 建设地区的自然、技术、经济条件等资料。

(6) 有关合同、协议等。

(7) 其他有关资料。

2. 设计概算的编制原则

(1) 严格执行国家的建设方针和经济政策的原则。设计概算是一项重要的技术经济工作,要严格按照党和国家的方针、政策办事,坚决执行勤俭节约的方针,严格执行规定的设计标准。

(2) 完整、准确地反映设计内容的原则。编制设计概算时,要认真了解设计意图,根据设计文件、图纸准确计算工程量,避免重算和漏算。设计修改后,要及时修正概算。

(3) 坚持结合拟建工程的实际,反映工程所在地当时价格水平的原则。为提高设计概算的准确性,要实事求是地对工程所在地的建设条件及可能影响造价的各种因素进行认真的调查研究。在此基础上,正确使用定额、指标、费率和价格等各项编制依据,按照现行工程造价的构成,根据有关部门发布的价格信息及价格调整指数,考虑建设期的价格变化因素,使概算尽可能地反映设计内容、施工条件和实际价格。

3.5.3 单位工程设计概算的编制

设计概算文件必须完整地反映工程初步设计的内容,严格执行国家有关方针、政策和制度,根据工程所在地的建设条件(包括自然条件、施工条件等可能影响造价的各种因素),按有关的依据资料进行编制。

单位工程是单项工程的组成部分,是指可以单独设计及独立组织施工,但不能独立发挥生产能力或投资效益的工程。单位工程概算是确定单位工程建设费用的文件,是单项工程综合概算的组成部分。它由直接费、间接费、计划利润和税金组成。

单位工程概算分建筑工程概算和设备及安装工程概算两大类。建筑工程概算的编制方法有概算定额法、概算指标法、类似工程预算法等;设备及安装工程概算的编制方法有预算单价法、扩大单价法、设备价值百分比法和综合吨位指标法等。

1. 概算定额法

概算定额法又叫扩大单价法或扩大结构定额法。它是采用概算定额编制建筑工程概算的方法,其主要步骤如下:

(1) 计算工程量;
(2) 套用概算定额;
(3) 计算直接费;
(4) 人工、材料、机械台班用量分析及汇总;
(5) 计算间接费、利润和税金;
(6) 最后汇总为概算工程造价。

概算定额法要求初步设计达到一定深度,建筑结构比较明确,能按照初步设计的平面、立面、剖面图纸计算出楼地面、墙身、门窗和屋面等扩大分项工程(或扩大结构构件)项目的工程量时,才可采用。

【例 3-2】 某市拟建一座 7560 m^2 教学楼,请按给出的扩大单价和土建工程量表 3-9 编制出该教学楼土建工程设计概算造价和平方米造价。各项费率分别为:措施费为直接工程费的 10%,间接费费率 5%,计划利润率 7%,综合税率 3.413%(计算结果:平方米造价保留一位小数,其余取整)。

表 3-9 某教学楼土建工程量和扩大单价

分部工程名称	单 位	工 程 量	扩大单价/元
基础工程	10 m³	160	2500
混凝土及钢筋混凝土	10 m³	150	6800
砌筑工程	10 m³	280	3300
地面工程	100 m²	40	1100
楼面工程	100 m²	90	1800
卷材屋面	100 m²	40	4500
门窗工程	100 m²	35	5600
脚手架	100 m²	180	600

解 根据已知条件和表 3-9 数据,求得该教学楼土建工程造价如表 3-10 所示。

表 3-10 某教学楼土建工程概算造价计算表

序号	分部工程或费用名称	单位	工程量	单价/元	合价/元
1	基础工程	10 m³	160	2500	400 000
2	混凝土及钢筋混凝土	10 m³	150	6800	1 020 000
3	砌筑工程	10 m³	280	3300	924 000
4	地面工程	100 m²	40	1100	44 000
5	楼面工程	100 m²	90	1800	162 000
6	卷材屋面	100 m²	40	4500	180 000
7	门窗工程	100 m²	35	5600	196 000
8	脚手架	100 m²	180	600	108 000
A	直接工程费小计	以上 8 项之和			3 034 000
B	措施费	A×10%			303 400
C	间接费	(A+B)×5%			166 870
D	利润	(A+B+C)×7%			245 299
E	材料价差	A×60%×10%			182 040
F	税金	(A+B+C+D+E)×3.413%			134 186
	概算造价	A+B+C+D+E+F			4 065 795
	平方米造价	4 065 795÷7560			537.8

2. 概算指标法

当设计图纸较简单,无法根据图纸计算出详细的实物工程量时,可以选择恰当的概算指标来编制概算。其主要步骤如下:

(1) 根据拟建工程的具体情况,选择恰当的概算指标;
(2) 根据选定的概算指标计算拟建工程概算造价;
(3) 根据选定的概算指标计算拟建工程主要材料用量。

概算指标法的适用范围是当初步设计深度不够,不能准确地计算出工程量,但工程设计是采用技术比较成熟而又有类似工程概算指标可以利用时,才可采用此法。

由于拟建工程往往与类似工程的概算指标的技术条件不尽相同,而且概算指标编制年份的设备、材料、人工等价格与拟建工程当时当地的价格也不会一样。因此,必须对其进行调整。

① 当设计对象的结构特征与概算指标有局部差异时的调整方法。结构变化修正概算指标单位为元/m²。

$$结构变化修正概算指标 = J + Q_1 P_1 - Q_2 P_2$$

式中:J——原概算指标;
  Q_1——换入新结构的含量;
  Q_2——换出旧结构的含量;
  P_1——换入新结构的单价;
  P_2——换出旧结构的单价。

或

结构变化修正概算指标的人工、材料、机械数量 = 原概算指标的人工、材料、机械数量 + 换入结构构件工程量 × 相应定额人工材料机械消耗量 − 换出结构构件工程量 × 相应定额人工材料机械消耗量

以上两种方法,前者是直接修正结构构件指标单价,后者是修正结构构件指标人工、材料、机械数量。

② 设备、人工、材料、机械台班费用的调整。

设备、人工、机械、材料修正概算费用 = 原概算指标设备、人工、材料、机械费 + ∑(换入设备、人工、材料、机械数量×拟建地区相应单价) − ∑(换出设备、人工、材料、机械数量×原概算指标的设备、人工、材料、机械单价)

【例 3-3】 某市一栋楼采用毛石基础,其造价为 39 元/m²,而今拟建一栋 3000 m² 的办公楼,采用钢筋混凝土带形基础,其造价为 51 元/m²,其他结构相同。求该拟建新办公楼建筑工程直接费造价。

解 调整后的概算指标

$$(378-39+51)元/m² = 390 元/m²$$

拟建新办公楼建筑工程直接费

$$3000 \times 390 元 = 1\ 170\ 000 元$$

然后按上述概算定额法的计算程序和方法,计算出措施费、间接费、利润和税金,便可求出新建办公楼的建筑工程造价。

3. 类似工程预算法

如果找不到合适的概算指标,也没有概算定额时,可以考虑采用类似的工程预算来编制设计概算。其主要编制步骤如下。

(1) 根据设计对象的各种特征参数,选择最合适的类似工程预算。

(2) 根据本地区现行的各种价格和费用标准,计算类似工程预算的人工费修正系数、材料费修正系数、机械费修正系数、措施费修正系数、间接费修正系数等。

(3) 根据类似工程预算修正系数和五项费用占预算成本的比重,计算预算成本总修正系数,并计算出修正后的类似工程平方米预算成本。

(4) 根据类似工程修正后的平方米预算成本和编制概算地区的利税率计算修正后的类似工程平方米造价。

(5) 根据拟建工程的建筑面积和修正后的类似工程平方米造价,计算拟建工程概算造价。

用类似工程预算编制概算时应选择与所编概算结构类型、建筑面积基本相同的工程预算为编制依据,并且设计图纸应能满足计算工程量的要求,只需个别项目要按设计图纸调整。如果所选工程预算提供的各项数据较齐全、准确,概算编制的速度就较快。

用类似工程预算编制概算时的计算公式为

$$D = A \times K$$

$$K = a\% K_1 + b\% K_2 + c\% K_3 + d\% K_4 + e\% K_5$$

$$拟建工程概算造价 = D \times S$$

式中:D——拟建工程单方概算造价;

A——类似工程单方预算造价;

K——综合调整系数;

S——拟建工程建筑面积;

$a\%$、$b\%$、$c\%$、$d\%$、$e\%$——类似工程预算的人工费、材料费、机械台班费、措施费、间接费占预算造价的比重,如:

$$a\% = \frac{类似工程人工费(或工资标准)}{类似工程预算造价}$$

$b\%$、$c\%$、$d\%$、$e\%$类同;

K_1、K_2、K_3、K_4、K_5——拟建工程地区与类似工程预算造价在人工费、材料费、机械台班费、措施费和间接费之间的差异系数,如:

$$K_1 = \frac{拟建工程概算的人工费(或工资标准)}{类似工程预算人工费(或地区工资标准)}$$

K_2、K_3、K_4、K_5类同。

【例 3-4】 某市 2001 年拟建住宅楼,建筑面积 6500 m^2,编制土建工程概算时采用 1997 年建成的 6000 m^2。某类似住宅工程预算造价资料见表 3-11。由于拟建住宅楼与已建成的类似住宅在结构上作了调整,拟建住宅比类似住宅工程每平方米建

筑面积增加直接工程费 25 元。拟建新住宅工程所在地区的利润率为 7%,综合税率为 3.413%。试求:

(1) 类似住宅工程成本造价和平方米成本造价是多少?

(2) 用类似工程预算法编制拟建新住宅工程的概算造价和平方米造价是多少?

表 3-11　1997 年某住宅类似工程预算造价资料

序号	名称	单位	数量	1997 年单价/元	2001 年第一季度单价/元
1	人工	工	37 908	13.5	20.3
2	钢筋	t	245	3100	3500
3	型钢	t	147	3600	3800
4	木材	m³	220	580	630
5	水泥	t	1221	400	390
6	砂子	m³	2863	35	32
7	石子	m³	2778	60	65
8	红砖	千块	950	180	200
9	木门窗	m²	1171	120	150
10	其他材料	万元	18		调增系数 10%
11	机械台班费	万元	28		调增系数 7%
12	措施费占直接工程费比率			15%	17%
13	间接费率			16%	17%

解　(1) 类似住宅工程成本造价和平方米成本造价如下:

类似住宅工程人工费 = 37 908 × 13.5 元 = 511 758 元

类似住宅工程材料费 = (245 × 3100 + 147 × 3600 + 220 × 580 + 1221 × 400 + 2863
　　　　　　　　　× 35 + 2778 × 60 + 950 × 180 + 1171 × 120 + 180 000) 元
　　　　　　　　　= 2 663 105 元

类似住宅工程机械台班费 = 280 000 元

类似住宅直接工程费 = 人工费 + 材料费 + 机械台班费
　　　　　　　　= (511 758 + 2 663 105 + 280 000) 元 = 3 454 863 元

措施费 = 3 454 863 × 15% 元 = 518 229 元

则　　直接费 = (3 454 863 + 518 229) 元 = 3 973 092 元

间接费 = 3 973 092 × 16% 元 = 635 694 元

类似住宅工程的成本造价 = 直接费 + 间接费
　　　　　　　　　　= (3 973 092 + 635 694) 元 = 4 608 786 元

类似住宅工程每平方米成本造价 = $\frac{4\ 608\ 786}{6000}$ 元/m² = 768.1 元/m²

(2) 拟建新住宅工程的概算造价和平方米造价的计算如下。

首先,求出类似住宅工程人工、材料、机械台班费占其预算成本造价的百分比;然后,求出拟建新住宅工程的人工费、材料费、机械台班费、措施费、间接费与类似住宅工程之间的差异系数;进而求出综合调整系数(K)和拟建新住宅的概算造价。

① 求类似住宅工程各费用占其造价的百分比

$$人工费占造价百分比 = \frac{511\,758}{4\,608\,786} = 11.10\%$$

$$材料费占造价百分比 = \frac{2\,663\,105}{4\,608\,786} = 57.78\%$$

$$机械台班费占造价百分比 = \frac{280\,000}{4\,608\,786} = 6.08\%$$

$$措施费占造价百分比 = \frac{518\,229}{4\,608\,786} = 11.24\%$$

$$间接费占造价百分比 = \frac{635\,694}{4\,608\,786} = 13.79\%$$

② 求拟建新住宅与类似住宅工程在各项费用上的差异系数

$$人工费差异系数(K_1) = \frac{20.3}{13.5} = 1.5$$

$$\begin{aligned}材料费差异系数(K_2) &= (245 \times 3500 + 147 \times 3800 + 220 \times 630 + 1221 \times 390 \\ &\quad + 2863 \times 32 + 2778 \times 65 + 950 \times 200 + 1171 \times 150 \\ &\quad + 180\,000 \times 1.1) \div 2\,663\,105 \\ &= 1.08\end{aligned}$$

$$机械台班费差异系数(K_3) = 1.07$$

$$措施费差异系数(K_4) = \frac{17\%}{15\%} = 1.13$$

$$间接费差异系数(K_5) = \frac{17\%}{16\%} = 1.06$$

③ 求综合调价系数(K)

$$\begin{aligned}K &= 11.10\% \times 1.5 + 57.78\% \times 1.08 + 6.08\% \times 1.07 + 11.24\% \times 1.13 \\ &\quad + 13.79\% \times 1.06 \\ &= 1.129\end{aligned}$$

④ 拟建新住宅每平方米造价
$$\begin{aligned} &= [768.1 \times 1.129 + 25 \times (1+17\%) \times (1+17\%)] \\ &\quad \times (1+7\%) \times (1+3.413\%) \\ &= (867.18 + 34.22) \times (1+7\%) \times (1+3.413\%) \, 元/m^2 \\ &= 997.4 \, 元/m^2\end{aligned}$$

⑤ 拟建新住宅总造价 $= 997.4 \times 6500$ 元 $= 6\,483\,206$ 元 $= 648.32$ 万元

4. 设备购置费概算的编制

设备购置费是根据初步设计的设备清单计算出设备原价,并汇总求出设备总原

价,然后按有关规定的设备运杂费率乘以设备总原价,两项相加即为设备购置费概算,其公式为

$$设备购置费概算 = \sum(概算清单中的设备数量 \times 设备原价) \times (1+运杂费率)$$

或

$$设备购置费概算 = \sum 设备清单中的设备数量 \times 设备预算价格$$

国产标准设备原价可根据设备型号、规格、性能、材质、数量及附带的配件,向制造厂家询价或向设备、材料信息部门查询或按主管部门规定的现行价格逐项计算。非主要标准设备和工器具、生产家具的原价可按主要标准设备原价的百分比计算,百分比指标按主管部门或地区有关规定执行。

5. 设备安装工程费概算的编制

设备安装工程费概算的编制方法是根据初步设计深度和要求明确的程度来确定的,其主要编制方法如下。

(1) 预算单价法。当初步设计较深,有详细的设备清单时,可直接按安装工程预算定额单价编制安装工程概算,概算编制程序基本同安装工程施工图预算。该法具有计算比较具体,精确性较高的优点。

(2) 扩大单价法。当初步设计深度不够,设备清单不完备,只有主体设备或仅有成套设备重量时,可采用主体设备、成套设备的综合扩大安装单价来编制概算。

上述两种方法的具体操作与建筑工程概算相类似。

(3) 设备价值百分比法,又叫安装设备百分比法。当初步设计深度不够,只有设备出厂价而无详细规格、重量时,安装费可按占设备费的百分比计算,其百分比值(即安装费率)由主管部门制定或由设计单位根据已完类似工程确定。该法常用于价格波动不大的定型产品和通用设备产品,其公式为

$$设备安装费=设备原价\times 安装费率(\%)$$

(4) 综合吨位指标法。当初步设计提供的设备清单有规格和设备重量时,可采用综合吨位指标编制概算,其综合吨位指标由主管部门或由设计院根据已完类似工程资料确定。该法常用于设备价格波动较大的非标准设备和引进设备的安装工程概算,其公式为

$$设备安装费=设备重量\times 每吨设备安装费指标(元/t)$$

3.5.4 单项工程综合概算的编制

单项工程综合概算是确定单项工程建设费用的综合性文件,它是由该单项工程各专业的单位工程概算汇总而成的,是建设项目总概算的组成部分。

单项工程综合概算文件一般包括编制说明(不编制总概算时列入)和综合概算表(含其所附的单位工程概算表和建筑材料表)两大部分。当建设项目只有一个单项工程时,综合概算文件(实为总概算)除包括上述两大部分外,还应包括工程建设其他费用、建设期贷款利息、预备费和固定资产投资方向调节税的概算。

1. 编制说明

编制说明应列在综合概算表的前面,其内容如下。

(1) 编制依据。包括国家和有关部门的规定、设计文件、现行概算定额或概算指标、设备材料的预算价格和费用指标等。

(2) 编制方法。说明设计概算是采用概算定额法,还是采用概算指标法。

(3) 主要设备、材料(钢材、木材、水泥)的数量。

(4) 其他需要说明的有关问题。

2. 综合概算表

综合概算表是根据单项工程所辖范围内的各单位工程概算等基础资料,按照国家或部委所规定统一表格进行编制。工业建设项目综合概算表由建筑工程和设备及安装工程两大部分组成;民用工程项目综合概算表就是建筑工程一项。

3. 综合概算的费用组成

综合概算的费用一般应包括建筑工程费、安装工程费、设备购置及工器具和生产家具购置费所组成。当不编制总概算时,还应包括工程建设其他费、建设期贷款利息、预备费和固定资产投资方向调节税等费用项目。

【例 3-5】 单项工程综合概算实例。

某地区铝厂电解车间工程项目综合概算是按工程所在地现行概算定额和价格编制的,如表 3-12 所示,单位工程概算表和建筑材料表从略。

表 3-12 单项工程概算表

序号	工程或费用名称	概算价值/元				技术经济指标		
		建筑工程费	安装工程费	设备及工器具购置费	工程建设其他费	合计	单位	数量	单位价值/(元/m²)
1	建筑工程	4 857 914				4 857 914	m²	3600	1349.4
1.1	一般土建	3 187 475				3 187 475			
1.2	电解槽基础	203 800				203 800			
1.3	氧化铝	120 000				120 000			
1.4	工业炉窑	1 286 700				1 286 700			
1.5	工艺管道	25 646				25 646			
1.6	照明	34 293				34 293			
2	设备及安装工程		3 843 972	3 188 173		7 032 145	m²	3600	1953.4
2.1	机械设备及安装		2 005 995	3 153 609		5 159 604			
2.2	电解系列母线安装		1 778 550			1 778 550			
2.3	电力设备及安装		57 337	30 574		87 911			

续表

序号	工程或费用名称	概算价值/元				技术经济指标		
		建筑工程费	安装工程费	设备及工器具购置费	工程建设其他费	合计	单位	数量	单位价值/（元/m²）
2.4	自控系统设备及安装		2090	3990		6080			
3	工、器具和生产家具购置			47 304		47 304	m²	3600	13.1
4	合计	4 857 914	3 843 972	3 235 477		11 937 363			3315.9
5	占综合概算造价比例	40.7%	32.2%	27.1%		100%			

3.5.5 建设项目总概算的编制

建设项目总概算是设计文件的重要组成部分，是确定整个建设项目从筹建到竣工交付使用所预计花费的全部费用的文件。它是由各单项工程综合概算、工程建设其他费、建设期贷款利息、预备费、固定资产投资方向调节税和经营性项目的铺底流动资金概算组成，按照主管部门规定的统一表格进行编制而成的。

设计总概算文件一般应包括封面及目录、编制说明、总概算表、工程建设其他费概算表、单项工程综合概算表、单位工程概算表、工程量计算表、分年度投资汇总表、分年度资金流量汇总表、主要材料汇总表与工日数量表等。现将有关主要情况说明如下：

（1）封面、签署页及目录。封面、签署页格式如表3-13所示。

（2）编制说明。编制说明应包括下列内容。

① 工程概况。简述建设项目性质、特点、生产规模、建设周期、建设地点等主要情况。引进项目要说明引进内容以及国内配套工程等主要情况。

② 资金来源及投资方式。

表3-13 封面、签署页格式

建设项目设计概算文件

建设单位：_____

建设项目名称：_____

设计单位（或工程造价咨询单位）：_____

编制单位：_____

编制人（资格证号）：_____

审核人（资格证号）：_____

项目负责人：_____

总工程师：_____

单位负责人：_____

年　月　日

③ 编制依据及编制原则。
④ 编制方法。说明设计概算是采用概算定额法，还是采用概算指标法等。
⑤ 投资分析。主要分析各项投资的比重、各专业投资的比重等经济指标。
⑥ 其他需要说明的问题。

(3) 总概算表。总概算表应反映静态投资和动态投资两个部分。静态投资是指按设计概算编制期价格、费率、利率、汇率等而确定的投资；动态投资是指概算编制时期到竣工验收前因价格变化等多种因素所需的投资。

(4) 工程建设其他费用概算表。工程建设其他费用概算按国家、地区或部委所规定的项目和标准确定，并按统一格式编制。

(5) 单项工程综合概算表和建筑安装单位工程概算表。

(6) 工程量计算表和人工、材料数量汇总表。

(7) 分年度投资汇总表和分年度资金流量汇总表。

【例 3-6】 设计总概算编制实例。

某工厂建设项目总概算是按 1998 年 5 月工程所在地的现行概算定额和设备、材料市场价编制的，如表 3-14 所示。其他各种表格略。

3.5.6 设计概算的审查

1. 审查设计概算的意义

(1) 有利于合理分配投资资金、加强投资计划管理，有助于合理确定和有效控制工程造价。设计概算编制偏高或偏低，不仅影响工程造价的控制，也会影响投资计划的真实性，影响投资资金的合理分配。

(2) 有利于促进概算编制单位严格执行国家有关概算的编制规定和费用标准，从而提高概算的编制质量。

(3) 有利于促进设计的技术先进性与经济合理性。概算中的技术经济指标，是概算的综合反映，与同类工程对比，便可看出它的先进与合理程度。

(4) 有利于核定建设项目的投资规模，可以使建设项目总投资做到准确、完整，防止任意扩大投资规模或出现漏项，从而减少投资缺口，缩小概算与预算之间的差距，避免故意压低概算投资，搞"钓鱼"项目，最后导致实际造价大幅度地突破概算。

(5) 经审查的概算，有利于为建设项目投资的落实提供可靠的依据。投资充足，不留缺口，有助于提高建设项目的投资效益。

2. 设计概算的审查内容

(1) 设计概算的编制依据。

① 依据的合法性。采用的各种编制依据必须经过国家和授权机关的批准，符合国家的编制规定，未经批准的不能采用。不能强调情况特殊，擅自提高概算定额、指标或费用标准。

② 依据的时效性。各种依据，如定额、指标、价格、取费标准等，都应根据国家有

表 3-14 某建设项目总概算表

序号	工程项目或费用名称	建设规模 (t/年)	静态部分						动态部分		静、动态合计	技术经济指标		占总投资/%	
			建筑工程费用	设备购置费		安装工程费	其他	合计	合计	其中外币		静态指标 (元/t)	动态指标 (元/t)	静态部分	动态部分
				需安装设备	不需安装设备										
1	工程费用														
1.1	主要生产工程	10 000	764.08	1286.00	59.30	64.30		2173.68			2173.68				
1.2	辅助生产工程		242.13	854.00	27.00	42.70		1165.83			1165.83				
1.3	公共设施工程		122.65	86.00	56.00	4.30		268.95			268.95				
	小计		1128.16	2226.00	142.30	111.30		3608.46			3608.46	3608.46			
2	工程建设其他费用														
2.1	土地征用费						75.20	75.20			75.20				
2.2	勘察设计费						113.00	113.00			113.00				
2.3	其他						66.00	66.00			66.00				
	小计						254.20	254.20			254.20	254.20			
3	预备费														
3.1	基本预备费						308.00	308.00							
3.2	造价调整预备费								354.60		354.60		354.60		
	小计						308.00	308.00	354.60		662.60				
4	投资方向调节税								67.00		67.00				
5	建设期贷款利息								324.00		324.00				
	固定资产投资合计	10 000	1128.86	2226.00	142.30	113.30	562.20	4170.66	745.60		4916.26	4170.66	745.60	84.83	15.17
6	铺底资产流动资金										500.00				
	建设项目概算总投资										5416.26				

关部门的现行规定进行,注意有无调整和新的规定,如有,应按新的调整办法和规定执行。

③ 依据的适用范围。各种编制依据都有规定的适用范围,如各主管部门规定的各种专业定额及其取费标准,只适用于该部门的专业工程;各地区规定的各种定额及其取费标准,只适用于该地区范围,特别是地区的材料预算价格区域性更强。

(2) 审查概算编制深度。

① 审查编制说明。审查编制说明可以检查概算的编制方法、深度和编制依据等重大原则问题。若编制说明有差错,具体概算必有差错。

② 审查概算编制深度。一般大中型项目的设计概算,应有完整的编制说明和"三级概算"(即总概算表、单项工程综合概算表、单位工程概算表),并按有关规定的深度进行编制,审查其编制深度是否到位,有无随意简化的情况。

③ 审查概算的编制范围。审查概算编制范围及具体内容是否与主管部门批准的建设项目范围及具体工程内容一致;审查分期建设项目的建筑范围及具体工程内容有无重复交叉,是否重复计算或漏算;审查其他费用应列的项目是否符合规定,静态投资、动态投资和经营性项目铺底流动资金是否分别列出等。

(3) 审查工程概算的内容。

① 审查概算的编制是否符合党的方针、政策,是否根据工程所在地的自然条件编制。

② 审查建设规模(投资规模、生产能力等)、建设标准(用地指标、建筑标准等)、配套工程、设计定员等是否符合原批准的可行性研究报告或立项批文的标准。对总概算投资超过批准投资估算 10% 以上的,应查明原因,重新上报审批。

③ 审查编制方法、计价依据和程序是否符合现行规定,包括定额或指标的适用范围和调整方法是否正确。进行定额或指标的补充时,要求补充定额的项目划分、内容组成、编制原则等要与现行的定额精神相一致。

④ 审查工程量是否正确。工程量的计算是否根据初步设计图纸、概算定额、工程量计算规则和施工组织设计的要求进行,有无多算、重算和漏算,尤其对工程量大、造价高的项目要重点审查。

⑤ 审查材料用量和价格。审查主要材料(钢材、木材、水泥、砖)的用量数据是否正确,材料预算价格是否符合工程所在地的价格水平,材料价差调整是否符合现行规定及其计算是否正确等。

⑥ 审查设备规格、数量和配置是否符合设计要求,是否与设备清单相一致,设备预算价格是否真实,设备原价和运杂费的计算是否正确,非标准设备原价的计价方法是否符合规定,进口设备的各项费用的组成及计算程序、方法是否符合国家主管部门的规定。

⑦ 审查建筑安装工程的各项费用的计取是否符合国家或地方有关部门的现行规定,计算程序和取费标准是否正确。

⑧ 审查综合概算、总概算的编制内容、方法是否符合现行规定和设计文件的要求,有无设计文件外项目,有无将非生产性项目以生产性项目列入。

⑨ 审查总概算文件的组成内容,是否完整地包括了建设项目从筹建到竣工投产为止的全部费用组成。

⑩ 审查工程建设其他各项费用。这部分费用内容多、弹性大,约占项目总投资25％以上,要按国家和地区规定逐项审查,不属于总概算范围的费用项目不能列入概算,具体费率或计取标准是否按国家、行业有关部门规定计算,有无随意列项,有无多列、交叉计列和漏项等。

⑪ 审查项目的"三废"治理。拟建项目必须同时安排"三废"(废水、废气、废渣)的治理方案和投资,对于未作安排、漏项或多算、重算的项目,要按国家有关规定核实投资,以满足"三废"排放达到国家标准。

⑫ 审查技术经济指标。技术经济指标计算方法和程序是否正确,综合指标和单项指标与同类型工程指标相比,是偏高还是偏低,其原因是什么,并予以纠正。

⑬ 审查投资经济效果。设计概算是初步设计经济效果的反映,要按照生产规模、工艺流程、产品品种和质量,从企业的投资效益和投产后的运营效益全面分析其是否达到了先进可靠、经济合理的要求。

3. 审查设计概算的方法

采用适当方法审查设计概算,是确保审查质量、提高审查效率的关键。常用方法如下。

(1) 对比分析法。

对比分析法主要是通过建设规模、标准与立项批文对比,工程数量与设计图纸对比,综合范围、内容与编制方法、规定对比,各项取费与规定标准对比,材料、人工单价与统一信息对比,引进设备、技术投资与报价要求对比,技术经济指标与同类工程对比等,发现设计概算存在的主要问题和偏差。

(2) 查询核实法。

查询核实法是对一些关键设备和设施、重要装置、引进工程图纸不全、难以核算的较大投资进行多方查询核对,并逐项落实的方法。主要设备的市场价向设备供应部门或招标公司查询核实,重要生产装置、设施向同类企业(工程)查询了解,引进设备价格及有关费税向进出口公司调查落实,复杂的建筑安装工程向同类工程的建设、承包、施工单位征求意见,深度不够或不清楚的问题直接同原概算编制人员、设计者询问清楚。

(3) 联合会审法。

联合会审前,可先采取多种形式分头审查,包括设计单位自审,主管、建设、承包单位初审,工程造价咨询公司评审,邀请同行专家预审,审批部门复审等,经层层审查把关后,由有关单位和专家进行联合会审。在会审大会上,由设计单位介绍概算编制情况及有关问题,各有关单位和专家汇报初审、预审意见。然后进行认真分析、讨论,结合对各专业技术方案的审查意见所产生的投资增减,逐一核实原概算出现的问题。经过充分协商,认真听取设计单位意见后,实事求是地处理和调整。

通过以上复审后,对审查中发现的问题和偏差,按照单项、单位工程的顺序,先按设备费、安装费、建筑费和工程建设其他费用分类整理;然后按照静态投资、动态投资和铺底流动资金三大类,汇总核增或核减的项目及其投资额;最后将具体审核数据,按照"原编概算"、"审核结果"、"增减投资"、"增减幅度"四栏列表,并按原总概算表汇总顺序,将增减项目逐一列出,相应调整所属项目投资合计,再依次汇总审核后的总投资及增减投资额。对于差错较多、问题较大或不能满足要求的,责成按会审意见修改返工后,重新报批;对于无重大原则问题,深度基本满足要求,投资增减不多的,当场核定概算投资额,并提交审批部门复核后,正式下达审批概算。

3.6 施工图预算的编制与审查

3.6.1 施工图预算的内容

1. 施工图预算的概念

施工图预算是施工图设计预算的简称,又叫设计预算。它是由设计单位在施工图设计完成后,根据施工图纸、现行定额以及地区设备、材料、人工、施工机械台班等价格编制和确定建筑安装工程造价的文件。严格地讲,标底、投标报价都属于施工图预算。它们仅在编制方法上相似,但使用的定额、编制依据和结果都不一样。

2. 施工图预算的作用

施工图预算的主要作用如下。

(1) 施工图预算是设计阶段控制工程造价的重要环节,是控制施工图预算不突破设计概算的重要措施。

(2) 施工图预算是编制或调整固定资产投资计划的依据。

(3) 对于实行施工招标的工程,施工图预算是编制标底的依据,也是承包企业投标报价的基础。

(4) 对于不宜实行招标而采用施工图预算加调整价结算的工程,施工图预算可作为确定合同价款的基础或作为审查施工企业提出的施工图预算的依据。

3. 施工图预算的内容

施工图预算有单位工程预算、单项工程预算和建设项目总预算。单位工程预算是根据施工图设计文件、现行预算定额、费用定额,以及人工、材料、设备、机械台班等预算价格资料,以一定方法编制单位工程的施工图预算;然后汇总所有各单位工程施工图预算,成为单项工程施工图预算;再汇总所有单项工程施工图预算,便是一个建设项目的总预算。

单位工程预算包括建筑工程预算和设备安装工程预算。建筑工程预算按其工程性质分为一般土建工程预算、卫生工程预算(包括室内外给排水工程、采暖通风工程、煤气工程等)、电气照明工程预算、弱电工程预算、特殊构筑物(如炉窑、烟囱、水塔等)工程预算和工业管道工程预算等。设备安装工程预算可分为机械设备安装工程预算、电气设备安装工程预算和热力设备安装工程预算等。

3.6.2 施工图预算的编制依据

1. 施工图纸、说明书和标准图集

经审定的施工图纸、说明书和标准图集,完整地反映了工程的具体内容,各部分的具体做法,结构尺寸、技术特征以及施工方法,是编制施工图预算的重要依据。

2. 现行预算定额及单位估价表

国家和地区都颁发有现行建筑、安装工程预算定额及单位估价表和相应的工程量计算规则,是编制施工图预算确定分项工程子目、计算工程量、选用单位估价表、计算直接工程费的主要依据。

3. 施工组织设计或施工方案

因为施工组织设计或施工方案中包括了与编制施工图预算必不可少的有关资料,如建设地点的土质、地质情况,土石方开挖的施工方法及余土外运方式与运距,施工机械使用情况,结构件预制加工方法及运距,重要的梁板柱的施工方案、重要或特殊机械设备的安装方案等。

4. 材料、人工、机械台班预算价格及调价规定

材料、人工、机械台班预算价格是预算定额的三要素,是构成直接工程费的主要因素。尤其是材料费在工程成本中占的比重大,而且在市场经济条件下,材料、人工、机械台班的价格是随市场而变化的。为使预算造价尽可能接近实际,各地区主管部门对此都有明确的调价规定。因此,合理确定材料、人工、机械台班预算价格及其调价规定是编制施工图预算的重要依据。

5. 建筑安装工程费用定额

建筑安装工程费用定额是各省、市、自治区和各专业部门规定的费用定额及计算程序。

6. 预算员工作手册及有关工具书

预算员工作手册和工具书包括计算各种结构件面积和体积的公式,钢材、木材等各种材料规格型号及用量数据,各种单位换算比例,特殊断面、结构件的工程量速算方法、金属材料重量表等。显然,以上这些公式、资料、数据是施工图预算中常常要用到的,所以它是编制施工图预算必不可少的依据。

3.6.3 施工图预算的编制方法

1. 单价法

单价法是指用事先编制好的分项工程的单位估价表来编制施工图预算的方法。

按施工图计算的各分项工程的工程量,并乘以相应单价,汇总相加,得到单位工程的人工费、材料费、机械使用费之和;再加上按规定程序计算出来的措施费、间接费、利润和税金,便可得出单位工程的施工图预算造价。

单价法编制施工图预算的计算公式表述为

$$单位工程预算直接工程费 = \sum(工程量 \times 预算定额单价)$$

单价法编制施工图预算的步骤,如图 3-4 所示。

图 3-4　单价法编制施工图预算步骤

(1) 搜集各种编制依据资料。各种编制依据资料包括施工图纸、施工组织设计或施工方案、现行建筑安装工程预算定额、费用定额、统一的工程量计算规则、预算工作手册和工程所在地区的材料、人工、机械台班预算价格与调价规定等。

(2) 熟悉施工图纸和定额。只有对施工图和预算定额有全面详细的了解,才能全面准确地计算出工程量,进而合理地编制出施工图预算造价。

(3) 计算工程量。工程量的计算在整个预算过程中是最重要、最繁重的一个环节,不仅影响预算的及时性,更重要的是影响预算造价的准确性。因此,必须在工程量计算上狠下工夫,确保预算质量。

计算工程量一般可按下列具体步骤进行。

① 根据施工图示的工程内容和定额项目,列出计算工程量的分部分项工程。

② 根据一定的计算顺序和计算规则,列出计算式。

③ 根据施工图示尺寸及有关数据,代入计算式进行数学计算。

④ 按照定额中的分部分项工程的计量单位,对相应的计算结果的计量单位进行调整,使之一致。

(4) 套用预算定额单价。工程量计算完毕并核对无误后,用所得到的分部分项工程量套用单位估价表中相应的定额基价,相乘后相加汇总,便可求出单位工程的直接费。

套用单价时需注意如下几点。

① 分项工程量的名称、规格、计量单位必须与预算定额或单位估价表所列内容一致,否则重套、错套、漏套预算基价都会引起直接工程费的偏差,导致施工图预算造价偏高或偏低。

② 当施工图纸的某些设计要求与定额单价的特征不完全符合时,必须根据定额使用说明对定额基价进行调整或换算。

③ 当施工图纸的某些设计要求与定额单价的特征相差甚远,既不能直接套用也不能换算、调整时,必须编制补充单位估价表或补充定额。

(5) 编制工料分析表。根据各分部分项工程的实物工程量和相应定额中的项目所列的用工工日及材料数量,计算出各分部分项工程所需的人工及材料数量,相加汇总便得出该单位工程所需要的各类人工和材料的数量。

(6) 计算其他各项应取费用和汇总造价。按照建筑安装单位工程造价构成的规定费用项目、费率及计费基础,分别计算出措施费、间接费、利润和税金,并汇总单位工程造价。

$$单位工程造价 = 直接费(直接工程费 + 措施费) + 间接费 + 利润 + 税金$$

(7) 复核。单位工程预算编制后,有关人员对单位工程预算进行复核,以便及时发现差错,提高预算质量。复核时应对工程量计算公式和结果、套用定额基价、各项费用的取费费率及计算基础和计算结果、材料和人工预算价格及其价格调整等方面是否正确进行全面复核。

(8) 编制说明、填写封面。编制说明是编制者向审核者交代编制方面有关情况,包括编制依据,工程性质、内容范围、设计图纸号、所用预算定额编制年份(即价格水平年份),有关部门的调价文件号,套用单价或补充单位估价表方面的情况及其他需要说明的问题。封面填写应写明工程名称、工程编号、工程量(建筑面积)、预算总造价及单方造价、编制单位名称及负责人和编制日期、审查单位名称及负责人和审核日期等。

单价法是国内编制施工图预算的主要方法,具有计算简单、工作量较小、编制速度较快、便于工程造价管理部门集中统一管理的优点。但由于是采用事先编制好的统一单位估价表,其价格水平只能反映定额编制年份的价格水平。在市场经济价格波动较大的情况下,单价法的计算结果会偏离实际价格水平,虽然可采用调价,但调价系数和指数从测定到颁布不仅滞后而且计算也较繁琐。

2. 实物法

实物法是指首先根据施工图纸分别计算出分项工程量,然后套用相应预算人工、材料、机械台班的定额用量,再分别乘以工程所在地当时的人工、材料、机械台班的实际单价,求出单位工程的人工费、材料费和施工机械使用费,并汇总求和,进而求得直接工程费,然后按规定计取其他各项费用,最后汇总就可得出单位工程施工图预算造价的方法。

实物法编制施工图预算,其中直接工程费的计算公式为

$$单位工程直接工程费 = \sum(工程量 \times 人工预算定额用量 \times 当时当地人工费单价)$$
$$+ \sum(工程量 \times 材料预算定额用量 \times 当时当地材料费单价)$$
$$+ \sum(工程量 \times 机械预算定额用量 \times 当时当地机械费单价)$$

实物法编制施工图预算的步骤如图 3-5 所示。

由图 3-5 可见,实物法与单价法首尾部分的步骤是相同的,所不同的主要是中间的三个步骤,具体如下。

(1) 工程量计算后,套用相应预算人工、材料、机械台班定额用量。建设部 1995

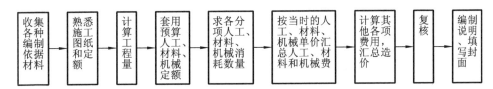

图 3-5　实物法编制施工图预算步骤

年颁布的《全国统一建筑工程基础定额》(土建部分,是一部量价分离定额)和现行全国统一安装定额、专业统一和地区统一的计价定额的实物消耗量,是完全符合国家技术规范、质量标准的,并反映一定时期施工工艺水平的分项工程计价所需的人工、材料、施工机械消耗量的标准。这个消耗量标准,在建材产品、标准、设计、施工技术及其相关规范和工艺水平等没有大的突破性变化之前,是相对稳定不变的,因此,它是合理确定和有效控制造价的依据;这个定额消耗量标准,是由工程造价主管部门按照定额管理分工进行统一制定,并根据技术发展适时补充修改的。

(2) 求出各分项工程人工、材料、机械台班消耗数量,并汇总单位工程所需各类人工工日、材料和机械台班的消耗量。各分项工程人工、材料、机械台班消耗数量由分项工程的工程量分别乘以预算人工定额用量、材料定额用量和机械台班定额用量得出的,然后汇总便可得出单位工程各类人工、材料和机械台班的消耗量。

(3) 用当时当地的各类人工、材料和机械台班的实际单价分别乘以相应的人工、材料和机械台班的消耗量,然后汇总便得出单位工程的人工费、材料费和机械使用费。

在市场经济条件下,人工、材料和机械台班单价是随市场而变化的,它们是影响工程造价最活跃、最主要的因素。用实物法编制施工图预算,是采用工程所在地的当时人工、材料、机械台班价格,能较好地反映实际价格水平,工程造价的准确性高。虽然计算过程较单价法繁琐,但用计算机来计算也就快捷了。因此,实物法是与市场经济体制相适应的预算编制方法。

3.6.4　施工图预算的审查

1. 施工图预算审查的意义与内容

1) 施工图预算审查的意义

施工图预算编完之后,需要进行认真审查。加强施工图预算的审查,对于提高预算的准确性,正确贯彻党和国家的有关方针政策,降低工程造价具有重要的现实意义。

(1) 有利于控制工程造价,克服和防止预算超概算。

(2) 有利于加强固定资产投资管理,节约建设资金。

(3) 有利于施工承包合同价的合理确定和控制。因为对于招标工程,施工图预算是编制标底的依据;对于不宜招标工程,施工图预算是合同价款结算的基础。

(4) 有利于积累和分析各项技术经济指标,不断提高设计水平。通过审查工程预算,核实预算价值,为积累和分析技术经济指标提供了准确数据,进而通过有关指标的比较,找出设计中的薄弱环节,以便及时改进,不断提高设计水平。

2) 施工图预算审查的内容

审查施工图预算的重点,应该放在工程量计算、预算单价套用、设备材料预算价格取定是否正确,各项费用标准是否符合现行规定等方面。

(1) 审查工程量。

① 土方工程。

a. 平整场地、挖地槽、挖地坑、挖土方工程量的计算是否符合现行定额计算规定和施工图纸标注尺寸,土壤类别是否与勘察资料一致,地槽与地坑放坡、挡土板是否符合设计要求,有无重算和漏算。

b. 回填土工程量应注意地槽、地坑回填土的体积是否扣除了基础所占体积,地面和室内填土的厚度是否符合设计要求。

c. 运土方的审查除了注意运土距离外,还要注意运土数量是否扣除了就地回填的土方。

② 打桩工程。

a. 注意审查各种不同桩料,必须分别计算,施工方法必须符合设计要求。

b. 桩料长度必须符合设计要求,桩料长度如果超过一般桩料长度需要接桩时,注意审查接头数是否正确。

③ 砖石工程。

a. 墙基和墙身的划分是否符合规定。

b. 按规定不同厚度的内、外墙是否分别计算的,应扣除的门窗洞口及埋入墙体各种钢筋混凝土梁、柱等是否已扣除。

c. 不同砂浆标号的墙和定额规定按立方米或按平方米计算的墙,有无混淆、错算或漏算。

④ 混凝土及钢筋混凝土工程。

a. 现浇与预制构件是否分别计算,有无混淆。

b. 现浇柱与梁、主梁与次梁及各种构件计算是否符合规定,有无重算或漏算。

c. 有筋与无筋构件是否按设计规定分别计算,有无混淆。

d. 钢筋混凝土的含钢量与预算定额的含钢量发生差异时,是否按规定予以增减调整。

⑤ 木结构工程。

a. 门窗是否分不同种类,按门、窗洞口面积计算。

b. 木装修的工程量是否按规定分别以延长米或平方米计算。

⑥ 楼地面工程。

a. 楼梯抹面是否按踏步和休息平台部分的水平投影面积计算。

b. 细石混凝土地面找平层的设计厚度与定额厚度不同时,是否按其厚度进行换算。

⑦ 屋面工程。

a. 卷材屋面工程是否与屋面找平层工程量相等。

b. 屋面保温层的工程量是否按屋面层的建筑面积乘以保温层平均厚度计算,不做保温层的挑檐部分是否按规定不作计算。

⑧ 构筑物工程。

当烟囱和水塔定额是以座编制时,地下部分已包括在定额内,按规定不能再另行计算。审查是否符合要求,有无重算。

⑨ 装饰工程。

内墙抹灰的工程量是否按墙面的净高和净宽计算,有无重算或漏算。

⑩ 金属构件制作工程。

金属构件制作工程量多数以吨为单位。在计算时,型钢按图示尺寸求出长度,再乘以每米的重量;钢板要求算出面积再乘以每平方米的重量。审查是否符合规定。

⑪ 水暖工程。

a. 室内外排水管道、暖气管道的划分是否符合规定。

b. 各种管道的长度、直径是否按设计规定计算。

c. 室内给水管道不应扣除阀门、接头零件所占的长度,但应扣除卫生设备(浴盆、卫生盆、冲洗水箱、淋浴器等)本身所附带的管道长度,审查是否符合要求,有无重算。

d. 室内排水工程采用承插铸铁管,不应扣除异形管及检查口所占长度。审查是否符合要求,有无漏算。

e. 室外排水管道是否已扣除了检查井所占的长度。

f. 暖气片的数量是否与设计一致。

⑫ 电气照明工程。

a. 灯具的种类、型号、数量是否与设计图一致。

b. 线路的敷设方法、线材品种等,是否达到设计标准,工程量计算是否正确。

⑬ 设备及其安装工程。

a. 设备的种类、规格、数量是否与设计相符,工程量计算是否正确。

b. 需要安装的设备和不需要安装的设备是否分清,有无把不需安装的设备作为安装的设备计算成安装工程费用。

(2) 审查设备、材料的预算价格。

设备、材料预算价格是施工图预算造价所占比重最大、变化最大的内容,要重点审查。

① 审查设备、材料的预算价格是否符合工程所在地的真实价格及价格水平。若

是采用市场价,要核实其真实性、可靠性;若是采用权威部门公布的信息价,要注意信息价的时间、地点是否符合要求,是否要按规定调整。

② 设备、材料的原价确定方法是否正确。非标准设备原价的计价依据、方法是否正确、合理。

③ 设备的运杂费率及其运杂费的计算是否正确,材料预算价格的各项费用的计算是否符合规定、是否正确。

(3) 审查预算单价的套用。

审查预算单价的套用是否正确,是审查预算工作的主要内容之一。审查时应注意以下几个方面。

① 预算中所列各分项工程预算单价是否与现行预算定额的预算单价相符,其名称、规格、计量单位和所包括的工程内容是否与单位估价表一致。

② 审查换算的单价,首先要审查换算的分项工程是否是定额中允许换算的,其次审查换算是否正确。

③ 审查补充定额和单位估价表的编制是否符合编制原则,单位估价表计算是否正确。

(4) 审查有关费用项目及其计取。

审查措施费和间接费的计取是否按有关规定执行。有关费用项目计取的审查,要注意以下几个方面。

① 措施费及间接费的计取基础是否符合现行规定,有无不能作为计费基础的费用,列入计费的基础。

② 预算外调增的材料差价是否计取了间接费。直接费或人工费增减后,有关费用是否相应作了调整。

③ 有无巧立名目、乱计费、乱摊费用现象。

2. 施工图预算审查的方法

审查施工图预算的方法较多,主要有全面审查法、标准预算审查法、分组计算审查法、筛选审查法、重点抽查法、对比审查法、利用手册审查法和分解对比审查法等 8 种。

1) 全面审查法

全面审查法又叫逐项审查法,就是按预算定额顺序或施工的先后顺序,逐一地全部进行审查的方法。其具体计算方法和审查过程与编制施工图预算基本相同。此方法的优点是全面、细致,经审查的工程预算差错比较少,质量比较高。缺点是工作量大。对于一些工程量比较小、工艺比较简单的工程,编制工程预算的技术力量又比较薄弱,可采用全面审查法。

2) 标准预算审查法

标准预算审查法是指对于利用标准图纸或通用图纸施工的工程,先集中力量,编制标准预算,以此为标准审查预算的方法。按标准图纸设计或通用图纸施工的工程一般上部结构的做法相同,可集中力量细审一份预算或编制一份预算,作为这种标准图纸的标准预算,或以这种标准图纸的工程量为标准,对照审查,而对局部不同的部分作单独审查即可。这种方法的优点是时间短、效果好、好定案;缺点是只适应按标准图纸设计的工程,适用范围小。

3) 分组计算审查法

分组计算审查法是一种加快审查工程量速度的方法,把预算中的项目划分为若干组,并把相邻且有一定内在联系的项目编为一组,审查或计算同一组中某个分项工程量,利用工程量间具有相同或相似计算基础的关系,判断同组中其他几个分项工程量计算的准确程度。

4) 对比审查法

对比审查法是用已建成工程的预算或虽未建成但已审查修正的工程预算对比审查拟建的类似工程预算的一种方法,应根据工程的不同条件,区别对待。对比审查法一般有以下几种情况。

① 两个工程采用同一个施工图,但基础部分和现场条件不同。其新建工程基础以上部分可采用对比审查法,不同部分可分别采用相应的审查方法进行审查。

② 两个工程设计相同,但建筑面积不同。根据两个工程建筑面积之比与两个工程分部分项工程量之比基本一致的特点,可审查新建工程各分部分项工程的工程量。或者,用两个工程每平方米建筑面积造价以及每平方米建筑面积的各分部分项工程量,进行对比审查,如果基本相同时,说明新建工程预算是正确的,反之,说明新建工程预算有问题,找出差错原因,加以更正。

③ 两个工程的面积相同,但设计图纸不完全相同时,可把相同的部分,如厂房中的柱子、房架、屋面、砖墙等,进行工程量的对比审查,不能对比的分部分项工程按图纸计算。

5) 筛选审查法

筛选审查法是统筹法的一种,也是一种对比方法。建筑工程虽然有建筑面积和高度的不同,但是它们各个分部分项工程的工程量、造价、用工量在每个单位面积上的数值变化不大,我们把这些数据加以汇集、优选、归纳为工程量、造价(价值)、用工量三个单方基本值表,并注明其适用的建筑标准。这些基本值犹如"筛子孔",用来筛选各分部分项工程,筛下去的就不审查了,没有筛下去的就意味着此分部分项的单位建筑面积数值不在基本值范围之内,应对该分部分项工程详细审查。当所审查预算的建筑面积标准与"基本值"所适用的标准不同,就要对其进行调整。

筛选审查法的优点是简单易懂,便于掌握,审查迅速和发现问题快。但解决差错、分析其原因需继续审查。因此,此法适用于住宅工程或不具备全面审查条件的工程。

6）重点抽查法

此法是抓住工程预算中的重点进行审查的方法。审查的重点一般是工程量大或造价较高、结构复杂的工程，补充单位估价表，计取各项费用（计费基础、取费标准等）。

重点抽查法的优点是重点突出，审查时间短、效果好。

7）利用手册审查法

此法是把工程中常用的构件、配件事先整理成预算手册，按手册对照审查。如工程常用的预制构配件：洗池、大便台、检查井、化粪池、碗柜等，几乎每个工程都有，把这些按标准图集计算出工程量套上单价，编制成预算手册使用，可大大简化预结算的编审工作。

8）分解对比审查法

一个单位工程，按直接费与间接费进行分解，然后再把直接费按工种和分部工程进行分解，分别与审定的标准预算进行对比分析的方法，叫分解对比审查法。一般有以下三个步骤。

第一步，全面审查某种建筑的定型标准施工图或复用施工图的工程预算，经审定后作为审查其他类似工程预算的对比基础。将审定预算按直接费与应取费用分解成两部分，再把直接费分解为各分项工程和分部工程预算，分别计算出它们每平方米的预算价格。

第二步，把拟审的工程预算与同类型预算单方造价进行对比，若出入在1%～3%（根据本地区要求），再按分部分项工程进行分解，边分解边对比，对出入较大者进一步审查。

第三步，对比审查，其方法如下。

① 经分析对比，如发现应取费用相差较大，应考虑建设项目的投资来源、工程类别、取费项目和取费标准是否符合现行规定；材料调价相差较大，则应进一步审查材料调价统计表，将各种调价材料的用量、单位差价及其调整数量等进行对比。

② 经过分解对比，如发现土建工程预算价格出入较大，首先审查其土方和基础工程，因为±0.000以下的工程往往相差较大。再对比其余各个分部工程，发现某一分部工程预算价格相差较大时，再进一步对比各分项工程或工程细目。对比时，先检查所列工程细目是否正确，预算价格是否一致。发现相差较大者，再进一步审查所套预算单价，最后审查该项工程细目的工程量。

由于工程规模、繁简程度不同，施工方法和施工企业情况不一样，所编工程预算的质量也不同，因此，需选择适当的审查方法进行审查。综合整理审查资料，并与编制单位交换意见，定案后编制调整预算。审查后，需要进行增加或核减的，经与编制单位协商，统一意见后，进行相应的修正。

【综合案例】

1. 封面(见表3-15)

表 3-15　施工图预算书封面

建筑安装工程
(建筑)工程(预)算书

建设单位：×××公司	
施工单位：×××建筑公司	
工程名称：××混合结构办公楼工程	
建筑面积：154.93 m²	工程结构：混合结构
檐　高：6.45 m	
	工程地处：四环以外
工程总造价：90 370.33 元	单方造价：583.30 元/m²
建设单位：	施工单位：
(公章)	(公章)
负责人：	审核人：
	证　号：
经手人：	编制人：
	证　号：
开户银行：	开户银行：
年　月　日	年　月　日

2. 图纸说明

本工程为某单位办公楼，混合结构。建筑面积 154.93 m²，檐高 6.45 m，砖带形基础。建筑图纸见图 3-6 至图 3-11。

① 土方施工方案采用人工挖土方；

② 基础采用红机砖，M5 水泥砂浆砌筑；墙体采用 KP1 黏土空心砖，M7.5 混合砂浆砌筑；

③ 本工程混凝土均采用现场搅拌混凝土，混凝土强度等级除图纸另有注明外，均为 C25；

④ 构造柱起点为±0.000 标高处，女儿墙内不设构造柱；

⑤ 外墙中圈梁断面尺寸为 360 mm×240 mm，内墙中圈梁断面尺寸为 240 mm×240 mm；

⑥ 过梁长度为门窗洞口两侧各加 200 mm，外墙过梁断面尺寸为 360 mm×180 mm，内墙过梁断面尺寸为 240 mm×180 mm；

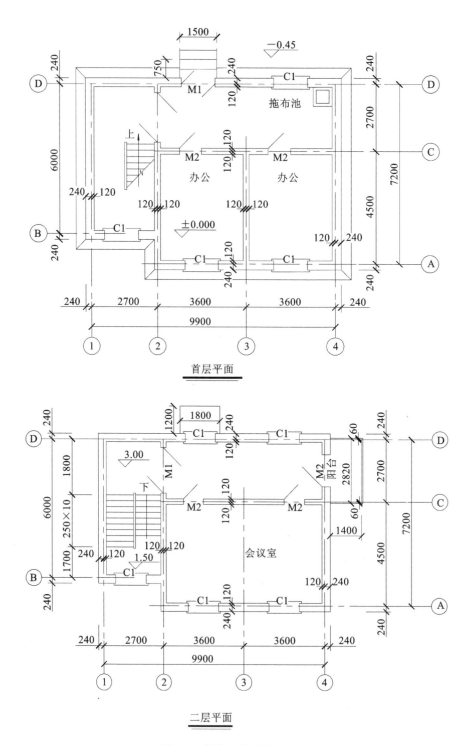

图 3-6 某办公楼建筑平面图

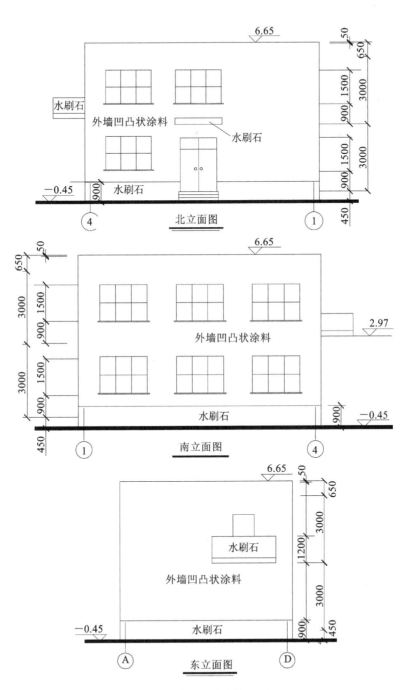

图 3-7 某办公楼建筑立面图

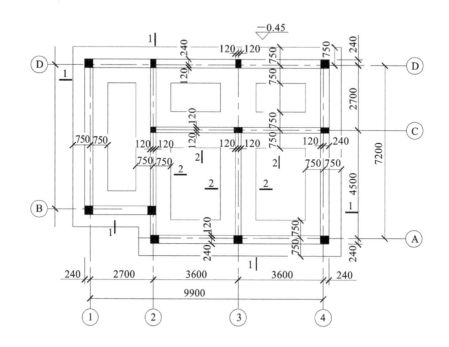

基础平面图

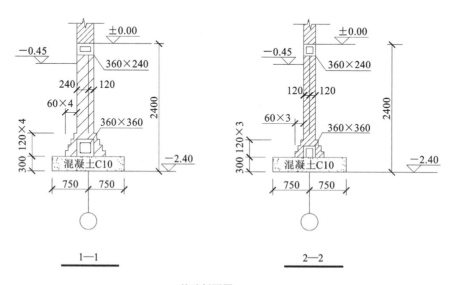

基础剖面图

图 3-8 某办公楼基础平面图与剖面图

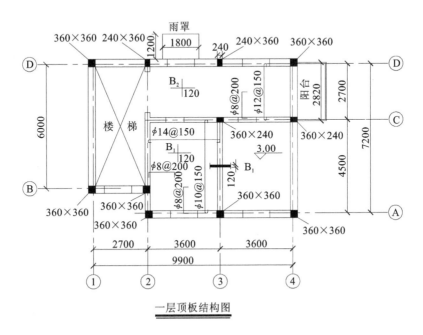

一层顶板结构图

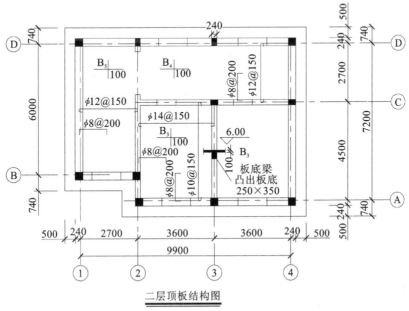

二层顶板结构图

图 3-9 某办公楼结构平面图

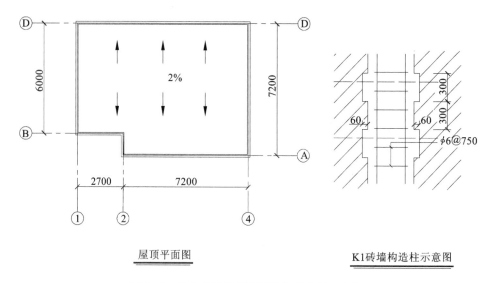

图 3-10 某办公楼屋顶平面图与构造柱示意图

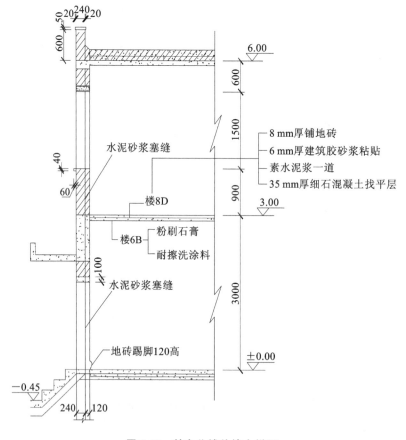

图 3-11 某办公楼外墙大样图

⑦ 室外设计地坪与自然地坪高差在±0.3 m以内。
⑧ 混凝土台阶做法为：C20混凝土，100 mm厚3∶7灰土、素土夯实。
⑨ 屋面做法为：着色剂保护层；SBS改性沥青油毡防水卷材（2 mm和3 mm）；20 mm厚1∶3水泥砂浆找平层，卷起150 mm；平均35 mm厚1∶0.2∶3.5水泥粉煤灰页岩陶粒找坡层；200 mm厚的加气混凝土保温层（干铺）；隔汽层1.5 mm厚水乳型聚合物水泥基复合防水涂料；20 mm厚1∶3水泥砂浆找平层；现浇混凝土板。
⑩ 门窗表见表3-16。

表 3-16 门窗表

型 号	洞口尺寸（宽×高）/mm	框外围尺寸（宽×高）/mm	数 量
C1	1500×1500	1470×1470	9
M1	1200×2400	1180×2390	3
M2	900×2100	880×2090	5

3. 编制依据及说明

(1) 编制依据。
① 2001年《某市建设工程预算定额》（建筑工程分册）。
② 2001年《某市建设工程费用定额》。
③ 某市建设工程造价管理部门的有关规定。

(2) 编制说明。
① 本工程预算模板工程及钢筋工程部分均按照定额参考用量进行编制，在招投标及结算时应按照要求进行实际用量计算。
② 本工程预算价格及各种费率完全按照定额价套用，在应用过程中应按照定额量、市场价、竞争费的原则按实调整。

4. 建筑工程费用表（见表3-17）

表 3-17 建筑工程费用表

项目名称：某单位办公楼（建筑工程）

行号	序号	费用名称	取费说明	费率/(%)	费用金额/元
[1]	一	定额直接费	套定额		71 951.90
[2]		其中：人工费	人工费合计		17 633.71
[3]	二	措施费	分别计算求和		5324.44
[4]	三	直接费	[1]+[3]		77 276.34
[5]	四	间接费	[4]×费率	5.7	4404.75
[6]	五	利润	([4]+[5])×费率	7.0	5717.68
[7]	六	税金	([4]+[5]+[6])×费率	3.4	2971.56
[8]	七	工程造价	[4]+[5]+[6]+[7]		90 370.33

5. 建筑工程预算表（见表3-18）

表 3-18 建筑工程预算表

序号	定额编号	子目名称	工程量 单位	工程量 数量	价值/元 单价	价值/元 合价	其中 人 单价/元	其中 人 合价/元	其中 人工 单位工日	其中 人工 合计工日	其中 材料费/元 单价	其中 材料费/元 合价	其中 机械费/元 单价	其中 机械费/元 合价
一		人工土石方工程				5034.83		4224.57		180.065		4.43		805.83
1	1-1	场地平整	m²	107.07	0.75	80.30	0.75	80.30	0.032	3.426	0	0	0	0
2	1-4	人工挖土沟槽	m³	224.32	12.67	2842.13	12.67	2842.13	0.540	121.133	0	0	0	0
3	1-7	回填土夯填	m³	168.31	6.82	1147.87	6.10	1026.69	0.26	43.761	0	0	0.72	121.18
4	1-13	灰土垫层 3:7	m³	0.20	41.68	8.34	19.03	3.81	0.811	0.162	22.14	4.43	0.51	0.10
5	1-14	房心回填土	m³	17.13	9.80	167.87	9.08	155.54	0.387	6.629	0	0	0.72	12.33
6	1-15	余土运输	m³	38.70	20.37	788.32	3.00	116.10	0.128	4.954	0	0	17.37	672.22
二		砌筑工程				17437.7		3557.91		121.889		13481.14		398.64
1	4-1	砖基础	m³	32.27	165.13	5328.75	34.51	1113.64	1.183	38.175	126.57	4084.41	4.05	130.69
2	4-17	365厚KP1黏土空心砖外墙	m³	51.57	169.01	8715.85	34.58	1783.29	1.185	61.110	130.68	6739.17	3.75	193.39
3	4-19	240厚KP1黏土空心砖内墙	m³	15.41	166.83	2570.85	32.94	507.61	1.127	17.367	130.22	2006.69	3.67	56.55
4	4-24	240厚KP1黏土空心砖女儿墙	m³	5.06	162.50	822.25	30.31	153.37	1.035	5.237	128.63	650.87	3.56	18.01
三		现场搅拌混凝土工程				16664.47		2613.26		91.107		12721.86		1329.35
1	5-1	C10混凝土垫层	m³	21.33	195.45	4168.95	24.02	512.35	0.827	17.640	157.96	3369.29	13.47	287.32
2	5-21	C25现浇构造柱	m³	9.07	279.41	2534.25	50.96	462.21	1.788	16.217	206.48	1872.77	21.97	199.27
3	5-24换	C25现浇梁	m³	0.48	257.87	123.78	30.97	14.87	1.061	0.509	205.00	98.40	21.90	10.15
4	5-27	C25现浇过梁、圈梁	m³	19.30	281.39	5430.83	52.85	1020.01	1.856	35.821	206.64	3988.15	21.90	422.67
5	5-28	C25现浇板	m³	11.48	254.78	2924.87	26.53	304.56	0.904	10.378	206.36	2369.01	21.89	251.30

续表

序号	定额编号	子目名称	工程量		价值/元		其中							
							人工				材料费/元		机械费/元	
			单位	数量	单价	合价	单价/元	合价/元	单位工日	合计工日	单价	合价	单价	合价
6	5-40	现浇C25整体直形楼梯	m²	14.17	73.31	1038.80	15.31	216.94	0.540	7.652	49.63	703.26	8.37	118.60
7	5-44	现浇C25阳台	m³	0.38	291.81	110.89	51.52	19.58	1.805	0.686	206.00	78.28	34.29	13.03
8	5-46	现浇C25雨罩	m³	0.21	286.17	60.10	47.96	10.07	1.677	0.352	206.02	43.26	32.19	6.76
9	5-51	现浇C25栏板	m³	0.37	273.52	101.20	55.70	20.61	1.962	0.726	204.64	75.72	13.18	4.88
10	5-53	现浇C20混凝土台阶	m³	0.1612	260.95	42.07	45.41	7.32	1.590	0.256	192.14	30.97	23.40	3.77
11	5-54	现浇C20混凝土压顶	m³	0.49	262.71	128.73	50.49	24.74	1.775	0.870	189.28	92.75	22.94	11.24
四		模板工程				11670.12		5726.19		174.03		5245.93		698.02
1	7-1	C10混凝土垫层	m²	29.50	12.42	366.39	4.30	126.85	0.130	3.835	7.41	218.60	0.71	20.95
2	7-17	C25现浇构造柱	m²	54.42	19.55	1063.91	10.90	593.18	0.332	18.067	7.81	425.02	0.84	45.71
3	7-28	C25现浇梁	m²	4.46	26.94	124.19	16.34	75.33	0.498	2.296	8.52	39.28	2.08	9.59
4	7-28	C25现浇过梁	m²	16.07	26.94	432.93	16.34	262.58	0.498	8.003	8.52	136.92	2.08	33.43
5	7-38	C25现浇圈梁	m²	50.66	21.42	1085.14	11.86	600.83	0.361	18.288	8.58	434.66	0.98	49.65
6	7-27	C25现浇基础梁	m²	78.52	21.70	1703.88	11.15	875.50	0.339	26.618	9.10	714.53	1.45	113.85
7	7-45	C25现浇平板	m²	85.41	27.61	2358.17	12.00	1024.92	0.364	31.089	14.51	1239.30	1.10	93.95
8	7-54	现浇C25整体直形楼梯	m²	30.08	61.42	1847.51	35.21	1059.12	1.072	32.246	21.23	638.60	4.98	149.80
9	7-56	现浇C25阳台	m²	36.19	31.41	1136.73	12.41	449.12	0.376	13.607	16.69	604.01	2.31	83.60
10	7-56	现浇C25雨罩	m²	20.00	31.41	628.20	12.41	248.20	0.376	7.520	16.69	333.80	2.31	46.20
11	7-60	现浇C25栏板	m²	12.54	14.83	185.97	9.93	124.52	0.303	3.800	3.93	49.28	0.97	12.16
12	7-66	现浇C20混凝土台阶	m²	9.83	21.76	213.90	8.52	83.75	0.258	2.536	12.77	125.53	0.47	4.62

续表

序号	定额编号	子目名称	工程量 单位	工程量 数量	价值/元 单价	价值/元 合价	人工 单价/元	人工 合价/元	人工 单位工日	人工 合计工日	材料费/元 单价	材料费/元 合价	机械费/元 单价	机械费/元 合价
13	7-65	现浇C20混凝土压顶	m³	14.94	35.02	523.20	13.54	202.29	0.410	6.125	19.17	286.40	2.31	34.51
五		钢筋工程				9876.97		610.68		17.463		9253.29		13.01
1	8-1	直径10以内	t	1.259	2832.29	3565.85	183.97	231.62	5.292	6.663	2644.59	3329.54	3.73	4.70
2	8-2	直径10以外	t	2.210	2855.71	6311.12	171.52	379.06	4.887	10.800	2680.43	5923.75	3.76	8.31
六		屋面工程				3764.01		410.36		13.163		3279.43		74.22
1	12-2	干铺加气混凝土保温层	m³	13.61	183.75	2500.84	13.33	181.42	0.429	5.839	168.05	2287.16	2.37	32.26
2	12-18	水泥粉煤灰陶粒找坡层	m³	2.38	285.13	678.61	24.11	57.38	0.809	1.925	246.45	586.55	14.57	34.68
3	12-35	着色剂面层	m²	78.3	1.07	83.78	0.75	58.73	0.024	1.879	0.31	24.27	0.01	0.78
4	12-55	屋面排水,塑料雨水管直径100	m	13.4	28.50	381.90	5.88	78.79	0.183	2.452	22.52	298.15	0.37	4.96
5	12-61	屋面排水,直径100铸铁下水管	套	2	23.78	47.56	7.41	14.82	0.233	0.466	16.06	32.12	0.31	0.62
6	12-64	屋面排水,塑料雨水斗	套	2	35.66	71.32	9.61	19.22	0.301	0.602	25.59	51.18	0.46	0.92
七		防水工程				4835.01		222.06		16.973		4194.85		86.05
1	13-1	20厚1:3水泥砂浆找平层	m²	146.34	6.56	959.99	0.75	109.76	0.063	9.219	4.33	633.65	0.25	36.59
2	13-98	SBS改性沥青防水卷材3 mm	m²	78.3	39.67	3106.16	12.67	992.06	0.066	5.168	36.87	2886.92	0.51	39.93
3	13-126	2 mm水乳型聚合物水泥基复合防水涂料	m²	68.04	11.90	809.68	6.10	415.04	0.040	2.722	10.44	710.34	0.15	10.21
4	13-127	水乳型聚合物水泥基复合防水涂料减0.5厚	m²	68.04	0.60	40.82	19.03	1294.80	0.002	0.136	0.53	36.06	0.01	0.68

6. 建筑工程人材机汇总表(见表3-19)

表3-19 建筑工程人材机汇总表

项目文件:某单位办公楼(建筑工程)

序号	名称及规格	单位	数量	市场价/元	合计/元
一	人工类别				
1	综合工日	工日	180.065	23.46	4224.32
2	综合工日	工日	121.889	28.24	3442.15
3	综合工日	工日	91.107	27.45	2500.89
4	综合工日	工日	174.03	32.45	5647.27
5	综合工日	工日	17.463	31.12	543.45
6	综合工日	工日	13.163	29.26	385.15
7	综合工日	工日	16.973	30.81	522.94
8	综合工日	工日	9.083	28.43	258.23
9	其他人工费	元	109.31	1	109.31
	小 计				17 633.71
二	配合比类别		0		0.00
1	1∶2 水泥砂浆	m³	0.28	251.02	70.29
2	1∶3 水泥砂浆	m³	0.02	204.01	4.08
3	3∶7 灰土	m³	0.202	21.92	4.43
4	M5 水泥砂浆	m³	7.62	135.21	1030.30
5	M7.5 混合砂浆	m³	13.81	159.33	2200.35
6	C10 普通混凝土	m³	21.65	148.81	3221.74
7	C201 普通混凝土	m³	0.66	183.00	120.78
8	C225 普通混凝土	m³	45.11	197.91	8927.72
9	C2131 豆石混凝土	m³	0.006	185.38	1.11
三	材料类别				
1	钢筋直径10以内	kg	1293.93	2.43	3144.25
2	钢筋直径10以外	kg	2265.25	2.50	5663.13
3	水泥综合	kg	29 038.51	0.366	10 628.09
4	加气混凝土块	m³	14.56	155.00	2256.80
5	红机砖	块	17 362.57	0.177	3073.17

续表

序号	名称及规格	单位	数量	市场价/元	合计/元
6	KP1—P 砖 240×115×90	块	22 272.43	0.28	6236.28
7	KP1—P 砖 178×115×90	块	2611.32	0.28	731.17
8	页岩陶粒	m³	3.43	100.00	343.00
9	石灰	kg	929.49	0.097	90.16
10	粉煤灰	kg	122.57	0.089	10.91
11	砂子	kg	121 708.78	0.036	4381.52
12	石子综合	kg	45 966.97	0.032	1470.94
13	豆石	kg	7.27	0.034	0.25
14	膨胀螺栓直径6	套	14.07	0.42	5.91
15	铁件	kg	1.93	3.10	5.98
16	SBS 改性沥青油毡防水卷材 2 mm 厚	m²	0.484	15.00	7.26
17	SBS 改性沥青油毡防水卷材 3 mm 厚	m²	99.68	17.00	1694.56
18	水乳型聚合物水泥基复合防水涂料	kg	245.35	3.00	736.05
19	聚氨酯防水涂料	kg	22.86	9.50	217.17
20	1∶3 聚氨酯	kg	14.25	19.00	270.75
21	嵌缝膏 CSPE	支	25.29	17.00	429.93
22	乙酸乙酯	kg	3.99	20.00	79.80
23	着色剂	kg	15.82	1.50	23.73
24	密封胶 KS 型	kg	0.44	15.61	6.87
25	雨水口直径100	个	2.02	10.00	20.20
26	塑料水落管直径100	m	14.03	19.66	275.83
27	塑料雨水斗	个	2.02	23.88	48.24
28	水费	t	132.00	3.20	422.40
29	电费	度	1325.74	0.54	715.90
30	钢筋成型加工及运费直径10 以内	kg	1290.48	0.135	174.21
31	钢筋成型加工及运费直径10 以外	kg	2265.25	0.101	228.79
32	脚手架租赁费	元	984.61	1.00	984.61
33	材料费	元	3053.96	1.00	3053.96
34	模板租赁费	元	1164.19	1.00	1164.19

续表

序号	名称及规格	单位	数量	市场价/元	合计/元
35	其他材料费		2131.53	1.00	2131.53
	小计				50 727.54
四	机械类别				
1	机械费		1385.19	1.00	1385.19
2	其他机具费		2058.18	1.00	2058.18
	小计				3443.37
	合计				71 804.62

7. 建筑工程三材汇总表(见表 3-20)

表 3-20 建筑工程三材汇总表

项目文件:某单位办公楼(建筑工程)

序号	材料名称	单位	数量	序号	材料名称	单位	数量
1	钢材	t	3.559	3	木材	m³	0
2	其中钢筋	t	3.559	4	水泥	t	29.039

8. 建筑工程工程量计算表(见表 3-21)

表 3-21 建筑工程工程量计算表

序号	定额编号	项目名称	工程量计算式	单位	数量
		建筑面积	$(10.38 \times 7.68 - 2.7 \times 1.2) \times 2 + 2.82 \times 1.4 \div 2$	m²	154.93
一、土方工程					
1	1-1	平整场地	76.48×1.4	m²	107.07
2	1-4	人工挖沟槽	$(1.5+0.2 \times 2+0.59) \times (34.2+12) \times 1.95$ 其中, 1-1 中心线长: $(9.9+7.2) \times 2 \text{ m} = 34.2 \text{ m}$ 2-2 净线长: $[(6+7.2+4.5)-(0.75+0.2) \times 6] \text{ m} = 12 \text{ m}$	m³	224.32
3	1-13	3∶7 灰土垫层	$[0.382+0.15+(0.62+0.42) \times 0.5] \times 0.1 \times (1.5+0.2 \times 2)$	m³	0.20

续表

序号	定额编号	项目名称	工程量计算式	单位	数量
4	1-7	沟槽回填土夯填	224.32－21.33－34.68 其中， (1) 挖沟槽：224.32 m³ (2) C10 混凝土垫层：21.33 m³ (3) 砖基础室外地面以下毛体积： (26.35＋8.33) m³＝34.68 m³ 其中， 1-1 中心线长：(9.9＋0.12＋7.2＋0.12)×2 m＝34.68 m 2-2 净线长：(17.7－0.12×6) m＝16.98 m 1-1 剖：0.365×34.68×(1.65＋0.432) m＝26.35 m 2-2 剖：0.24×16.98×(1.65＋0.394) m＝8.33 m	m³	168.31
5	1-14	房心回填土	59.92×0.286 其中， (1) 房屋净面积：[(9.9－0.24)×(7.2－0.24)－2.7×1.2－16.98×0.24] m²＝59.92 m² (2) 回填土厚度：[0.45－(0.1＋0.05＋0.014)] m＝0.286 m	m³	17.14
6	1-15	余土运输	224.32－168.31－17.14	m³	38.87
二、现场搅拌混凝土工程					
1	5-1	C10 混凝土垫层	1.5×(34.2＋13.2)×0.3 2-2 净线长：(17.7－0.75×6) m＝13.2 m	m³	21.33
2	5-21	C25 现浇构造柱	8.29＋0.41＋0.37 其中， (1) 外墙构造柱： [0.36×(0.36＋0.03×2)×7＋0.36×(0.24＋0.03×2)×3]×6 m³＝8.29 m³ (2) 内墙构造柱： 首层：[0.24×0.03×4＋0.24×(0.36＋0.03×3)]×3 m³＝0.41 m³ 二层：[0.24×0.03×3＋0.24×(0.36＋0.03×2)]×3 m³＝0.37 m³	m³	9.07

续表

序号	定额编号	项目名称	工程量计算式	单位	数量
3	5-24 换	C25 现浇梁	$0.25 \times 0.45 \times 4.26$	m³	0.48
4	5-27	C25 现浇过梁、圈梁	$1.30+0.36+5.99+1.71+9.94$ 其中， (1) 外墙过梁： $0.36 \times 0.18 \times [(1.5+0.4) \times 9+(1.2+0.4)+(0.9+0.4)]$ m³ $= 1.30$ m³ (2) 内墙过梁： $0.24 \times 0.18 \times [(1.2+0.4) \times 2+(0.9+0.4) \times 4]$ m³ $= 0.36$ m³ (3) 外墙圈梁： $0.36 \times 0.24 \times 34.68 \times 2$ m³ $= 5.99$ m³ (4) 内墙圈梁： $0.24 \times 0.24 \times (16.98 \times 2-4.26)$ m³ $= 1.71$ m³ (5) 基础内圈梁： $[(0.36 \times 0.36+0.36 \times 0.24) \times 34.68 +(0.24 \times 0.36+0.24 \times 0.24) \times 16.98]$ m³ $= 9.94$ m³	m³	19.30
5	5-28	C25 现浇板	$5.49+5.99$ 其中， 首层：$(59.91-14.17) \times 0.12$ m³ $= 5.49$ m³ 二层：$[59.91-(0.25-0.24) \times 4.26] \times 0.1$ m³ $= 5.99$ m³	m³	11.48
6	5-40	现浇 C25 整体直形楼梯	2.46×5.76	m²	14.17
7	5-44	现浇 C25 阳台	$1.4 \times 2.82 \times (0.07+0.12) \times 0.5$	m³	0.38
8	5-46	现浇 C25 雨罩	$1.2 \times 1.8 \times (0.06+0.12) \times 0.5+1.8 \times 0.19 \times 0.06$	m³	0.21
9	5-51	现浇 C25 栏板	$(1.4 \times 2+2.8) \times 1.1 \times 0.06$	m³	0.37
10	5-53	现浇 C20 混凝土台阶	$[(0.25 \times 0.15) \times 0.5 \times 3+0.2 \times 0.04 +(0.452+0.752) \times 0.5 \times 0.04+(0.15 \times 0.11) \times 0.5] \times 1.5$	m³	0.14

续表

序号	定额编号	项目名称	工程量计算式	单位	数量
11	5-54	现浇C20混凝土压顶	$35.16 \times 0.05 \times 0.28$ 其中， 中心线长：$(9.9+0.24+7.2+0.24) \times 2$ m $=35.16$ m	m^3	0.49
三、模板工程					
1	7-1	C25混凝土垫层	21.33×1.383	m^2	29.50
2	7-17	C25现浇构造柱	9.07×6.00	m^2	54.42
3	7-28	C25现浇梁	0.48×9.606	m^2	4.61
4	7-28	C25现浇过梁	$(1.30+0.36) \times 9.681$ 其中， (1) 外墙过梁：1.30 m^2 (2) 内墙过梁：0.36 m^2	m^2	16.07
5	7-38	C25现浇圈梁	$(5.99+1.71) \times 6.579$ 其中， (1) 外墙圈梁：5.99 m^2 (2) 内墙圈梁：1.71 m^2	m^2	50.66
6	7-27	C25现浇基础梁	9.94×7.899	m^2	78.52
7	7-45	C25现浇平板	11.48×7.440	m^2	85.41
8	7-54	现浇C25整体直形楼梯	14.17×2.123	m^2	30.08
9	7-56	现浇C25阳台	0.38×95.238	m^2	36.19
10	7-56	现浇C25雨罩	0.21×95.238	m^2	20.00
11	7-60	现浇C25栏板	0.37×33.898	m^2	12.54
12	7-66	现浇C20混凝土台阶	0.1612×60.976	m^2	9.83
13	7-65	现浇C20混凝土压顶	0.49×30.488	m^2	14.94
四、钢筋工程					
1	8-1	直径10以内		t	1.259
		C25现浇构造柱	9.07×18.70	kg	169.61
		C25现浇梁	0.48×24.40	kg	11.71

续表

序号	定额编号	项目名称	工程量计算式	单位	数量
		C25 现浇过梁	1.66×34.70	kg	57.60
		C25 现浇圈梁	7.7×26.30	kg	202.51
		C25 现浇板	11.48×50.90	kg	584.33
		现浇 C25 整体直形楼梯	14.17×6.50	kg	92.11
		现浇 C25 阳台	0.38×119.00	kg	45.22
		现浇 C25 雨罩	0.21×119.00	kg	24.99
		现浇 C25 栏板	0.37×71.00	kg	26.27
		现浇 C20 混凝土压顶	0.49×92.00	kg	45.08
2	8-2	直径 10 以外		t	2.210
		C25 现浇构造柱	9.07×103.30	kg	936.93
		C25 现浇梁	0.48×87.60	kg	42.05
		C25 现浇过梁	1.66×67.20	kg	111.55
		C25 现浇圈梁	7.7×99.00	kg	762.30
		C25 现浇板	11.48×15.40	kg	176.79
		现浇 C25 整体直形楼梯	14.17×12.70	kg	179.96
		五、砌筑工程			
1	4-1	砖基础	32.05+10.16−9.94 其中， 1-1 中心线长:(9.9+0.12+7.2+0.12)×2 m=34.68 m 2-2 净线长:(17.7−0.12×6) m=16.98 m (1) 毛体积 1-1 剖:0.365×34.68×[0.45+(1.65+0.432)] m³=32.05 m³ 2-2 剖:0.24×16.98×[0.45+(1.65+0.394)] m³=10.16 m³ (2) 基础内圈梁:9.94 m³	m³	32.27

续表

序号	定额编号	项目名称	工程量计算式	单位	数量
2	4-17	365厚KP1黏土空心砖外墙	(34.68×6−24.1)×0.365−15.58 其中， (1) 外墙含门窗框外围面积：(19.44＋2.82＋1.84) m² ＝24.1 m² 9l1：1.47×1.47×9 m² ＝19.45 m² 1l1：1.18×2.39 m² ＝2.82 m² lM2：0.88×2.09 m² ＝1.84 m² (2) 外墙含混凝土体积：(8.29＋1.30＋5.99) m³ ＝15.58 m³ 其中， 外墙构造柱：8.29 m³ 外墙过梁：1.30 m³ 外墙圈梁：5.99 m³	m³	51.57
3	4-19	240厚KP1黏土空心砖内墙	[(16.98×2−4.26)×3−13.0]×0.24−2.85 其中， (1) 内墙含门窗面积：(5.64＋7.36) m² ＝13.0 m² 2l1：1.18×2.39×2 m² ＝5.64 m² 4l2：0.88×2.09×4 m² ＝7.36 m² (2) 内墙含混凝土体积：(0.78＋0.36＋1.71) m³ ＝2.85 m³ 其中， 内墙构造柱：(0.41＋0.37) m³ ＝0.78 m³ 内墙过梁：0.36 m³ 内墙圈梁：1.71 m³	m³	15.41
4	4-24	240厚KP1黏土空心砖女儿墙	35.11×0.6×0.24 其中， 中心线长：(9.9＋0.214＋7.2＋0.24)×2 m³ ＝35.11 m³	m³	5.06
六、屋面工程					
1	12-2	干铺加气混凝土保温层	68.04×0.2 其中， 女儿墙内净面积：(9.9×7.2−2.7×1.2) m² ＝68.04 m³	m³	13.61

续表

序号	定额编号	项目名称	工程量计算式	单位	数量
2	12-18	水泥粉煤灰陶粒找坡层	68.04×0.035	m^3	2.38
3	12-35	着色剂面层	68.04+34.2×0.30 其中, 女儿墙内周长:(9.9+7.2)×2 m=34.2 m	m^2	78.3
4	12-55	屋面排水,塑料雨水管直径100	(6.25+0.45)×2	m	13.4
5	12-61	屋面排水,直径100铸铁下水口	2	套	2
6	12-64	屋面排水,塑料雨水斗	2	套	2
七、防水工程					
1	13-1	20厚1:3水泥砂浆找平层	68.04+78.3 其中, (1) 隔汽层下找平层:68.04 m^2 (2) 防水层下找平层:78.3 m^2	m^2	146.34
2	13-98	SBS改性沥青防水卷材3 mm厚	68.04+34.2×0.30	m^2	78.3
3	13-126	2 mm水乳型聚合物水泥基复合防水涂料	9.9×7.2−2.7×1.2	m^2	68.04

【思考与练习】

一、单选题

(1) 根据国家规定,对于技术上复杂而又缺乏设计经验的项目,可按(　　)进行。

A. 初步设计和施工图设计两个阶段

B. 施工图设计和概算设计两个阶段

C. 初步设计、技术设计和施工图设计三个阶段

D. 总体设计、初步设计、技术设计和施工图设计四个阶段

(2) 从工程造价的角度考虑,采用(　　)厂房最为经济合理。

A. 单层　　B. 经济层　　C. 多层　　D. 高层

(3) 从建筑设计的经济性角度考虑,下列(　　)的说法是不正确的。

A. 建筑物平面形状越简单越好

B. 在建筑面积不变的情况下,建筑层高增加会引起各项费用的增加
C. 在满足建筑物使用要求的前提下,尽量增大流通空间
D. 当建筑层数增加时,单位建筑面积所分摊的流通空间费用会有所降低

(4) 按照建设程序,建设项目的工艺流程是在( )阶段确定的。
A. 项目建议书　　　　　B. 可行性研究
C. 初步设计　　　　　　D. 工艺设计

(5) 下列关于民用建筑设计与工程造价的关系中正确的是( )。
A. 住宅的层高和净高增加,会使工程造价随之增加
B. 圆形住宅既有利于施工,又能降低造价
C. 小区的住宅密度指标越高越好
D. 住宅层数越多,造价越低

(6) 从经济角度来说,有关钢结构的下列说法中( )是不正确的。
A. 相对钢筋混凝土结构而言,结构尺寸减少
B. 相对钢筋混凝土结构而言,自重较重,基础造价有所提高
C. 在柱网布置方面有较大的灵活性
D. 室内布置可以适应未来变化的需要

(7) 运用价值工程优化设计方案所得的结果是:甲方案价值系数为1.28,单方造价156元;乙方案价值系数为1.20,单方造价140元;丙方案价值系数为1.05,单方造价175元;丁方案价值系数为1.18,单方造价168元。最佳方案为( )。
A. 甲　　　B. 乙　　　C. 丙　　　D. 丁

(8) 当初步设计达到一定深度,建筑结构比较明确时,编制建筑工程概算可以采用( )。
A. 单位工程指标法　　　　B. 概算指标法
C. 概算定额法　　　　　　D. 类似工程概算法

(9) 在用单价法编制施工图预算时,当施工图纸的某些设计要求与定额单价特征相差甚远或完全不同时,应( )。
A. 直接套用
B. 按定额说明对定额基价进行调整
C. 按定额说明对定额基价进行换算
D. 编制补充单位估价表或补充定额

(10) 施工图预算审查的主要内容不包括( )。
A. 审查工程量　　　　　　B. 审查预算单价套用
C. 审查其他有关费用　　　D. 审查材料代用是否合理

(11) 在用单价法编制施工图预算过程中,单价是指( )。
A. 人工日工资单价　　　　B. 材料单价
C. 施工机械台班单价　　　D. 人工、材料、机械单价

二、多项选择题

(1) 我国建设项目的设计程序包括(　　)。
A. 设计准备　B. 初步方案　C. 技术设计　D. 初步设计　E. 施工图设计

(2) 总平面设计中影响工程造价的因素包括(　　)。
A. 占地面积　　　　　　　　　　B. 功能分区
C. 主要燃料、材料供应　　　　　D. 运输方式选择
E. 环保措施

(3) 工业设计是由(　　)组成。
A. 建筑设计　　　　B. 水电设计　　　　C. 总平面设计
D. 工艺设计　　　　E. 户型设计

(4) 设计概算编制依据的审查内容有(　　)。
A. 编制依据的合法性　　　　　　B. 编制依据的权威性
C. 编制依据的准确性　　　　　　D. 编制依据的时效性
E. 编制依据的适用范围

(5) 在设计阶段实施价值工程可以(　　)。
A. 使建筑产品的功能更为合理　　B. 有效地控制工程造价
C. 节约社会资源　　　　　　　　D. 使建筑产品的造价达到最低
E. 使建筑产品功能更好、造价最低

(6) 建设单位工程概算常用的编制方法包括(　　)。
A. 预算单价法　　　　B. 概算定额法　　　　C. 造价指标法
D. 类似工程预算法　　E. 概算指标法

(7) 采用实物法编制施工图预算时,直接费的计算与(　　)有关。
A. 人工、材料、机械的市场价格
B. 人工、材料、机械的预算定额消耗量
C. 预算定额基价
D. 取费定额
E. 按工程量计算规则计算出的工程量

三、思考题

(1) 简述工业项目设计中影响工程造价的因素。
(2) 简述民用项目设计中影响工程造价的因素。
(3) 提高产品价值的途径有哪些?
(4) 简述价值工程的一般工作程序。
(5) 什么是限额设计和标准设计?
(6) 设计概算包括哪些内容?编制的方法有哪些?
(7) 设计概算的审查内容包括哪些?
(8) 施工图的作用及其编制的内容和依据是什么?

答案：

一、单选题

(1) C　(2) A　(3) D　(4) D　(5) A　(6) C　(7) A　(8) C　(9) C　(10) D　(11) D

二、多选题

(1) CDE　(2) ABD　(3) ACD　(4) ADE　(5) ABC　(6) BDE　(7) ABE

三、(略)

第4章 建设项目施工招投标阶段造价管理

【本章概述】

工程施工以前首先要通过招投标来确定施工单位,本章在介绍工程必须招标的范围和招标的方式、程序等基础上,讲述了现行施工合同的国内国际范本;影响工程施工发包承包价格的有很多因素,本章重点阐述了价格构成要素、市场条件、管理因素等对价格的影响;在招投标以前,作为建设单位要编制招标控制价,本章重点讲述了招标控制价的编制方法,即工料单价法和综合单价法,并通过案例来说明两种方法的基本程序;此外,对于施工单位来说,为了中标,要投标报价,需要在遵循投标的基本程序的基础上,掌握一定的报价技巧;要确定最后的中标单位,需要评标委员会采取恰当的评标方法,按照评标程序来进行评标。

【学习目标】

1. 了解建设项目招标的分类及内容等。
2. 熟悉建设项目施工招标的程序和招标文件的构成。
3. 熟悉建设项目施工投标程序和投标策略。
4. 了解建设工程施工合同和FIDIC合同条款的主要内容。
5. 了解建设项目施工评标定标。

4.1 建设工程项目招标

建设工程招标是招标投标的起始阶段,是指招标人在发包建设项目之前,依据法定程序,以公开招标或邀请招标方式,鼓励潜在的投标人依据招标文件参与竞争,通过评定,从中择优选定中标人的一种经济活动。

4.1.1 建设工程项目实行招投标的范围

1.《招标投标法》的规定

我国《招标投标法》指出,凡在中华人民共和国境内进行下列工程建设项目,包括项目的勘察、设计、施工、监理,以及与工程建设有关的重要设备、材料等的采购,必须进行招标。

(1) 大型基础设施、公用事业等关系社会公共利益、公众安全的项目。

(2) 全部或者部分使用国有资金投资或国家融资的项目。

（3）使用国际组织或者外国政府贷款、援助资金的项目。

2.《工程建设项目招标范围和规模标准规定》的规定

2000年5月1日,国家计委发布了《工程建设项目招标范围和规模标准规定》,对《招标投标法》中工程建设项目招标范围和规模标准又作了具体规定。

（1）关系社会公共利益、公众安全的基础设施项目,如煤炭、铁路、邮政、水利枢纽、桥梁等。

（2）关系社会公共利益、公众安全的公用事业的项目,如供水、供电、体育、卫生、商品住宅等。

（3）使用国有资金投资的项目。

（4）国家融资的项目。

（5）使用国际组织或者外国政府资金的项目。

3. 必须招标的建设项目的规模标准

《工程建设项目招标范围和规模标准规定》还规定,在规定范围内的各类工程建设项目,包括项目的勘察、设计、施工、监理,以及与工程建设有关的重要设备、材料等的采购,达到下列标准之一的,必须进行招标。

（1）施工单项合同估算价在200万元人民币以上的。

（2）重要设备、材料等货物的采购,单项合同估算价在100万元人民币以上的。

（3）勘察、设计、监理等服务的采购,单项合同估算价在50万元人民币以上的。

（4）单项合同估算价低于第(1)、(2)、(3)项规定的标准,但项目总投资额在3000万元人民币以上的。

国家发展改革委员会可以根据实际需要,会同国务院有关部门对已经确定的必须进行招标的具体范围和规模标准进行部分调整。省、自治区、直辖市人民政府根据实际情况,可以规定本地区必须进行招标的具体范围和规模标准,但不得缩小上述必须招标的规模标准。

4.1.2 建设工程的招标方式

按照竞争开放程度,招标方式分为公开招标和邀请招标两种方式。依法必须招标项目一般应采用公开招标,如符合条件,确实需要采用邀请招标方式的,须经有关行政主管部门核准。

1. 公开招标

公开招标属于非限制竞争性招标。由招标单位在国内外主要报纸、有关刊物上,或电视、广播上发布招标公告。凡符合规定条件的承包商都可自愿参加投标,数量不受限制。

招标单位采用这种招标方式有较大的选择余地,可在众多的投标单位之间选择报价合理、工期短、信誉良好的承包商,但由于参与竞争的承包商可能很多,增加了资格预审和评标的工作量,也使招标费用支出较多。公开招标在国际上已沿用了很长时间,也是我国目前最广泛采用的招标方式。

2. 邀请招标

邀请招标是指招标人以投标邀请书的方式邀请特定的法人或者其他组织投标。招标人采用邀请招标方式的,应当向三个以上具备承担招标项目的能力、资信良好的特定的法人或者其他组织发出投标邀请书。邀请招标虽然也能够邀请到有经验和资信可靠的投标者投标,保证履行合同,但限制了竞争范围,可能会失去技术上和报价上有竞争力的投标者。

对于公开招标和邀请招标两种方式,按照《工程建设项目施工招标投标办法》的规定,国务院发展计划部门确定的国家重点建设项目和各省、自治区、直辖市人民政府确定的地方重点项目,以及全部使用国有资金投资或者国有资金投资占控股或者主导地位的工程建设项目,应当公开招标;有下列情况之一的,经批准可以进行邀请招标。

(1) 项目技术复杂或有特殊要求,只有少数几家潜在投标人可供选择的。
(2) 受自然地域环境限制的。
(3) 涉及国家安全、国家秘密或者抢险救灾,适宜招标但不宜公开招标的。
(4) 拟公开招标的费用与项目的价值相比,不值得的。
(5) 法律法规规定不宜公开招标的。

4.1.3 建设工程招标的种类

1. 建设工程项目总承包招标

建设工程项目总承包招标又叫建设项目全过程招标,在国外称之为"交钥匙"承包方式。它是指从项目建议书开始,包括可行性研究报告、勘察设计、设备材料询价与采购、工程施工、生产准备、投料试车,直到竣工投产、交付使用全面实行招标。工程总承包企业根据建设单位提出的工程使用要求,对项目建议书、可行性研究、勘察设计、设备询价与选购、材料订货、工程施工、职工培训、试生产、竣工投产等实行全面投标报价。

2. 建设工程勘察招标

建设工程勘察招标是指招标人就拟建工程的勘察任务发布通告,以法定方式吸引勘察单位参加竞争,经招标人审查获得投标资格的勘察单位按照招标文件的要求,在规定的时间内向招标人填报标书,招标人从中选择条件优越者完成勘察任务。

3. 建设工程设计招标

建设工程设计招标是指招标人就拟建工程的设计任务发布通告,以吸引设计单位参加竞争,经招标人审查获得投标资格的设计单位按照招标文件的要求,在规定的时间内向招标人填报标书,招标人从中择优确定中标单位来完成工程设计任务。设计招标主要是设计方案招标,工业项目可进行可行性研究方案招标。

4. 建设工程施工招标

建设工程施工招标是指招标人就拟建的工程发布公告或者邀请,以法定方式吸引建筑施工企业参加竞争,招标人从中选择条件优越者完成工程建设任务的法律行为。

5. 建设工程监理招标

建设工程监理招标是指招标人为了委托监理任务的完成,以法定方式吸引监理单位参加竞争,招标人从中选择条件优越者的法律行为。

6. 建设工程材料设备招标

建设工程材料设备招标是指招标人就拟购买的材料设备发布公告或者邀请,以法定方式吸引建设工程材料设备供应商参加竞争,招标人从中选择条件优越者购买其材料设备的法律行为。

4.1.4 建设工程招标的程序

建设工程招标一般要经历招标、接受投标、开标、评标、定标、签订承发包合同等几个阶段。具体程序如下。

1. 招标前准备工作

招标前,招标人应完成以下准备工作。

(1) 确定招标范围。可以选择工程建设总承包招标、设计招标、工程施工招标、工程建设监理招标、设备材料供应招标。

(2) 工程报建。建设工程项目报建内容主要包括工程名称、建设地点、投资规模、资金来源、当年投资额、工程规模、结构类型、发包方式、计划开竣工日期、工程筹建情况。

(3) 招标备案。招标人发布招标公告或投标邀请书之前,向建设行政主管部门提交备案资料。

(4) 选定招标形式。首先,确定发包范围、招标次数和内容,如监理招标、勘察招标、设计招标、施工招标、设备招标、材料招标等;其次,选定合同计价方式,例如施工招标时采用固定价格、可调价格还是工程成本加酬金合同等;第三,确定招标形式是自行组织招标,还是委托招标代理机构代行招标;第四,选定招标方式,是采用公开招标还是采用邀请招标。

(5) 编制资格预审文件。采用资格预审的建设工程项目,招标人应编制资格预审文件。资格预审文件的主要内容有资格预审申请人须知、资格预审申请书格式、资格预审评审标准或方法。

2. 组建招标工作机构,或者委托具有相应资质的招标代理机构代理招标

组织招标的单位应该具备下述条件。

(1) 具有法人资格或是依法成立的其他经济组织。

(2) 具有与招标工作相应的经济、技术管理人员。

(3) 具有组织编制招标文件、审查投标单位资质的能力。

(4) 熟悉和掌握投标法及有关法律和规章制度。

(5) 具有组织开标、评标、定标的能力。

具备上述条件的建设单位可以组织相应的招标工作机构,不具有(2)~(5)项条件的建设单位,必须委托建设工程招标代理机构进行招标。

3. 向政府招标投标管理机构提出招标申请书

招标单位填写"建设工程施工招标申请表",经上级主管部门批准同意后,报建设工程招投标管理机构审批。

4. 编制招标文件和招标控制价,并呈报审批

招标人或者投标代理机构根据招标项目的要求编制招标文件,招标文件一般由以下七项基本内容组成。

(1) 招标公告或投标邀请书。
(2) 投标人须知(含投标报价和对投标人的各项投标规定与要求)。
(3) 评标标准和评标方法。
(4) 技术条款(含技术标准、规格、使用要求以及图纸等)。
(5) 投标文件格式。
(6) 拟签订合同主要条款和合同格式。
(7) 附件和其他要求投标人提供的材料。

5. 发布招标公告或发出投标邀请书

招标公告或投标邀请书应当载明招标人的名称和地址,招标项目的性质、数量、实施地点和时间,以及获取招标文件的办法等事项。

6. 投标单位申请投标

投标单位通过各种途径了解到招标信息,结合自身实际情况,作出是否投标的决定。决定投标,则向招标单位提出投标申请。

7. 审查投标人资质,告知审查结果

招标单位收到投标申请后,进行资格审查。审查投标企业的资质等级,承包任务的能力,财务赔偿能力及保证人资信等,确定投标企业是否具有投标的资格。向投标申请人发出资质审查结论。

8. 向合格投标人发售招标文件及有关技术资料

9. 组织投标人踏勘现场并对招标文件进行答疑

投标人收到招标文件后,若有疑问或不清楚的问题需要澄清解释的,应在规定的时间前以书面形式要求招标人对招标文件予以澄清。招标人可通过以下方式进行解答。

(1) 收到投标人提出的疑问后,应以书面形式进行解答,并将解答同时送达所有获得招标文件的投标人。

(2) 收到提出的疑问后,通过投标预备会进行解答,预备会后,招标人在规定的时间内,将对投标人所提问题的澄清,以书面形式通知所有购买招标文件的投标人,该澄清内容为招标文件的组成部分。

10. 建立评标组织，制定评标、定标办法

内容略

11. 接受投标书

内容略

12. 召开开标会议，审查投标书

开标是指招标人按招标文件规定的时间、地点在有投标人、建设项目主管部门或法定公证人的参与下，由工作人员当众拆封，宣读投标人名称、投标价格和投标文件的其他主要内容的活动。招标人在招标文件要求提交的截止时间前收到的所有投标文件，开标时都应当众予以拆封、宣读。

13. 组织评标，决定中标人

内容略

14. 向中标人发出中标通知书

中标人确定后，招标人将招投标情况书面报告建设行政主管部门备案。建设行政主管部门无异议后，招标人应当向中标人发出中标通知书，并同时将中标结果通知所有未中标的投标人。

中标通知书对招标人和投标人具有法律效力。中标通知书发出后，招标人改变中标结果的，或者中标人放弃中标项目的，应当依法承担法律责任。

15. 建设单位与中标人签订承发包合同

建设单位与中标人应当自中标通知书发出 30 日内，按照招标文件和中标人的投标文件订立书面的建设工程承发包合同。招标人和投标人不得订立违背合同实质性内容的其他协议。

邀请招标的程序与公开招标的程序，只是在审查投标单位的资质等级上不同，邀请招标不审查投标单位的资质等级，而公开招标必须审查资质等级。

4.2 建设工程施工合同

建设工程施工合同是发包人与承包人就完成特定工程项目的建筑施工、设备安装、工程保修等工作内容，确定双方权利和义务的协议。建设工程施工合同是建设工程的主要合同之一，是工程建设质量控制、进度控制、投资控制的主要依据。

4.2.1 建设工程施工合同的类型及其选择

1. 施工合同的类型

建设工程施工合同类型以付款方式进行划分，合同可分为以下几种。

1）总价合同

总价合同是合同总价不变，或影响合同价格的关键因素是固定的一种合同。采用这种合同，对业主支付款项来说比较简单，评标时易于按低价定标，业主按合同规定的进度方式付款,在施工中可集中精力控制质量和进度。

总价合同又可以分为固定总价合同和可调总价合同。

(1) 固定总价合同。

固定总价合同是指发包人与承包人之间达成的由承包人完成某工程项目的全部工作,并且承担一切风险责任,发包人支付固定不变的工程总价格的协议。这种合同的特点是以图纸和工程说明书为依据,明确承包内容和承包价,一笔包死,一般不得变动。这种形式适合于工期较短(一般不超过一年),工程设计详细,图纸完整、清楚,工程任务和范围明确的项目。

(2) 可调总价合同。

这种合同基本同固定总价合同一样,所不同的是在合同中规定了由于通货膨胀引起的工料成本增加到某一规定的限度时,合同总价应作相应的调整。

这种合同,承包方承担施工的有关工期、成本等因素变化的风险;发包人承担因通货膨胀引起的人工、材料价格上涨的风险。工期较长(如一年以上)的工程,适合采用这种合同形式。

2) 单价合同

在整个合同执行期间使用同一合同单价,而工程量则按实际完成量结算,这种合同称为单价合同。在没有施工详图就需开工,或虽有施工图但对工程的某些条件尚不完全清楚的情况下,既不能比较精确地计算工程量,又要避免单方承担大的风险,采用单价合同比较适宜。这类合同的适用范围比较宽,由业主和承包商共同承担风险,是较常见的一种合同形式。

单价合同可以分为固定单价合同和可调单价合同。

(1) 固定单价合同。

固定单价合同是经常采用的合同形式。特别是在设计或其他建设条件(如地质条件)还不太落实的情况下(计算条件应明确),而以后又需增加工程内容或工程量时,可以按单价适当追加合同内容。在每月(或每阶段)工程结算时,根据实际完成的工程量结算,在工程全部完成时以竣工图的工程量最终结算工程总价款。

(2) 可调单价合同。

合同单价可调,一般是在工程招标文件中规定。在合同中签订的单价,根据合同约定的条款,如在工程实施过程中物价发生变化等,可作调整。有的工程在招标或签约时,因某些不确定因素而在合同中暂定某些分部分项工程的单价,在工程结算时,再根据实际情况和约定合同单价进行调整,确定实际结算单价。

3) 成本加酬金合同

该合同形式是按工程实际发生的成本,加上按不同方法商定的酬金,确定总造价。这种合同形式主要适用于开工前对工程内容尚不十分清楚,工程内容变更可能性大,人工、材料支出较大,或业主在设计工作及说明书尚未完成之前,因工期要求紧迫而先行开工的情况。这类合同中,业主对工程造价不易控制,承担了项目实际发生的一切费用,因此也就承担了项目的全部风险,承包单位由于无风险,其报酬也就较低了。由于工程成本费用可按实报实销的方式,所以承包商对降低成本不太感兴趣。

2. 施工合同类型的选择

在工程实践中,采用哪一种施工合同,是选用总价合同、单价合同还是成本加酬金合同,采用固定价还是可调价格,应根据建设工程的特点,业主对筹建工作的设想,对工程费用、工期和质量的要求等,综合考虑后进行确定。

1) 项目自身因素

项目的自身因素主要包括项目规模、项目的复杂程度、工期长短、项目准备时间长短等。一般项目规模小,工期较短,风险少,则总价合同、单价合同、成本加酬金合同都可选择。

如果项目较复杂,则对承包商的技术水平要求高,一般风险也较大,对这类项目承包商对合同的选择有较大的主动权,一般不会选总价合同;相反,如果项目简单,则业主对合同的选择有较大的主动权,则选有利于业主的合同形式。

如果项目准备时间长,有详细的图纸和明确的工程量,则可选用的合同类型较多。如果项目准备时间短,急于开工,没有详细的图纸和明确的工程量,一般不宜选总价合同,应优选单价合同或成本加酬金合同。

2) 项目的竞争形势因素

如果项目竞争激烈,愿意承包项目的承包商较多,则业主的主动权大,可选择有利于业主的合同形式;如果参加投标的承包商少,则承包商的主动权大,可以尽量选择承包商乐于接受的合同类型。

3) 项目的外部环境因素

项目的外部环境因素主要包括项目所在地区的政治局势是否稳定、经济局势因素(如通货膨胀、经济发展速度等)、劳动力素质(当地)、交通、生活条件等。如果项目的外部环境恶劣,则意味着项目的成本高、风险大、不可预测的因素多,承包商很难接受总价合同方式,而较适合采用成本加酬金合同。

总之,在选择合同类型时,一般情况下是业主占有主动权,但业主不能单纯考虑已方利益,应当综合考虑项目的各种因素,考虑承包商的承受能力,确定双方都能认可的合同类型。

4.2.2 我国施工合同条件范本

1. 我国现行的施工合同条件范本的定义和种类

施工合同条件范本是针对当事人缺乏订立合同的经验和必要的法律常识,由有关部门和行业协会制定的指导性文件。该范本可以提示当事人在订立合同时更好地明确各自的权利义务,对防止合同纠纷起到积极的作用。

施工合同条件范本按照合同对象的不同分为以下三种类型。

(1) 建设工程施工合同示范文本。

（2）水利水电土建工程施工合同条件。
（3）标准施工招标文件。

2．建设工程施工合同示范文本

1）概述

建设部、国家工商行政管理局1999年12月24日发布了《建设工程施工合同（示范文本）》（以下简称《施工合同文本》），是各类公用建筑、民用住宅、工业厂房、交通设施及线路管理的施工和设备安装的样本。

《施工合同文本》由《协议书》《通用条款》《专用条款》三部分组成，并附有三个附件。附件一是《承包人承揽工程项目一览表》，附件二是《发包人供应材料设备一览表》，附件三是《工程质量保修书》。

《协议书》是《施工合同文本》中总纲性的文件，规定了合同当事人双方最主要的权利义务，规定了组成合同的文件及合同当事人对履行合同义务的承诺，并且合同当事人在这份文件上签字盖章，因此具有很高的法律效力。

《通用条款》是根据法律、法规，有专家编制的对承发包双方的权利义务作出的规定，具有很强的通用性，基本适用于各类建设工程。除双方协商一致对其中的某些条款作了修改、补充或取消外，双方都必须履行。

《专用条款》的条款号与《通用条款》相一致，但主要是空格，由当事人根据工程的具体情况予以明确或者对《通用条款》进行修改、补充。

《施工合同文本》的附件则是对施工合同当事人的权利义务的进一步明确，并且使得施工合同当事人的有关工作一目了然，便于执行和管理。

2）施工合同文件的组成及解释顺序

组成建设工程施工合同的文件如下。

① 施工合同协议书。
② 中标通知书。
③ 投标书及其附件。
④ 施工合同专用条款。
⑤ 施工合同通用条款。
⑥ 标准、规范及有关技术文件。
⑦ 图纸。
⑧ 工程量清单。
⑨ 工程报价单或预算书。

上述合同文件应能够互相解释、互相说明。当合同文件中出现不一致时，上面的顺序就是合同的优先解释顺序。当合同文件中出现含糊不清或者当事人有不同理解时，按照合同争议的解决方式处理。

3．水利水电土建工程施工合同条件

为了加强水利水电建设市场的管理，确保水利水电工程的建设管理水平在公平、公正的基础上健康有序地进行,水利部、国家电力公司和国家工商行政管理局于1997年10月1日联合颁布《水利水电土建工程施工合同条件》(GF—97—0208),并于2000年2月23日对原合同条件进行修订,形成《水利水电土建施工合同条件》(GF—2000—0208)。根据规定,凡列入国家或地方建设计划的大中型水利水电工程,应使用《水利水电土建工程施工合同条件》,小型水利水电工程可参照使用。

4. 标准施工招标文件

为了规范施工招标文件编制活动,提高招标文件编制质量,促进招标投标活动的公开、公平和公正,国家发改委、财政部、建设部、铁道部、交通部、信息产业部、水利部等于2007年11月1日联合发布了《标准施工招标文件》,并自2008年5月1日起施行。文件的合同条款由通用合同条款和专用合同条款两部分组成,且附有合同协议书、履约担保和预付款担保等三个格式文件。《标准施工招标文件》主要适用于具有一定规模的政府投资项目,且设计和施工不是由同一承包商承担的工程施工招标。

4.2.3 FIDIC施工合同条件范本

1. FIDIC简介

FIDIC是国际咨询工程师联合会(法文Federation Internationale Des Inginieurs Conseils)的缩写。FIDIC合同条件是目前世界上运用最广泛、影响最大的国际通用合同之一,并且已成为土木建筑行业的具有国际权威的标准范本。FIDIC合同条件常用的有三个版本,一个是1977年的第三版,另一个是1988年的第四次修订版,再一个就是最近出版的1999年版第一版。它包括以下四份新的合同文本。

(1) 施工合同条件(简称"新红皮书")。

(2) 永久设备和设计—建造合同条件(简称"新黄皮书")。

(3) EPC/交钥匙项目合同条件(简称"银皮书")。

(4) 合同的简短格式(简称"绿皮书")。

在FIDIC编制的合同条件中,以施工合同条件影响最大,应用最广,它主要适用于土木工程施工。如果没有特别指明,FIDIC合同条件仅指FIDIC施工合同条件。

2. FIDIC合同条件的构成

FIDIC合同条件由通用合同条件和专用合同条件两部分构成,且附有合同协议书、投标函和争端仲裁协议书。

FIDIC通用条件是固定不变的,工程建设项目只要是属于房屋建筑或者工程的施工,如工民建工程、水电工程、路桥工程等建设项目的施工,都可以适用。通用条件中的条款非常具体而明确,一般规定了业主、工程师、承包商、工程设备、材料和工艺、索赔等20个方面的问题。

FIDIC专用合同条件是考虑到工程的具体特点和所在地区的情况可能予以必要的变动而设置的。通用条件与专用条件一起构成了决定一个具体工程项目各方的权利义务及对工程施工的具体要求的合同条件。

3. FIDIC 合同条件的具体应用

FIDIC 合同条件在应用时对工程类别、合同性质、前提条件等都有一定的要求。

（1）FIDIC 合同条件适用的工程类别。FIDIC 合同条件适用于房屋建筑和各种工程，其中包括工业与民用建筑工程、土壤改善工程、道桥工程、水利工程、港口工程等。

（2）FIDIC 合同条件适用的合同性质。FIDIC 合同条件在传统上主要适用于国际工程施工，但对 FIDIC 合同条件进行适当修改后，同样也适用于国内合同。

（3）应用 FIDID 合同条件的前提。FIDIC 合同条件注重业主、承包商、工程师三方的关系协调，强调工程师在项目管理中的作用。在土木工程施工中应用 FIDIC 合同条件应具备以下前提。

① 通过竞争性招标确定承包商。
② 委托工程师对工程施工进行监理。
③ 按照单价合同方式编制招标文件。

4. FIDIC 合同条件下合同文件的组成及优先次序

在 FIDIC 合同条件下，合同文件除合同条件外，还包括其他对业主、承包方都有约束力的文件。构成合同的这些文件应该是互相说明、互相补充的，但是这些文件有时会产生冲突或含义不清。此时，应由工程师进行解释，其解释应按构成合同文件的如下先后次序进行。

1）合同协议书

合同协议书有业主和承包商的签字，有对合同文件组成的约定，是使合同文件对业主和承包商产生约束力的法律形式和手续。

2）中标函

中标函是由业主签署的正式接受投标函的文件，即业主向中标的承包商发出的中标通知书。它的内容很简单，除明确中标的承包商外，还明确项目名称、中标标价、工期、质量等事项。

3）投标函

投标函是由承包商填写的，提交给业主的对其具有法律约束力的文件，其主要内容是工程报价。

4）合同条件的专用部分条款

这部分的效力高于通用条款，有可能对通用条款进行修改。

5）合同条件的通用条款

这部分内容若与专用条款冲突，应以专用条款为准。

6）规范

规范是招标文件中的重要组成部分。编写规范时可引用某一通用外国规范，但一定要结合本工程的具体环境和要求来选用，同时还包括按照合同根据具体工程的要求对选用规范的补充和修改内容。

7）图纸

图纸是指合同中规定的工程图纸、标准图集,也包括在工程实施过程中对图纸进行的修改和补充。这些修改和补充的图纸均须经工程师签字后正式下达,才能作为施工及结算的依据。

8）资料表和构成合同组成部分的其他文件

资料表包括工程量表、数据、表册、费率或价格表等。标价的工程量表是由招标人和投标人共同完成的。作为招标文件的工程量表中有工程的每一类目或分项工程的名称、估计数量以及计量单位,但留出单价和合价的空格,这些空格由投标人填写。投标人填入单价和合价后的工程量表称为"标价的工程量表",是投标文件的重要组成部分。

4.3 建设工程施工发包承包价格的影响因素

4.3.1 工程价格构成要素的影响

建设工程价格构成要素包括直接费(直接工程费和措施费)、间接费(规费和企业管理费)、利润和税金。

1. 直接工程费的影响

直接工程费由人工费、材料费、施工机械使用费组成。在这些因素中,对工程价格影响最大的是材料费,占建安工程价格的60%～70%。材料费所占的比重之所以很大,主要原因是工程体形庞大,耗用材料多,另外就是材料单价高。在市场活动中,价格随着供求等关系的影响始终处于变动态势,因此,材料单价的浮动影响了材料费用,进而极大地影响了工程的价格。人工费在工程价格中的地位次于材料费,虽然其所占比例远低于材料费,而对工程价格的影响却是关键,并呈较为复杂的状态。人工费的多少主要取决于用工量和单价,由于工程施工手工劳动量大,用工多,故人工费支出相对较多,人工单价取决于承包商的劳动组织和劳动生产率以及分配制度,呈现较为复杂的状态。随着科技、装备水平的不断提高,施工机械使用费呈绝对上升趋势。但它在工程价格中的比重与人工费成反比关系,且二者相加在工程价格中的比重呈绝对下降状态。施工机械使用费的高低还取决于机械的来源:机械是租来的,单价由机械租赁市场决定;机械是承包方自己的,则单价取决于折旧费和使用费。

2. 其他费用的影响

措施费是发生在工程上的综合性费用,现场条件的好坏决定了该项费用的增减。间接费则主要看承包方的管理水平。直接费和间接费构成了建筑工程的施工成本。在建筑工程施工成本一定的情况下,承包商要想多赢利,他的价格就会增高,要想价格水平确定为某一具有竞争性的目标,利润水平就要降低。对发包方来说,希望利润低些,对承包方来说,希望利润高些,如何使价格适中,使承包商和发包方都能接受,这是经营者决策中的问题。承包商要想有利可图,必须依靠竞争取胜。至于税金(指营业税、城市维护建设税和教育费附加,是转嫁税,最终的承担者是业主),是国家规定的必须上缴部分,不是业主和承包商所能决定的,它是基于工程成本和利润水平再计入工程承包价格。

4.3.2 市场条件的影响

市场条件的影响有两点:一是供求状况;二是竞争状况。

1. 供求状况的影响

对发包承包价格市场供求状况能产生影响的是生产要素。在诸多生产要素中,人工费用发生的变化并不会很大,因为建筑市场中人力的供应总是处于买方市场状态,即供大于求,人工费在相对时段里,其变化将是缓慢的,但也会受市场的影响而产生一定的变化,在一定程度上影响发包承包价格。对发包承包价格最有影响的还是材料价格和机械台班价格。这是因为,就某种材料或某种机械设备来讲,有时供大于求,则价格降低;有时供小于求,则价格升高。当材料价格和机械台班费降低时,工程价格中的材料费和机械费减少;反之,当材料价格和机械台班费提高时,工程价格中的材料费和机械台班费增加。所以材料价格和机械台班价格是弹性的,既有供给弹性,又有需求弹性。

2. 竞争状况的影响

建筑市场属于买方市场,施工力量供应远远大于施工需求,故建筑市场的竞争主要表现为承包商之间的竞争。承包商之间的竞争主要表现在价格上,招投标法又规定低价中标,所以低价成为中标的先决条件。作为买方的发包方,可以利用买方市场这一特殊的优势(也是买方与卖方竞争中买方的既定优势)采取适合的、有限度的压价发包,并在施工过程中对工程变更和索赔导致的价格调整持保守态度。同样,因为这种在价格上的不平等地位,承包商承担着比业主更大的价格风险,业主可利用担保的手段(投标担保、履约担保、预付款担保、保修担保等)向承包人大量转移风险,这种行为使得承包商承担的价格风险最大。

4.3.3 管理因素的影响

经营管理因素包含了计价依据、计价方式、合同方式、发包人和承包人的价格管理活动及效果、结算方式等。

1. 计价依据和计价方式的影响

对于业主和承包商来说,计价依据并不完全相同,但最基本的依据是计价所依据的图纸。图纸的详略影响计价的准确程度。计价方式有施工图预算计价、工料单价法计价、综合单价法计价,以及通过竞争定价(含有标底定价与无标底定价)等。不同的计价方式会产生不同的定价结果。

2. 各类合同方式的影响

合同方式有总价合同、单价合同、各种成本加酬金合同等,不同方式的合同会使定价有不同的结果,也会影响施工过程中合同价格变更,从而影响到价格、业主和承包商的价格管理活动及效果。业主从买方的立场上进行价格管理活动,首先是从低价发包的前提出发签订合同;其次是在施工活动中防止因工程变更(含各方提出的变更要求)和工程索赔所引起的工程价格增量最少(加强变更审查、索赔审查及两者定价审查和监督),承包商为竞争取胜而进行具有策略性的报价,中标后进行合同谈判中力争得到优惠的合同价格和有利于未来调整和结算的合同内容。在施工中,承包商总是从赢利的角度出发,力争在合同价格的基础上通过索赔取得更多的收益。在结算时,承包商希望通过价格的调整和超合同工作量的补充计价取得收益。所以业主和承包商的共同管理活动,会导致最终的工程价格与合同价格产生很大差异。

3. 结算方式的影响

工程结算方式很多,不同的结算方式及结算时的调整会导致竣工结算价格的差异。

4.3.4 其他的影响因素

除以上各种因素外,影响建筑工程价格的因素还有很多,例如,施工方案、工程质量、工期都会直接影响到工程价格。此外,建设行政主管部门的规定与政策、税收政策、社会的安定团结状况和国民经济市场发育状况等等也会直接或间接地影响到工程的价格。总而言之,建筑工程价格的影响因素很多,工程价格无论是合同确定的还是最终结算的,都是大量影响因素综合作用的结果。许多因素之间有着千丝万缕的联系,不能孤立地处置某个因素,在进行工程价格定价时,应把各种因素联系起来综合考虑。

4.4 建设工程施工招标控制价格的确定

建设工程招标投标定价程序是我国依据《招标投标法》规定的一种定价方式,是由招标人编制招标文件,投标人进行报价竞争,中标人中标后与招标人通过谈判签订合同,以合同价格为建设工程价格定价方式,这种定价方式无疑属于市场调节价,也即是企业自主定价。

4.4.1 招标控制价的概念和作用

1. 概念

招标控制价是指招标人根据国家或省级、行业建设主管部门颁发的有关计价依据和办法,按设计施工图纸计算的,对招标工程限定的最高工程造价,也可称为拦标价、预算控制价或最高报价等。

2. 确定招标控制价的基本要求

(1)国有资金投资的工程建设项目应实行工程量清单招标,并应编制招标控制价。招标控制价超过批准的概算时,招标人应将其报原概算部门审核。投标人的投标报价高于招标控制价的,其投标应予以拒绝。

(2) 招标控制价应由具有编制能力的招标人,或受其委托具有相应资质的工程造价咨询人编制。

(3) 招标控制价应在招标时公布,不应上调或下浮,招标人应将招标控制价及有关资料报送工程所在地工程造价管理机构备查。

(4) 投标人经复核认为招标人公布的招标控制价未按照《建设工程工程量清单计价规范》的规定编制的,应在开标前5天向招投标监督机构或(和)工程造价管理机构投诉。

3. 招标控制价的作用

在不同的计价方式下,招标控制价具有不同的作用。

(1) 采用定额计价方式编制招标控制价的作用。

在定额计价方式下编制的招标控制价起着很关键的作用。例如,招标文件规定,以最接近招标控制价的报价分值最高;又如,以最接近招标控制价90%的报价的分值为最高等。定额计价方式下编制的招标控制价起到了定量判断投标价的作用。

(2) 工程量清单计价方式编制招标控制价的作用。

工程量清单计价方式下编制的招标控制价是判断投标报价合理低价的重要依据。由于该招标控制价是招标人掌握的判断合理低价的标准,所以,招标人首先对接近招标控制价的投标报价感兴趣。然后,再对投标报价进行综合分析,择优选择合理低价、信誉好、质量有保障、工期合理、经营管理水平高的施工企业为中标单位。

可以看出,工程量清单计价方式下的招标控制价,不是判断合理低价的绝对标准,如果承包商的报价低于招标控制价且能提供有说服力的资料,那么,评标专家也可以认定为合理低价。

4.4.2 招标控制价的编制原则和依据

1. 招标控制价的编制原则

招标控制价是招标人控制投资、确定招标工程造价的重要手段,招标控制价在计算时要力求科学合理、计算准确。招标控制价的确定应当参考国务院和省、自治区、直辖市人民政府建设行政主管部门制定的工程造价计价办法和计价依据以及其他有关规定,根据市场价格信息,由招标单位或委托有相应资质的招标代理机构和工程造价咨询单位以及监理单位等中介组织进行编制。招标控制价的编制人员应严格按照国家政策、规定,科学、公正地编制招标控制价。

在招标控制价编制的过程中,应遵循以下原则。

(1) 根据国家统一的工程项目划分、计量单位、工程量计算规则,以及设计图纸、招标文件,并参照国家、行业或地方批准发布的定额和国家、行业、地方规定的技术标准规范以及要素市场价格确定工程量和编制招标控制价。

(2) 招标控制价作为工程的最高造价,应力求与市场的实际变化相吻合,要有利于竞争和保证工程质量。

(3) 招标控制价应由直接费、间接费、利润、税金等组成,一般应控制在批准的建设工程投资估算或总概算(修正概算)价格以内。

(4) 招标控制价应考虑人工、材料、设备、机械台班等价格变化因素,还应包括措施费、间接费、利润和税金以及不可预见费等。采用固定价格的还应考虑工程的风险金等。

(5) 一个工程只能编制一个招标控制价。

2. 招标控制价的编制依据

工程招标控制价的编制主要依据以下基本资料和文件。

(1) 国家的有关法律、法规以及国务院和省、自治区、直辖市人民政府建设行政主管部门制定的有关工程造价的文件、规定。

(2) 工程招标文件中确定的计价依据和计价办法,招标文件的商务条款,包括合同条件中规定由工程承包方应承担义务而可能发生的费用,以及招标文件的澄清、答疑等补充文件和资料。在招标控制价计算时,计算口径和取费内容必须与招标文件中有关取费等要求一致。

(3) 工程设计文件、图纸、技术说明及招标时的设计交底,按设计图纸确定的或招标人提供的工程量清单等相关基础资料。

(4) 国家、行业、地方的工程建设标准,包括建设工程施工必须执行的建设技术标准、规范和规程。

(5) 可能采用的施工组织设计、施工方案、施工技术措施等。

(6) 工程施工现场地质、水文勘探资料,现场环境和条件及反映相应情况的有关资料。

(7) 招标时的人工、材料、设备及施工机械台班等的要素市场价格信息,以及国家或地方有关政策性调价文件的规定。

3. 招标控制价的编制内容

(1) 招标控制价的综合编制说明。

(2) 招标控制价价格的审定书、计算书、带有价格的工程量清单、现场因素、各种施工措施费的测算细目以及采用固定价格工程的风险系数测算明细表。

(3) 主要人工、材料及机械设备用量表。

(4) 招标控制价附件,如各项交底纪要、各种材料及设备的价格来源、现场地质及水文条件等。

(5) 招标控制价价格编制的有关表格。

4.4.3 招标控制价的编制方法

根据有关文件规定,招标控制价的编制可以采用工料单价法和综合单价法两种计价方法。工料单价法是传统计价模式采用的计价方式,综合单价法是工程量清单计价模式采用的计价方式。

1. 工料单价法

工料单价法是指分部分项工程单价为直接工程费单价,以分部分项工程量乘以对应分部分项工程单价后的合计为单位工程直接工程费。直接工程费汇总后另加措施费、间接费、利润、税金生成工程承发包价。

按照分部分项工程单价产生方法的不同,工料单价法又可以分为预算单价法和实物法。

1) 预算单价法

用预算单价法编制招标控制价,就是利用各地区、各部门编制的建筑安装工程单位估价表或预算定额基价,根据施工图计算出的各分项工程量,分别乘以相应单价或预算定额基价并求和,得到单位工程的直接工程费(即人工费、材料费、机械使用费之和),再加上按规定程序计算出来的措施费、间接费、利润和税金,便可得出单位工程的施工图预算造价。建设部于1995年颁布了《全国统一建筑工程基础定额》(GJD—101—1995),各地区工程造价管理机构在此基础上编制了本地区单位估价表。预算单价法编制招标控制价的计算公式表述为

$$单位工程直接工程费 = \sum(工程量 \times 预算定额单价)$$

用预算单价法编制招标控制价程序如图4-1所示。

图4-1 预算单价法编制招标控制价步骤

(1) 搜集和熟悉编制预算的基础文件和资料。

基础文件和资料主要包括施工图设计文件、施工组织设计文件、设计概算文件、预算定额、工程费用定额、工程承包合同文件、材料预算价格表、预算工作手册等。

在准备资料的基础上,主要应熟悉施工图纸和预算定额,施工图纸反映了工程构造,做法,材料品种及其规格、尺寸等内容,它是分项工程项目划分和工程量计算的主要依据,因此,编制人员必须对施工图纸进行仔细阅读和审查,包括图纸间相关尺寸是否有误,设备与材料表上的规格、数量是否与图示相符,详图、说明、尺寸和其他符号是否正确等,若发现错误应及时纠正。预算定额是编制施工图预算的计价标准,对其适用范围、工程量计算规则及定额系数等都要充分了解,做到心中有数,这样才能使预算编制准确、迅速。

另外,还应全面掌握施工组织设计,尤其是施工方法和施工机械,以及各项技术组织措施。

(2) 掌握施工现场情况。

有时还必须深入施工现场实地观察,切实掌握施工现场情况,如施工现场障碍物拆除状况、场地平整状况、工程地质和水文地质状况等。这些现场状况,对单位工程

预算的准确性影响很大,必须随时观察和掌握,并作好记录以备应用。

(3) 划分工程项目和计算工程量。

① 划分工程项目。

项目划分主要取决于施工图纸、施工组织设计中采用的施工方法和机械,以及预算定额规定的工程内容。一般情况下,项目内容、排列顺序和计量单位均应与预算定额相一致,这样才能正确地套用定额。不能重复列项计算,也不能漏项少算。

② 计算工程量。

工程量的计算在整个预算过程中是最重要、最繁重的一个环节,预算中90%以上的时间是消耗在工程量计算阶段内,它不仅影响预算的及时性,而且影响预算造价的准确性。为了做到计算准确,便于审核,可按下列步骤进行工程量计算。

a. 根据设计图纸、施工说明书和预算定额的规定要求,先列出本工程分部工程和分项工程的项目顺序表,逐项计算,对定额缺项需要补充换算或调整的项目要注明,以便做补充单位估计表或换算计算表。

b. 计算工程量所取定的尺寸和工程量计算单位要符合预算定额的规定,取定尺寸来源要注明部位或轴线。

c. 尽量利用一数多用的计算原则,加快计算速度。

d. 门窗、洞口、预制构件要结合建筑平、立面图对照清点,列出数量、面积、体积明细表,以便扣除门窗、洞口面积和预制构件体积之和。

e. 为了便于整理核对,工程量计算顺序有下列几种方法可综合使用:按施工顺序,先计算建筑面积,再计算基础、结构、屋面、装修、室外台阶、散水、管沟、构筑物等,结合图纸结构分层计算,内装修分层、分房间计算,外装修分立面计算;按预算定额分部顺序,如土方工程、打桩工程、基础工程、砖石工程等。为了防止遗漏和重复计算,根据平面布置情况,一般有以下几种计算方法:按顺时针方向计算,按先横后竖及先外墙后内墙分别计算,按图示轴线号先纵轴后横轴计算,按图示分项编号计算。

③ 工程量的计算和汇总,应分层、分段(以施工段为准)计算,然后汇总,工程量也可利用表格形式填写计算,但表格要根据预算定额工程量计算规定的内容加以制定。

(4) 套用预算定额单价。

工程量计算完毕并核对无误后,用所得到的分部分项工程量乘以单位估价表中相应的定额基价,相乘后相加汇总,便可求出单位工程的定额直接工程费。在套用定额的过程中要注意项目的工作内容与定额规定的工作内容的一致性。

(5) 编制工料分析表。

根据分部分项工程的实物工程量和相应定额中的项目所列的用工及材料的数量,算出各分部分项工程所需的人工及材料数量,进行汇总计算后,算出该单位工程所需的各类人工、材料的数量。

(6) 计算其他费用、利税并汇总造价。

根据规定的费率和相应的计取基础,分别计算措施费、企业管理费、规费、利润和税金,然后再加上直接工程费,汇总得到工程预算造价。

(7) 复核。

当单位工程预算编制完后,由有关人员对编制的主要内容及计算情况进行核对检查,以便及时发现差错,及时修改,从而提高预算的准确性。

(8) 编制说明,填写封面。

编制说明中主要对招标控制价采用施工图及编号、采用的预算定额、单位估价表、费用定额等编制依据和存在的问题,以及处理的结果等加以说明。工程预算书的封面,各地、各单位格式不一,但均应按当地规定格式认真填写,做到一目了然,并有签名、印章。

预算单价法是我国传统的预算编制方法,也是目前国内编制招标控制价的主要方法。这种方法计算简单,便于进行技术经济分析,但由于采用事先编制好的统一单位估价表,其价格水平只能反映估价表编制年份的价格水平。在市场价格波动较大的情况下,用该法计算的造价会偏离实际价格水平,虽然可以对价差进行调整,但从测定到颁布调价系数和指数,不仅数据滞后且计算也较繁琐。

2) 实物法

实物法是先按施工图计算出各分项工程的实物工程量,然后分别套取预算定额,并按类相加,求出单位工程所需的各种人工、材料、施工机械台班的消耗量,然后分别乘以当时当地各种人工、材料、施工机械台班的实际单价,求得人工费、材料费和施工机械使用费,再汇总求和。

实物法编制招标控制价的直接工程费计算公式表述为

$$\begin{aligned}\text{单位工程直接费}=&\sum(\text{分项工程量}\times\text{人工预算定额用量}\times\text{当时当地人工工资价格})\\&+\sum(\text{分项工程量}\times\text{材料预算定额用量}\times\text{当时当地材料预算价格})\\&+\sum(\text{分项工程量}\times\text{施工机械台班预算定额用量}\\&\quad\times\text{当时当地机械台班单价})\end{aligned}$$

对于措施费、企业管理费、规费、利润和税金等费用的计算,则根据当时当地建筑市场供求情况,随行就市予以具体确定。

用实物法编制招标控制价的具体程序如图 4-2 所示。

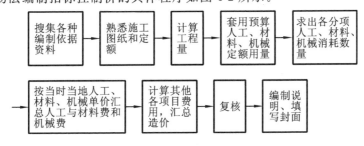

图 4-2 实物法编制招标控制价步骤

从图可以看出，实物法编制招标控制价的步骤与预算单价法类似，只是一些中间步骤有所不同，也就是计算人工、材料、机械使用费用即直接费的计算方法不同。采用实物法时，在计算出工程量后，不直接套用预算定额单价，而是将量价分离，先套用相应预算人工、材料、机械台班定额用量，并汇总出各类人工、材料和机械台班的消耗量，再分别乘以当时当地的人工、材料、机械台班单价，得出单位工程的人工费、材料费和机械使用费。

总之，采用实物法编制招标控制价，由于所用的人工、材料和机械台班的单价都是当时的实际价格，所以编制出的预算能比较准确地反映实际水平，误差较小，这种方法适合于市场经济条件下价格波动较大的情况。在市场经济条件下，人工、材料和机械台班单价是随市场供求情况而变化的，而且它们是影响工程造价最活跃、最主要的因素。但是，采用实物法编制施工预算需要统计人工、材料、机械台班消耗量，还需要搜集相应的实际价格，因而工作量较大，计算过程繁琐。然而，随着建筑市场的开放和价格信息系统的建立，以及竞争机制作用的发挥和计算机的普及，实物法将是一种与统一"量"、指导"价"、竞争"费"的工程造价管理机制相适应的行之有效的预算编制方法。因此，实物法是与市场经济体制相适应的预算编制方法。

3) 工料单价法编制招标控制价案例

预算单价法是现在应用最普遍的一种方法，现以某传达室的钢筋混凝土工程部分为例来说明预算单价法编制招标控制价的过程，见表4-1。

表 4-1 采用预算单价法编制某传达室钢筋混凝土工程预算书

工程定额编号	工程费用名称	计量单位	工程量	金额/元 单价	金额/元 合价
4-20	现浇混凝土圈梁	10 m³	0.27	2210.07	596.72
4-21	现浇混凝土过梁	10 m³	0.05	2325.8	116.29
4-31	现浇混凝土平板	10 m³	0.56	2037.8	1135.05
4-42	现浇混凝土台阶	10 m²	0.25	364.86	91.23
4-44	现浇混凝土挑檐天沟	10 m³	0.25	2376.25	589.31
4-413	现浇构件圆钢筋 $\phi 6.5$	t	0.21	3315.14	696.18
4-414	现浇构件圆钢筋 $\phi 8$	t	0.48	3086.39	1481.47
4-427	现浇构件螺纹钢筋 $\phi 12$	t	0.34	3077.36	1046.3
4-490	砖砌体加固钢筋	t	0.61	3218.15	1963.07
4-498	人力运输成型钢筋	t	1.03	17.71	18.24
	其他分项工程（略）				
（一）	项目直接工程费小计	元			7733.86
（二）	措施费	元			1098.6

续表

工程定额编号	工程费用名称	计量单位	工程量	金额/元 单价	金额/元 合价
(三)	直接费[(一)+(二)]	元			8832.46
(四)	间接费[(三)×15%]	元			1324.87
(五)	利润[(三)+(四)]×8%	元			812.59
(六)	税金[(三)+(四)+(五)]×3.41%	元			374.07
(七)	造价总计[(三)+(四)+(五)+(六)]	元			11 343.99

2. 综合单价法

综合单价法是指分部分项工程单价综合了除直接工程费以外的多项费用内容。按照单价综合内容的不同,综合单价可分为全费用综合单价和部分费用综合单价。

1) 全费用综合单价

全费用综合单价即单价中综合了直接工程费、措施费、管理费、规费、利润和税金等,以各分项工程量乘以综合单价的合价汇总后,就生成工程承发包价。

2) 部分费用综合单价

我国目前实行的工程量清单计价采用的综合单价是部分费用综合单价,分部分项工程单价中综合了直接工程费、管理费、利润,并考虑了风险因素,单中未包括措施费、规费和税金,是不完全费用综合单价。以各分项工程量乘以部分费用综合单价的合价汇总,再加上项目措施费、规费和税金后,生成工程承发包价。

3) 综合单价法编制招标控制价案例

下面仍以某传达室的钢筋混凝土工程部分为例来说明综合单价法编制招标控制价的过程,见表4-2、表4-3。

表4-2 分部分项工程量清单与计价表

序号	项目编码	项目名称	计量单位	工程量	工料单价	综合单价(工料单价+管理费+利润)=工料单价×(1+9%)(1+8%)	合价
1	010403004001	现浇混凝土圈梁	m³	2.7	221	221×1.1772=260.16	702.43
2	010403005001	现浇混凝土过梁	m³	0.50	232.58	232.58×1.1772=273.79	136.90
3	010405003001	现浇混凝土平板	m³	5.6	203.78	203.78×1.1772=239.89	1343.38

续表

序号	项目编码	项目名称	计量单位	工程量	工料单价	综合单价（工料单价＋管理费＋利润）＝工料单价×(1＋9%)(1＋8%)	合 价
4	010407001001	现浇混凝土台阶	m²	2.5	36.49	36.49×1.1772＝42.96	107.40
5	010405007001	现浇混凝土挑檐天沟	m³	2.5	237.63	237.63×1.1772＝279.74	699.35
6	010416001001	现浇构件圆钢筋 φ6.5	t	0.21	3315.14	3315.14×1.1772＝3902.58	819.54
7	010416001002	现浇构件圆钢筋 φ8	t	0.48	3086.39	3086.39×1.1772＝3633.30	1743.98
8	010416001003	现浇构件螺纹钢筋 φ12	t	0.34	3077.36	3077.36×1.1772＝3622.67	1231.71
9	010417002004	砖砌体加固钢筋	t	0.61	3218.15	3218.15×1.1772＝3788.41	2310.93
10	010417002005	人力运输成型钢筋	t	1.03	17.71	17.71×1.1772＝20.85	21.48
		其他分项工程（略）					
		分部分项工程量清单计价合计	元				9117.10

表 4-3 招标控制价汇总表

序 号	项目名称	金额/元
1	分部分项工程量清单计价合计	9117.10
1.1	略	
1.2	略	
…	略	
2	措施项目清单合计	1200.2
3	其他项目清单合计	1406.2
3.1	暂列金额	500
3.2	暂估价	0

续表

序 号	项 目 名 称	金额/元
3.3	计日工	480
3.4	总承包服务费	426.2
4	规费[(1+2+3)]×6%=703.41	703.41
5	税金[(1+2+3+4)]×3.41%=402.9	423.76
	合计	12 850.69

4.4.4 招标控制价的审查

设置招标控制价的目的是为了适应市场定价机制,规范建设市场秩序,进一步规范工程招投标管理,最大程度满足降低工程造价、确保质量的要求,更加适应创建廉洁工程的需要。另一方面,招标控制价的设立,避免了投标人出现拼命压低价格,串标、联合串标和市场价格的形成,防止招标人有意抬高或压低工程造价,规避了招投标弊端,提供了一个公平、公正、公开的平台。将招标控制价编完之后,需要认真进行审查,招标控制价的审查对于提高编制的准确性,正确贯彻党和国家的有关方针政策,以及降低工程造价具有重要的现实意义。

1. 招标控制价审查的内容

招标控制价审查的重点是工程量计算是否准确,定额套用、各项取费标准是否符合现行规定或单价计算是否合理等方面。审查的具体内容如下。

1) 审查工程量

是否按照规定的工程量计算规则计算工程量,编制招标控制价时是否考虑到了施工方案对工程量的影响,定额中要求扣除项或合并项是否按规定执行,工程计量单位的设定是否与要求的计量单位一致。

2) 审查单价

套用预算单价时,各分部分项工程的名称、规格、计量单位和所包括的工程内容是否与定额一致;有单价换算时,换算的分项工程是否符合定额规定及换算是否正确。

采用实物法编制招标控制价时,资源单价是否反映了市场供需状况和市场趋势。

3) 审查其他的有关费用

采用预算单价法计算招标控制价时,审查的主要内容有:是否按本项目的性质计取费用,有无高套取费标准;间接费的计取基础是否符合规定;利润和税金的计取基础和费率是否符合规定,有无多算或重算。

2. 招标控制价审查的步骤

1) 审查前准备工作

(1) 熟悉施工图纸。

(2) 根据预算编制说明,了解预算包括的工程范围。

(3) 弄清所用单位估价表的适用范围,搜集并熟悉相应的单价、定额资料。

2) 选择审查方法、审查相应内容

工程规模、繁简程度不同,编制施工图预算的繁简和质量就不同,应选择适当的审查方法进行审查。

3) 整理审查资料并调整定案

3. 招标控制价审查的方法

1) 逐项审查法

逐项审查法又称全面审查法,即按定额顺序或施工顺序,对各项工程细目逐项全面详细审查的一种方法。其优点是全面、细致,审查质量高、效果好。缺点是工作量大,时间较长。这种方法适合于一些工程量较小、工艺比较简单的工程。

2) 标准预算审查法

标准预算审查法就是对利用标准图纸或通用图纸施工的工程,先集中力量编制标准预算,以此为准来审查工程预算的一种方法。按标准设计图纸施工的工程,一般上部结构和做法相同,只是根据现场施工条件或地质情况不同,仅对基础部分做局部改变。凡这样的工程,以标准预算为准,对局部修改部分单独审查即可,不需逐一详细审查。该方法的优点是时间短、效果好、易定案。其缺点是适用范围小,仅适用于采用标准图纸的工程。

3) 分组计算审查法

分组计算审查法就是把预算中有关项目按类别划分若干组,利用同组中的一组数据审查分项工程量的一种方法。这种方法首先将若干分部分项工程按相邻且有一定内在联系的项目进行编组,利用同组分项工程间具有相同或相近计算基数的关系,审查一个分项工程数,由此判断同组中其他几个分项工程的准确程度。该方法特点是审查速度快、工作量小。

4) 对比审查法

对比审查法是当工程条件相同时,用已完工程的预算或未完但已经过审查修正的工程预算对比审查拟建工程的同类工程预算的一种方法。采用该方法一般需符合下列条件。

① 拟建工程与已完或在建工程预算采用同一施工图,但基础部分和现场施工条件不同,则相同部分可采用对比审查法。

② 工程设计相同,但建筑面积不同,两个工程的建筑面积之比与两个工程各分部分项工程量之比大体一致。

③ 两个工程面积相同,但设计图纸不完全相同,则相同的部分,如厂房中的柱子、层架、层面、砖墙等,可进行工程量的对照审查。对不能对比的分部分项工程可按图纸计算。

5) 筛选审查法

筛选是能较快发现问题的一种方法。建筑工程虽面积和高度不同,但其各分部分项工程的单位建筑面积指标变化却不大。将这样的分部分项工程加以汇集、优选，找出其单位建筑面积工程量、单价、用工的基本数值，归纳为工程量、价格、用工三个单方基本指标，并注明基本指标的适用范围。这些基本指标用来筛选各分部分项工程，对不符合条件的应进行详细审查，若审查对象的预算标准与基本指标的标准不符，就应对其进行调整。

筛选法的优点是简单易懂，便于掌握，审查速度快，便于发现问题。但问题出现的原因尚需继续审查。该方法适用于审查住宅工程或不具备全面审查条件的工程。

6) 重点审查法

重点审查法就是抓住施工图预算中的重点进行审核的方法。审查的重点一般是工程量大或者造价较高的各种工程、补充定额、计取的各种费用（计费基础、取费标准）等。重点审查法的优点是突出重点，审查时间短、效果好。

4.5 建设工程施工投标报价

4.5.1 建设工程施工投标程序

投标的工作程序应与招标的工作程序相配合、相适应，程序如下。

1. 投标的前期工作

1) 收集投标信息

在建筑市场激烈的竞争活动中，掌握信息是投标成功的关键。投标过程中每一环节工作都离不开信息，投标信息是投标决策和执行投标决策的主要依据，是合理制定投标报价的重要手段和工具，投标信息主要来自以下两方面。

（1）外部投标信息主要包括招标文件、各种定额、技术标准和规范、投标环境、设备和材料价格等信息。

（2）内部投标信息包括以往承包工程的施工方案、进度计划、各项技术经济指标完成情况、采用的新技术和效果、施工队伍素质、合同履行情况等。

对投标信息的要求可归纳为及时、准确和全面。也就是说信息传递的速度要及时，信息数据要准确可靠，信息内容要全面。

2) 建立投标工作机构

进行工程投标，需要有专门的机构和人员对投标的全部活动过程加以组织和管理。参加投标工作的人员，应有较高的技术业务素质，具备一定的法律知识和实际工作经验，掌握一套科学的研究方法和手段，才能保证投标工作高质量、高效率地进行。

3) 选择投标工程

施工企业通过投标获得项目，是市场经济条件下的必然，但作为施工企业，并不是每标必投，面临各种投标机会，必须作出是否参与投标的决策。首先要考虑的是业主的资信，也就是经济背景和支付能力及信誉；其次要考虑工程规模、技术复杂程度、工期要求、场地交通运输和水电通信以及当地自然气候等条件。如果这些外部条件是基本上可取的,则应针对工程的具体情况考虑企业自身在资金、管理和技术力量、机械设备、同类工程施工经验等方面基本上都能适应,一般即可作出投标的初步判断。

2. 申请投标和递交资格预审书

向招标单位申请投标,可以直接报送,也可以采用信函、电报、电传或传真。申请投标和争取获得投标资格的关键是通过资格审查,因此,申请投标的承包企业除向招标单位索取和递交资格预审书外,还可以通过其他辅助方式,如发送宣传本企业的印刷品,邀请业主参观本企业承建的工程等,使他们对本企业的实力及情况有更多的了解。

3. 接受投标邀请和购买招标文件

申请者接到招标单位的投标申请书或资格预审通知书,就表明他已具备并获得了参加该项目投标的资格。如果他决定参加投标,就应按招标单位规定的日期和地点,凭邀请书或通知书及有关证件购买招标文件。

4. 研究招标文件

招标文件是投标单位进行投标报价的主要依据,因此应该组织得力的设计、施工、估价人员对招标文件仔细地分析研究。重点应放在投标者须知、合同条件、设计图纸、工程范围以及工程量表等,深刻而正确地理解招标文件和业主的意图。对模糊不清或把握不准之处,应做好记录,在答疑会上澄清。总之,在全面研究了招标文件,对工程本身和招标单位的要求有了基本的了解之后,投标单位才便于制定自己的投标工作计划,以争取中标为目标,有秩序地开展工作。

5. 调查投标环境

投标环境是指招标工程项目施工的自然、经济和社会条件。这些条件都是工程施工的制约因素,必然影响工程成本和工期,投标报价时必须考虑,所以应在报价之前尽可能地了解清楚,调查的重点如下。

(1) 施工现场条件。可通过踏勘现场及研究招标人提供的地基勘探报告来了解。主要项目有场地的地理位置,地上、地下有无障碍物,地基土质及其承载力,地下水位,进入场地的通道(铁路、水路、公路),给排水、供电和通讯设施,材料堆放场地的最大可能容量,是否需要二次搬运,现场混凝土搅拌站及构件预制场地,临时设施设置场地,土方临时堆放场地及弃土运距等。

(2) 自然条件。主要是影响施工的风雨、气温等因素。

(3) 器材供应条件。包括砂石等大宗材料的采购和运输,须在市场采购的钢材、木材、水泥和玻璃等材料的可能供应渠道及价格,当地供应构配件的能力和价格,当地租赁机械设备的可能性和价格等等。

(4) 专业分包的能力和分包条件。

(5) 生活必需品的供应情况等。

6. 制定项目管理规划

项目管理规划是工程投标报价的重要依据,项目管理规划应分为项目管理规划大纲和项目管理实施规划。根据相关文件规定,当承包商以编制施工组织设计代替项目管理规划时,施工组织设计应满足项目管理规划的要求。

(1) 项目管理规划大纲。项目管理规划大纲是由企业管理层在投标之前编制的,旨在作为投标依据、满足招标文件要求及签订合同要求的文件。应包括下列内容:项目概况,项目实施条件分析,项目投标活动及签订施工合同的策略,项目管理目标,项目组织结构,质量目标和施工方案,工期目标和施工总进度计划,成本目标,项目风险预测和安全目标,项目现场管理和施工平面图,投标和签订施工合同,文明施工及环境保护。

(2) 项目管理实施规划。项目管理实施规划是指在开工之前由项目经理主持编制的、旨在指导施工项目实施阶段管理的文件。项目管理实施规划必须由项目经理组织项目经理部在工程开工之前编制完成。应包括下列内容:工程概括,施工部署,施工方案,施工进度计划,资源、供应计划,施工准备工作计划,施工平面图,技术组织措施计划,项目风险管理,信息管理,技术经济指标分析。

7. 确定投标报价

投标报价是决定施工企业投标成败的关键。什么样的报价才具有竞争力?实践表明,报价太高,无疑会失去竞争力而落标;报价太低也未必能中标,即使中标,也潜伏着亏损的风险。只有报价适当才是中标的基础。

投标应根据招标文件要求编制投标文件和计算投标报价,投标报价应按招标文件中规定的各种因素和依据进行计算,应仔细核对,以保证投标报价的准确无误。

8. 编制投标文件

投标文件应按招标文件规定的要求进行编制,并且应对招标文件提出的实质性要求和条件作出响应。一般不能带有任何附加条件,否则可能导致被否定和作废。

9. 报送标函与参加开标

标函在投标单位法人代表盖章并密封后,在规定的期限内报送招标单位,并在规定的时间、地点参加开标。

如果投标中标,接到中标通知后,在规定的时间内积极和招标单位洽谈有关合同条款,合同条款达成协议,即签订合同,中标单位持合同向建设部门办理报建手续,领取开工执照。未中标单位,则应积极总结经验。

4.5.2 投标报价的技巧

投标报价的技巧是指在投标竞争中,投标人在考虑自身的优势和劣势的基础上,运用一定的技巧既使招标人可以接受报价,又能让承包人获得更多的利润。通常,承包人可能会采用以下几种投标技巧。

1. 根据招标项目的不同特点采用不同报价

投标报价时,既要考虑自身的优势和劣势,也要分析招标项目的特点。按照工程项目的不同特点、类别、施工条件等来选择报价策略。

(1) 遇到如下情况报价可高些:施工条件差的工程;专业要求高的技术密集型工程,而本公司在这方面又有专长,声望也高;总造价低的小工程,以及自己不愿意做、又不方便不投标的工程;特殊的工程,如港口码头、地下开挖工程等;工期要求急的工程;投标对手少的工程;支付条件差的工程。

(2) 遇到如下工程报价可低一些:施工条件好的工程,工作简单、工程量大而一般公司都可以做的工程;本公司目前急于打入某一市场、某一地区,或在该地区面临工程结束,机械设备等无工地转移时;本公司在附近有工程,而本项目又可以利用该工程的设备、劳务,或有条件短期内突击完成的工程;投标对手多,竞争激烈的工程;非急需工程;支付条件好的工程。

2. 不平衡报价

所谓不平衡报价,指在总价基本确定的前提下,如何调整内部各个子项的报价,以期既不影响总报价,又在中标后可以获得较好的经济效益。通常采用的不平衡报价有下列几种情况。

(1) 对能在早期得到结算付款的分部分项工程(如土方工程、基础工程等)的单价定的较高,对后期的施工分项(如粉刷、油漆、电气设备安装等)单价适当降低。

(2) 估计施工中工程量可能会增加的项目,单价提高;工程量会减少的项目单价降低。

但上述两点要统筹考虑,对于工程量有错误的早期工程,如不可能完成工程量表中的数量,则不能盲目抬高单价,需要具体分析后再确定。

(3) 设计图纸不明确或有错误的,估计经过修改后工程量会增加的项目,单价提高;工程内容不明确的,单价降低。

(4) 没有工程量,只填单价的项目(如土方工程中的挖淤泥、岩石等),其单价提高些,这样做既不影响投标总价,以后发生时承包人又可多获利。

(5) 对于暂列金额(或工程),预计会做的可能性较大,价格定高些,估计不一定发生的则单价低些。

(6) 零星用工(计日工)的报价高于一般分部分项工程中的工资单价,因它不属于承包总价的范围,发生时实报实销,价高些会多获利。

3. 多方案报价法

若业主拟定的合同要求过于苛刻,为使业主修改合同要求,可提出两个报价,并阐明,按原合同要求规定,投标报价为某一数值,倘若合同要求作某些修改,可降低报价一定百分比,以此来吸引对方。

另外一种情况,是自己的技术和设备满足不了原设计的要求,但在修改设计以适应自己的施工能力的前提下仍希望中标,于是可以报一个按原设计施工的投标报价(投高标);另一个按修改设计施工的比原设计的标价低的多的投标报价,以诱导业主。

4. 突然袭击法

这是一种迷惑对手的竞争手段。投标报价是一项具有商业秘密性的竞争工作,竞争对手之间可能会随时互相探听对方的报价情况。在整个报价过程中,投标人先按一般态度对待招标工作,按一般情况进行报价,甚至可以表现出自己对该工程的兴趣不大,但等快到投标截止时,再突然降价,使竞争对手措手不及。

5. 低投标价夺标法

此种方法是非常情况下采取的非常手段。比如企业大量窝工,为减少亏损;或为打入某一建筑市场;或为挤走竞争对手保住自己的地盘,于是制定了严重亏损标,力争夺标。若企业无经济实力,信誉不佳,此法也不一定奏效。

4.6 建设工程评标

评标是招标投标活动中,由招标人依法组建的评标委员会,根据法律规定和招标文件确定的评标方法和具体评标标准,对开标中所有拆封并唱标的投标文件进行评审,根据评审情况出具评标报告,并向招标人推荐中标候选人,或者根据招标人的授权直接确定中标人的过程。

4.6.1 建设工程评标的程序

根据相关文件规定,投标文件评审包括评标的准备、初步评审、详细评审、提交评标报告和推荐中标候选人。

1. 评标的准备

首先,评标委员会成员应当编制供评标使用的相应表格,认真研究招标文件,至少应了解和熟悉招标的目标,招标项目的范围和性质,招标文件中规定的主要技术要求、标准和商务条款,招标文件规定的评标标准、评标方法和在评标过程中应考虑的相关因素。其次,招标人或者其委托的招标代理机构应当向评标委员会提供评标所需的重要信息和数据。

2. 初步评审

(1) 评标委员会应当按照投标报价的高低或者招标文件规定的其他方法对投标文件排序。以多种货币报价的,应当按照中国银行在开标日公布的汇率中间价换算成人民币。

(2) 评标委员会可以书面方式要求投标人对投标文件中含义不明确、对同类问题表述不一致或者有明显文字和计算错误的内容作必要的澄清、说明或者补正。澄清、说明或者补正应以书面方式进行,并不得超出投标文件的范围或者改变投标文件的实质性内容。投标文件中的大写金额和小写金额不一致的,以大写金额为准;总价金额与单价金额不一致的,以单价金额为准,但单价金额小数点有明显错误的除外;对不同文字文本投标文件的解释发生异议的,以中文文本为准。在评标过程中,评标委员会发现投标人的报价明显低于其他投标报价或者在设有标底时明显低于标底，使得其投标报价可能低于其个别成本的，应当要求该投标人作出书面说明并提供相关证明材料。

（3）评标委员会应当根据招标文件，审查并逐项列出投标文件的全部投标偏差。投标偏差分为重大偏差和细微偏差。除非招标文件另有规定，对重大偏差应作废标处理。细微偏差是指投标文件在实质上响应招标文件要求，但在个别地方存在漏项或者提供了不完整的技术信息和数据等情况，并且补正这些遗漏或者不完整不会对其他投标人造成不公平的结果。细微偏差不影响投标文件的有效性，评标委员会应当书面要求存在细微偏差的投标人在评标结束前予以补正。

3. 澄清

在评标过程中，评标委员会视投标文件情况，在需要时可以要求投标人作澄清、说明或补正，但是澄清、说明或补正不得超出投标文件的范围或者改变投标文件的实质性内容。对招标文件的相关内容作出澄清、说明或补正，其目的是有利于评标委员会对投标文件的审查、评审和比较。澄清、说明或补正包括投标文件中含义不明确、对同类问题表述不一致或者有明显文字和计算错误的内容。但评标委员会不得向投标人提出带有暗示性或诱导性的问题，或向其明确投标文件中的遗漏或错误。评标委员会对投标人提交的澄清、说明或补正有疑问的，可以要求投标人进一步澄清、说明或补正，直至满足评标委员会的要求。

4. 详细评审

经初步评审合格的投标文件，评标委员会应当根据招标文件确定的评标标准和方法，对其技术部分和商务部分作进一步评审、比较。

采用经评审的最低投标价法的，评标委员会应当根据招标文件中规定的评标价格调整方法，对所有投标人的投标报价以及投标文件的商务部分作必要的价格调整；中标人的投标应当符合招标文件规定的技术要求和标准，但评标委员会无需对投标文件的技术部分进行价格折算。根据经评审的最低投标价法完成详细评审后，评标委员会应当拟定一份"标价比较表"，连同书面评标报告提交招标人。"标价比较表"应当载明投标人的投标报价，对商务偏差的价格调整和说明以及经评审的最终投标价。

采用综合评估法评标的，评标委员会对各个评审因素进行量化时，应当将量化指标建立在同一基础或者同一标准上，使各投标文件具有可比性。对技术部分和商务部分进行量化后，评标委员会应当对这两部分的量化结果进行加权，计算出每一投标的综合评估价或者综合评估分。根据综合评估法完成评标后，评标委员会应当拟定一份"综合评估比较表"，连同书面评标报告提交招标人。"综合评估比较表"应当载明投标人的投标报价、所作的任何修正、对商务偏差的调整、对技术偏差的调整、对各评审因素的评估以及对每一投标的最终评审结果。

评标和定标应当在投标有效期结束日 30 个工作日前完成。不能在投标有效期结束日 30 个工作日前完成评标和定标的,招标人应当通知所有投标人延长投标有效期。拒绝延长投标有效期的投标人有权收回投标保证金。同意延长投标有效期的投标人应当相应延长其投标担保的有效期,但不得修改投标文件的实质性内容。投标有效期从提交投标文件截止日起计算。

如果评标委员会在评标过程中发现问题,应当及时作出处理或者向招标人提出处理建议,并作书面记录。

5. 提交评标报告和推荐中标候选人

每个招标项目评标程序的最后环节,都是由评标委员会签署并向招标人提交评标报告,推荐中标候选人。有的招标项目,评标委员会还可以根据招标人的授权,直接按照评标结果,确定中标人。

4.6.2 建设工程评标的方法

建设工程评标的方法很多,我国目前常用的评标方法有经评审的最低投标价法和综合评估法等。

1. 经评审的最低投标价法

经评审的最低投标价法是指对符合招标文件规定的技术标准,满足招标文件实质性要求的投标,根据招标文件规定的量化因素及量化标准进行价格折算,按照经评审的投标价由低到高的顺序推荐中标候选人,或根据招标人授权直接确定中标人,但投标报价低于其成本的除外。

1) 适用情况

一般适用于具有通用技术、性能标准或者招标人对其技术、性能没有特殊要求的招标项目。

2) 评标程序及原则

(1) 评标委员会根据招标文件中评标办法规定对投标人的投标文件进行初步评审。有一项不符合评审标准的,作废标处理。

(2) 评标委员会应当根据招标文件中规定的评标价格调整方法,对所有投标人的投标报价及投标文件的商务部分作必要的价格调整。但评标委员会无需对投标文件的技术部分进行价格折算。

评标委员会发现投标人的报价明显低于其他投标报价,或者在设有标底时明显低于标底,使其投标报价可能低于其成本的,应当要求投标人作出书面说明并提供相应的证明材料。投标人不能合理说明或者不能提供相应证明材料的,由评标委员会认定该投标人以低于成本报价竞标,其投标作废标处理。

(3) 根据经评审的最低投标价法完成详细评审后,评标委员会应当拟定一份"标价比较表",连同书面评标报告提交招标人。"标价比较表"应当注明投标人的投标报价,对商务偏差的价格调整和说明以及经评审的最低投标价。

(4) 除招标文件中授权委员会直接确定中标人外,评标委员会按照经评审的价格由低到高的顺序推荐中标候选人。

【例 4-1】 某建设项目施工招标,该项目是职工住宅楼和普通办公大楼,标段划分为甲、乙两个标段,招标文件规定:国内投标人有 7.5% 的评标价优惠;同时投两个标段的投标人给予评标优惠;若甲标段中标,乙标段扣减 4% 作为评标优惠价;合理工期为 24~30 个月,评标工期基准为 24 个月,每增加 1 月评标价加 10 万元,经资格预审有 A、B、C、D、E 五个投标人的投标文件获得通过,其中 A、B 两投标人同时对甲、乙两个标段进行投标;B、D、E 为国内投标人,投标人的投标情况见表 4-4。

表 4-4 投标人投标情况

投 标 人	报价/百万元		投标工期/月	
	甲段	乙段	甲段	乙段
A	10	10	24	24
B	9.7	10.3	26	28
C		9.8		24
D	9.9		25	
E		9.5		30

问题:
(1) 该工程应该采用什么评标方法来确定中标单位,并说明理由。
(2) 确定两个标段的中标人。

解 (1) 因为经评审的最低投标价法一般适用于施工招标,需要竞争的是投标人价格,报价是主要的评标内容,此外,该方法适用于具有通用技术、性能标准,或者招标人对其技术、性能没有特殊要求的普通招标项目,如一般住宅工程的施工项目,所以该工程采用经评审的最低投标价法来确定中标单位比较合适。

(2) 评标结果见表 4-5、表 4-6。

表 4-5 甲标段评标结果

投标人	报价/百万元	修正因素		评标价/百万元
		工期因素/百万元	本国优惠/百万元	
A	10		+0.75	10.75
B	9.7	+0.2		9.9
D	9.9	+0.1		10

因此,甲段的中标人应为投标人 B。

表 4-6　乙标段评标结果

投标人	报价 /百万元	修正因素			评标价 /百万元
		工期因素 /百万元	两个标段优惠 /百万元	本国优惠 /百万元	
A	10			+0.75	10.75
B	10.3	+0.4	−0.412		10.288
C	9.8			+0.75	10.535
E	9.5	+0.6			10.1

因此,乙段的中标人应为投标人 E。

2. 综合评标法

综合评标法是指通过分析比较找出能够最大限度地满足招标文件中规定的各项综合评价标准的投标,并推荐为中标候选人的方法。

由于综合评估施工项目的每一投标需要考虑的因素很多,它们的计量单位各不相同,不能直接用简单的代数求和的方法进行评估比较,需要将多种影响因素统一折算为货币的方法、打分的方法或者其他方法。这种方法的要点如下。

(1) 评标委员会根据招标项目的特点和招标文件中规定的需要量化的因素及权重(评分标准),将准备评审的内容进行分类,各类再细划成小项,并确定各类及小项的评分标准。

(2) 评分标准确定后,每位评标委员独立地对投标书分别打分,各项分数统计之和即为该投标书的得分。

(3) 综合评分。如报价以标底价为标准,报价低于标底 5% 范围内为满分,报价高于标底 6% 以上或低于 8% 以上均以 0 分计,同样报价以技术标为标准进行类似评分。

(4) 评标委员会拟定"综合评估比较表",表中载明以下内容:投标人的投标报价,对商务偏差的调整值,对技术偏差的调整值,最终评审等,以得分最高的投标人为中标人,最常用的方法是百分法。

可见,综合评标法是一种定量的评标方法,在评定因素较多而且繁杂的情况下,可以综合地评定出各投标人的素质情况和综合能力,长期以来一直是建设工程领域采用的主要评标方法,它适用于复杂的大型工程施工评标。

【例 4-2】 某工程采用公开招标方式,有 A、B、C、D、E、F 等 6 家承包商参加投标,经资格预审,该 6 家承包商均满足业主要求。该工程采用综合评标法,对各施工单位从技术标和商务标两方面来进行评分,评标委员会由 7 名委员会组成,评标的具体规定如下。

(1) 技术标:共计 40 分,其中施工方案 15 分,总工期 8 分,工程质量 6 分,项目班子 6 分,企业信誉 5 分。

技术标各项内容的得分,为各评委评分去掉一个最高分和一个最低分后的算术平均数。

技术标合计得分不满28分者,不再评其商务标。

表4-7为各评委对6家承包商施工方案评分的汇总表。

表4-8为各承包商总工期、工程质量、项目班子、企业信誉得分汇总表。

表4-7 施工方案评分汇总表

投标单位 \ 评委	一	二	三	四	五	六	七
A	13.0	11.5	12.0	11.0	11.0	12.5	12.5
B	14.5	13.5	14.5	13.0	13.5	14.5	14.5
C	12.0	10.0	11.5	11.0	10.5	11.5	11.5
D	14.0	13.5	13.5	13.0	13.5	14.0	14.5
E	12.5	11.5	12.0	11.0	11.5	12.5	12.5
F	10.5	10.5	10.5	10.0	9.5	11.0	10.5

表4-8 总工期、工程质量、项目班子、企业信誉得分汇总表

投标单位	总工期	工程质量	项目班子	企业信誉
A	6.5	5.5	4.5	4.5
B	6.0	5.0	5.0	4.5
C	5.0	4.5	3.5	3.0
D	7.0	5.5	5.0	4.5
E	7.5	5.0	4.0	4.0
F	8.0	4.5	4.0	3.5

(2)商务标:商务标共计60分,以标底的50%与承包商报价算术平均数的50%之和为基准价,但最高(或最低)报价高于(或低于)次高(或次低)报价的15%者,在计算承包商报价算术平均数时不予考虑,且商务标得分为15分。

以基准价为满分(60分),报价比基准价每下降1%,扣1分,最多扣10分;报价比基准价每增加1%,扣2分,扣分不保底。

表4-9为标底和各承包商报价汇总表。

表4-9 标底和各承包商报价汇总表

投标单位	A	B	C	D	E	F	标底
报价/万元	13 656	11 108	14 303	13 098	13 241	14 125	13 790

请按综合得分最高者中标的原则确定中标单位。

解 (1) 计算各投标单位施工方案的得分,见表 4-10。

表 4-10 施工方案得分计算表

投标单位\评委	一	二	三	四	五	六	七	平均得分
A	13.0	11.5	12.0	11.0	11.0	12.5	12.5	11.9
B	14.5	13.5	14.5	13.0	13.5	14.5	14.5	14.1
C	12.0	10.0	11.5	11.0	10.5	11.5	11.5	11.2
D	14.0	13.5	13.5	13.0	13.5	14.0	14.5	13.7
E	12.5	11.5	12.0	11.0	11.5	12.5	12.5	12.0
F	10.5	10.5	10.5	10.0	9.5	11.0	10.5	10.5

(2) 计算各投标单位的技术标的得分,见表 4-11。

表 4-11 技术标得分计算表

投标单位	施工方案	总工期	工程质量	项目班子	企业信誉	小计
A	11.9	6.5	5.5	4.5	4.5	32.9
B	14.1	6.0	5.0	5.0	4.5	34.6
C	11.2	5.0	4.5	3.5	3.0	27.2
D	13.7	7.0	5.5	4.5	4.5	35.7
E	12.0	7.5	5.0	4.0	4.0	32.5
F	10.5	8.0	4.5	4.0	3.5	30.5

由于承包商 C 技术标仅为 27.2 分,小于 28 分的最低限,按规定,不再评审商务标,实际上将作为废标处理。

(3) 计算各承包商的商务标得分,见表 4-12。

因为 $(13\,098-11\,108)/13\,098=15.19\%>15\%$

$(14\,125-13\,656)/13\,656=3.43\%<15\%$

所以,承包商 B 的报价 11 108 万元在计算基准价时不予考虑。则

基准价 $=13\,790\times50\%+(13\,656+13\,098+13\,241+14\,125)\div4\times50\%$
$=13\,660$ 万元

表 4-12 商务标得分计算表

投标单位	报价/万元	报价与基准价的比例/%	扣 分	得 分
A	13 656	$(13\,656/13\,660)\times100=99.97$	$(100-99.97)\times1=0.03$	59.97
B	11 108			15.00
D	13 098	$(13\,098/13\,660)\times100=95.89$	$(100-95.89)\times1=4.11$	55.89
E	13 241	$(13\,241/13\,660)\times100=96.93$	$(100-96.93)\times1=3.07$	56.93
F	14 125	$(14\,125/13\,660)\times100=103.40$	$(103.40-100)\times2=6.80$	53.20

（4）计算各承包商的综合得分，见表 4-13。

表 4-13　综合得分计算表

投标单位	技术标得分	商务标得分	综合得分
A	32.9	59.97	92.87
B	34.6	15.00	49.60
D	35.7	55.89	91.59
E	32.5	56.93	89.43
F	30.5	53.20	83.70

因为承包商 A 的综合得分最高，故应选择为中标单位。

4.6.3　建设工程施工定标

定标也称决标，是指招标人最终确定中标的单位。除特殊情况外，评标和定标应当在投标有效期结束日 30 个工作日前完成。招标文件应当载明投标有效期。投标有效期从提交投标文件截止日起计算。

招标人根据评标委员会提出的书面评标报告和推荐的中标候选人确定中标人，也可以授权评标委员会直接确定中标人。使用国有资金投资或者国家融资的项目，招标人应当确定排名第一的中标候选人为中标人。排名第一的中标候选人放弃中标，因不可抗力提出不能履行合同，或者招标文件规定应当提交履约保证金而在规定的期限内未能提交的，招标人可以确定排名第二的中标候选人为中标人。排名第二的中标候选人因同样原因不能签订合同的，招标人可以确定排名第三的中标候选人为中标人。

在确定中标人之前，招标人不得与投标人就投标价格、投标方案等实质性内容进行谈判。

中标人的投标应当符合下列条件。

（1）能够最大限度满足招标文件中规定的各项综合评价标准。

（2）能够满足招标文件的实质性要求，并且经评审的投标价格最低，但是投标价格低于成本的除外。

中标人确定后，招标人应当向中标人发出《中标通知书》，同时通知未中标人，并与中标人在 30 个工作日之内签订合同。

【综合案例】

1. 项目概况

某企业投资 3000 万元人民币，兴建一座新办公楼，建筑面积为 8620 m^2，地下一层，地上六层。工程基础垫层面标高 -4.26 m，檐口底标高 21.18 m，为全现浇框架结构。招标人采用公开招标的方式确定工程施工承包人。

2. 招标过程

招标公告于 2009 年 9 月 30 日在《中国采购与招标网》《中国建设报》和项目所在地政府政务服务中心发布,在规定的时间内共有 8 家投标人购买了招标文件。

招标人于 2009 年 10 月 10 日上午 9 点—12 点组织投标人对项目现场进行了踏勘,并随后召开了投标预备会。

招标文件规定的投标截止时间及开标时间是 2007 年 10 月 28 日上午 10 点,在规定的投标截止时间前,8 家投标人按要求递交了投标文件,并参加了开标会议。

招标人依法组建了评标委员会,评标委员会由 5 人组成,其中,招标人代表 1 人,从该省组建的综合性评标专家库中随机抽取的技术、经济专家 4 人,其中,施工技术 3 人,建筑造价 1 人。

评标委员会按照招标文件中的评标标准和方法,对各投标人的投标文件进行评审打分后,向招标人依次推荐前三名中标候选人。

2007 年 11 月 5 日,招标人向中标人发出中标通知书,同时告知所有未中标的投标人。

3. 招标文件

(1)资格审查:采用资格后审方式组织本次招标投标活动。

(2)投标报价:项目投资 3000 万元,工期 385 日历天,采用了固定总价合同。为此,招标文件提供了工程量清单。关于合同形式及风险,招标文件的约定如下。

① 投标价格采用固定总价方式,即投标人所填写的单价和合价在合同实施期间不因市场变动因素而变动,投标人在计算报价时可考虑一定的风险系数。

② 计取包干费,其包干范围为材料、人工、设备在 10% 以内的价格波动,工程量误差在 3% 以内的子目以及合同条款明示或暗示的其他风险。

③ 施工人员住宿问题自行解决,因场地狭小而发生的技术措施费在投标报价中应已充分考虑。

(3)评标标准与方法。

采用综合评估法,评审标准分为初步评审标准和详细评审标准两部分。

① 初步评审标准:

a. 形式评审标准。形式评审标准见表 4-14。

表 4-14 形式评审标准

评标因素	评标标准
投标人名称	与营业执照、资质证书、安全生产许可证一致
投标函及投标函附录	有法定代表人或其委托代理人签字或加盖单位章,委托代理人签字的,其法定代表人授权委托书须由法定代表人签署
投标文件格式及签章	投标文件格式和签字、盖章符合招标文件要求
投标唯一性	只能提交一次有效投标,不接受联合体投标

续表

评标因素	评标标准
报价唯一性	只能有一个有效报价
其他	法律法规的其他要求

b. 资格评审标准。资格评审标准见表4-15。

表 4-15　资格评审标准

评标因素	评标标准
营业执照	具备有效的营业执照
安全生产许可证	具备有效的安全生产许可证
资质等级	具备房屋建筑工程施工总承包三级及以上资质
财务状况	财务状况良好,上一年度年资产负债率小于95%
项目经理	具有建筑工程专业二级建造师职业资格,近三年组织过同等建设规模项目的施工
技术负责人	具有建筑工程相关专业工程师资格,近三年组织过同等建设规模的项目施工的技术管理
项目经理部其他人员	岗位人员配备齐全,具备相应岗位从业人员职业/执业资格
主要施工机械	满足工程建设需要
投标资格	有效,没有被取消或暂停投标资格
企业经营权	有效,没有处于被责令停业、财产被接管、冻结、破产状态
投标行为	合法,近三年内没有骗取中标行为
合同履约行为	合法,没有严重违约事件发生
工程质量	近三年工程质量合格,没有因重大工程质量问题收到质量监督部门通报或公示
其他	法律法规规定的其他资格条件

c. 响应性评审标准。响应性评审标准见表4-16。

表 4-16　响应性评审标准

评标因素	评标标准
投标内容	与招标文件"投标人须知"中招标范围一致
投标报价	与已标段工程量清单汇总结果一致
工期	符合招标文件"投标人须知"中工期规定
工程质量	符合招标文件"投标人须知"中质量规定
投标有效期	符合招标文件"投标人须知"中投标有效期规定

续表

评标因素	评标标准
投标保证金	符合招标文件"投标人须知"中投标保证金规定
权利义务	符合招标文件"合同条款及格式"中投标保证金规定
已标价工程量清单	符合招标文件"工程量清单"中给出的范围和数量
技术标准和要求	符合招标文件"技术标准和要求"
施工组织设计	合格、满足施工组织需要
分包	满足招标文件许可的分包范围,资格等限制性条件
偏离	如果偏离,偏离满足招标文件许可的偏离范围和程度
算术错误修正雷击量	算术错误修正总额不超过投标报价的0.2%
其他	法律法规规定的其他要求

② 详细评审标准。评审的对象为通过初步评审的有效投标文件。详细评审采用百分制评分的方法,小数点保留两位。综合评分标准见表4-17。

表 4-17 详细评审标准

评分因素	标　准　分		评标标准
工期	5		工期等于招标文件中计划工期为0分;在招标文件中计划工期基础上,每提前1天加0.2分,最高加5分
投标报价	综合单价	25分	每个子目综合单价最高者,扣0.5分,扣完为止。如无子目综合单价最高者,得25分。
	投标总价	70分	当偏差率<0时,得分=70−2×(偏差率)$_{绝对值}$×100; 当偏差率=0时,得分=70分; 当偏差率>0时,得分=70−3×(偏差率)$_{绝对值}$×100。 其中, 偏差率=100%×(投标人报价−评标基准价)/评标基准价 评标基准价为各有效投标报价的算术平均值(有效投标报价数量大于5时,去掉一个最高投标报价和一个最低投标报价后,计算算术平均值)

4. 开标

开标情况如表4-18所示。

表 4-18 开标记录表

投 标 人	投标报价/万元	工期/天	质量等级	投标保证金
A	2680.00	360	合格	递交
B	2672.00	360	合格	递交
C	2664.00	365	合格	递交

续表

投标人	投标报价/万元	工期/天	质量等级	投标保证金
D	2653.00	360	优良	递交
E	2652.00	370	合格	递交
F	2650.00	360	合格	递交
G	2630.00	365	合格	递交
H	2624.00	370	合格	递交

5. 评标

(1) 初步评审。评标委员会对 8 家投标人的投标文件首先进行了初步审查。经审查,投标人 D 承诺质量标准为"优良",为现行房屋建筑工程施工质量检验与评定标准中没有的质量等级。经评标委员会讨论,认为其没有响应招标文件要求的"合格"标准,按废标处理。其余投标人均通过了初步评审。

(2) 详细评审。评标委员会对通过初步审查的投标人报价及已标价工程量清单进行了细致评审,其中投标人 A、B、C、E、F、G、H 分别有 45、20、5、4、7、13、2 项综合单价位于最高。评标委员会随后对投标总价得分进行了计算和汇总,结果如表 4-19 所示。

表 4-19 详细评审汇总

投标人	工期	综合单价	投标总价	总分	排名
A	5	2.50	66.97	74.47	7
B	5	15.00	67.87	87.87	6
C	4	22.50	68.77	95.27	3
E	3	23.00	69.92	95.92	2
F	5	21.50	69.76	96.26	1
G	4	18.50	68.26	90.76	5
H	3	24.00	67.80	94.80	4

评标委员会依次推荐了投标人 F、E、C 为中标候选人。招标人对投标人 F 的合同履行能力进行了细致审查,认为其具有合同履行能力,于 2008 年 11 月 5 日向其发出了中标通知书,随后,按照招标文件和其他投标文件签订了施工承包合同。

【思考与练习】

一、单选题

(1) 下列有关投标文件的澄清和说明,表述正确的是( )。

A. 投标文件不响应招标文件实质性条件的,可允许投标人修正或撤销其不符合要求的差异

B. 单价与工程量的乘积与总价之间不一致时,以单价为准

C. 投标文件中用数字表示的数额与用文字表示的数额不一致时,由投标人澄清说明为准

D. 若投标单价有明显的小数点错位,应调整单价,并修改总价

(2) 对于某些招标文件,当发现该项目工程范围不很明确,条款不够清楚或技术规范要求过于苛刻时,投标人最宜采用的投标策略是(　　)。

A. 根据招标项目的不同特点采用不同的报价

B. 增加建议方案

C. 提供可供选择项目的报价

D. 多方案报价

(3) 不论采用何种投标报价体系,一般投标报价的编制程序是(　　):①确定风险费;②确定投标价格;③复核或计算工程量;④确定单价,计算合价;⑤确定分包工程费;⑥确定利润。

A. ③④⑤⑥①②　　　　　　　　B. ⑥①③④⑤②

C. ①⑤⑥③④②　　　　　　　　D. ⑤①③④⑥②

(4) 根据我国《建设工程施工合同(示范文本)》,在没有其他约定情况下,下列对施工合同文件解释先后顺序的排列,表述正确的是(　　)。

A. 协议书——专用条款——通用条款——中标通知书——投标书及其附件

B. 协议书——中标通知书专用条款通用条款投标书及其附件

C. 协议书——中标通知书——投标书及其附件——专用条款——通用条款

D. 协议书——专用条款——中标通知书——投标书及其附件——通用条款

(5) 下列对邀请招标的阐述,正确的是(　　)。

A. 它是一种无限制的竞争方式

B. 该方式有较大的选择范围,有助于打破垄断,实行公平竞争

C. 这是我国《招标投标法》规定之外的一种招标方式

D. 该方式可能会失去技术上和报价上有竞争力的投标者

(6) 一般项目的首选评标方法是(　　)。

A. 综合评估法　　　　　　　　　B. 经评审的最低投标价法

C. 评议法　　　　　　　　　　　D. 多方案报价法

(7) 工程项目施工合同以付款方式划分为:①总价合同;②单价合同;③成本加酬金合同三种。以业主所承担的风险从小到大的顺序排列,应该是(　　)。

A. ③②①　　B. ①②③　　C. ③①②　　D. ①③②

(8) 组成FIDIC施工合同文件的以下几部分可以互为解释,互为说明。当出现含糊不清或矛盾时,具有第一优先解释顺序的文件是(　　)。

A. 合同专用条件　　　　　　　　B. 投标书

C. 合同协议书　　　　　　　　　D. 合同通用条件

(9) 对于单价合同,下列叙述正确的是(　　)。
A. 采用单价合同,要求工程量清单数量与实际工程数量偏差很小
B. 可调单价合同适用于地质条件不太落实的情况
C. 单价合同的特点之一是风险由合同双方合理分担
D. 固定单价合同对发包人有利,而对承包人不利

(10) 大型项目设备招标的评标工作最多不超过(　　)d。
A. 10　　B. 15　　C. 20　　D. 30

二、多选题

(1) 根据《工程建设项目招标范围和规模标准》的规定,下列项目中,必须进行招标的是(　　)。
A. 项目总投资为 3500 万元,但施工单项合同估算价为 60 万元的体育中心篮球场工程
B. 某中学新建一栋投资额约 150 万元的教学楼工程
C. 利用国际扶贫资金 300 万元,以工代赈且使用农民工的防洪堤工程
D. 项目总投资为 2800 万元,但合同估算价约为 120 万元的某市科技服务中心的主要设备采购工程
E. 总投资 2400 万元,合同估算金额为 60 万元的某商品住宅的勘察设计工程

(2) 下列关于踏勘现场与召开投标预备会的阐述,正确的是(　　)。
A. 招标人根据工程大小可分期分批组织投标人进行现场踏勘
B. 为便于投标人提出问题并得到解答,踏勘现场一般安排在投标预备会的前 1～2 天
C. 投标预备会可安排在发出招标文件 7 日后 15 日以内举行
D. 在投标预备会上还应对图纸进行交底和解释
E. 招标人对投标人所作出的解释、澄清或投标人提出的问题,均应以书面形式予以确认

(3) 一般适用于总价合同的工程有(　　)。
A. 设计图纸完整齐备　　　　B. 对工程要求十分明确的项目
C. 工期较短　　　　　　　　D. 技术复杂
E. 工程量大

(4) 依照建设部的规定,招标文件应包括下列(　　)内容。
A. 投标人须知　　　　　　　B. 投标文件格式
C. 投标价格　　　　　　　　D. 设计图纸
E. 评标标准和方法

三、问答题

(1) 解释下列概念。
① 招标文件　② 招标控制价　③ 公开招标　④ 邀请招标

(2) 简述我国建设工程招标的程序和主要工作内容。
(3) 建设工程招标应具备哪些条件。
(4) 简述公开招标和邀请招标的区别,各自的优缺点。
(5) 简述建设工程评标方法。
(6) 简述施工合同的类型及选择时考虑的因素。

答案:
一、单选题
(1) B　(2) D　(3) A　(4) C　(5) D　(6) B　(7) B　(8) C　(9) C　(10) D
二、多选题
(1) ADE　(2) BDE　(3) ABC　(4) ABDE

三、(略)

第 5 章 建设项目施工阶段造价管理

【本章概述】

本章讲述施工组织设计的编制内容和程序,用施工预算控制工程造价,工程变更与合同价调整,工程索赔及工程结算等相关内容。

【学习目标】

1. 了解施工组织设计的编制内容和程序。
2. 熟悉施工预算控制工程造价的方法。
3. 掌握工程变更与合同价的调整方法。
4. 掌握工程索赔的方法及索赔费用的计算。
5. 掌握工程结算的方法并能进行工程结算。

5.1 优化施工组织设计

5.1.1 施工组织设计的编制内容和程序

1. 施工组织设计的编制内容

1）工程概况

主要包括建筑工程的工程性质、规模、地点、工程特点、工期、施工条件、自然环境、地质水文等情况。

2）施工方案

主要包括各分部分项工程的施工顺序、主要的施工方法、新工艺新方法的运用、质量保证措施等内容。

3）施工进度计划

主要包括各分部分项工程根据工期目标制订的横道图计划或网络图计划。在有限的资源和施工条件下,如何通过计划调整来实现工期最小化、利润最大化的目标,是制订各项资源需要量计划的依据。

4）施工平面图

主要包括机械、材料、加工场、道路、临时设施、水源电源在施工现场的布置情况,是施工组织设计在空间上的安排。确保科学、合理、安全、文明地施工。

5)施工准备工作中各项资源需要量计划

主要包括施工准备计划、劳动力、机械设备、主要材料、主要构件和半成品构件的需要量计划。

6)主要技术经济指标

主要包括工期指标、质量指标、安全文明指标、降低成本指标、实物量消耗指标等。用以评价施工的组织管理及技术经济水平。

2. 施工组织设计的编制程序

施工组织设计的编制程序是指对其各组成部分形成的先后顺序及相互制约关系的处理。由于施工组织设计是施工单位用于指导施工的文件,必须结合具体工程实际,在编制前应会同有关部门和人员,在调查研究的基础上,共同研究和讨论其主要的技术措施和组织措施。施工组织设计的编制程序如图5-1所示。

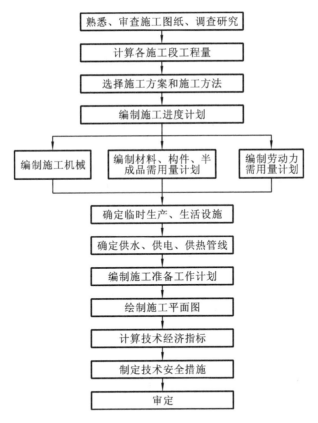

图 5-1 施工组织设计的编制程序

5.1.2 优化施工组织设计

1. 合理安排施工顺序

不论何种类型的工程施工,都有其客观的施工顺序。在施工组织中,一般应将工程施工对象按工艺特征进行科学分解,然后在它们之间组织流水施工作业,使之搭接最大、衔接紧凑、工期较短。

2. 采用先进的施工技术和施工组织措施

在先进的施工技术层出不穷的今天,采用先进的施工技术是提高劳动生产率、保证工程质量、加快施工进度、降低施工成本、减轻劳动强度的重要途径。但是,在具体编制单位工程施工组织设计时选用新技术应从企业的实际出发,以实事求是的态度,在调查研究的基础上,经过科学分析和技术论证,慎重对待。既要考虑其先进性,更要考虑其适用性和经济性。

先进的组织管理是提高社会效益和经济效益的重要措施。为实现工程施工组织科学化、规范化、高效化管理,应当采用科学的、先进的施工组织措施(如组织施工流水作业、网络计划技术、计算机应用技术、项目经理制、岗位责任制等)。

3. 专业工种的合理搭接和密切配合

随着科学技术的发展,社会进步和物质文化的提高,建筑施工对象也日趋复杂化、高技术化,在许多工程的施工中,一些专业工种相互联系、相互依存、相互制约,因此,要完成一个工程的施工,涉及的工种将越来越多,相互之间的配合,对工程施工进度的影响也越来越大,这就需要在施工组织设计中作出科学安排。单位工程的施工组织设计要有预见性和计划性,既要使各施工过程、专业工种顺利进行施工,又要使它们尽可能实现搭接和交叉,以缩短施工工期,提高经济效益。

4. 对多种施工方案要进行技术经济分析

任何一个工程的施工,必然有多种施工方案,在单位工程施工组织设计中,应根据各方面的实际情况,对主要工种工程的施工方案和主要施工机械的作业方案,进行充分的论证,通过技术经济分析,选择技术先进、经济合理,且符合施工现场实际、适合施工企业的施工方案。

5.1.3 处理好质量、成本、工期三者之间的关系

建设工程质量、成本、工期三者之间是既对立又统一的关系。由于建设工程三大目标之间存在对立的关系,因此,不能奢望成本、进度、质量三大目标同时达到"最优",即既要成本少,又要工期短,还要质量好。在确定建设工程目标时,不能将成本、进度、质量三大目标割裂开来,分别孤立、分析和论证,更不能片面强调某一目标而忽略其他两个目标的不利影响,而必须将成本、进度、质量三大目标作为一个系统统筹考虑,反复协调和平衡,力求实现整个目标系统最优。对于建设工程三大目标之间的统一关系,需要从不同的角度分析和理解。

5.2 用施工预算控制工程造价

5.2.1 概述

施工预算是指施工企业为了加强内部的经济核算,节约人工、材料,合理使用机

械,在施工图预算的控制下,结合本企业的实际情况,计算拟建工程所需人工、材料、施工机械等的数量和费用,并直接用于施工生产的技术经济文件。它是根据施工图纸、施工组织设计或施工方案、施工定额并结合企业的施工工艺及工程具体情况而编制的,是施工企业内部组织施工、进行成本核算的依据,是企业经济核算的基础,也是施工中人工、材料、施工机械消耗的数量限额。所以说,施工预算是施工企业基层单位的成本计划文件。

5.2.2 施工预算的编制依据、方法和步骤

1. 施工预算的编制依据

(1) 审定后的施工图和设计说明书。
(2) 施工组织设计或施工方案。
(3) 经审核批准的施工图预算。
(4) 现行的施工定额或劳动定额、材料消耗定额和机械台班使用定额。
(5) 现行的地区人工工资标准,材料预算价格,机械台班单价及相关文件。
(6) 实际勘察和测量资料。
(7) 计算手册及有关资料。

2. 施工预算的编制方法

施工预算的编制方法主要有以下三种。

1) 实物法

根据施工图纸、施工定额,结合施工方案所确定的施工技术措施,算出工程量后,套用施工定额,分析人工、材料、机械消耗量。

2) 实物金额法

用实物法计算出人工、材料、机械消耗量,分别乘以所在地区的人工、材料、机械单价求出人工费、材料费和机械费的编制过程就是实物金额法。

3) 单位估价法

利用施工图和施工定额计算工程量后,套用施工定额基价,逐项算出直接工程费后再汇总成单位工程、分部工程、分层及分段的直接工程费。

3. 施工预算的编制步骤

(1) 收集熟悉有关资料,了解施工现场情况。编制施工预算以前应将有关资料收集齐全,如施工图纸和会审记录、施工组织设计(或施工方案)、施工定额及工程量计算规则等。同时,还要深入施工现场,了解现场情况和施工条件,如施工环境、地质条件、道路,施工现场平面布置等。收集资料和了解情况是编制施工预算的必备前提条件和基本准备工作。

(2) 计算工程量。施工预算的工程量计算规则与施工图预算的工程量计算规则既相同又有区别,计算前应该熟悉规则。为了较好地发挥施工预算指导施工的作用,配合签发施工任务单、限额领料单等管理措施的实施,施工预算计算工程量产量定额

时,往往按施工顺序的分层、分段、分部位列工程项目。在编制施工预算时,一定要依据施工定额所规定的计算规则,认真、仔细地进行列项,计算工程量。

(3) 套用定额,按层、段、部位计算直接费及工料分析,汇总。

(4) 进行"两算"对比。

(5) 编写编制说明。

5.2.3 "两算"对比分析

1. "两算"对比的含义及意义

"两算"对比是指施工图预算与施工预算的对比。施工图预算是确定工程造价的依据,施工预算是施工企业控制工程成本的尺度。它们是从不同角度确定成本的。

"两算"对比是施工企业为完成建筑产品可能得到的收入与计划支出的分析对比。通过"两算"对比,可以找出节约和超支的原因,搞清施工管理中不合理的地方和薄弱环节,并提出解决问题的办法,防止因人工、材料、机械台班及相应费用的超支而导致工程成本的上升,进而造成亏损。因此,"两算"对比对于进一步制定人工、材料(包括周转性材料)、机械设备消耗和资金运用等计划,有效地主动控制实际成本消耗,促进施工项目经济效益的不断提高,不断改善施工企业与现场施工的经营管理等,都有着十分重要的意义。

2. "两算"对比分析的内容

对比的内容以施工预算所包括的内容为准,通常施工预算所确定的量或费应低于施工图预算确定的量或费。对比的方法一般采用实物量对比法或实物金额对比法。

1) 实物量对比法

实物量对比法就是把"两算"相同项目所需的人工、材料和机械台班消耗量进行比较,分部工程或主要分项工程也可以进行对比。由于预算定额项目的综合性大,在对比时,一般合并施工预算项目的实物量与其对应,然后才能进行对比,见表5-1。

2) 实物金额对比法

实物金额对比法就是把施工预算的人工、材料和机械台班数量进行套价(宜采用施工图预算的单价作为对比的同一单价)汇总成费用形式与施工图预算的相同内容比较,一般以直接费为基本对比内容,见表5-2。

表 5-1 砖墙"两算"对比表

工程名称＿＿＿＿＿＿＿＿＿＿

项目名称	数量/m³	两　算	人工材料种类		
			人工/工日	砂浆/m³	砖/千块
一砖墙	245.8	施工预算	322.0	54.8	128.1
		施工图预算			

续表

项目名称	数量/m³	两算	人工材料种类		
			人工/工日	砂浆/m³	砖/千块
1/2 砖墙	6.4	施工预算	10.3	1.24	3.56
		施工图预算			
合计	252.2	施工预算	332.3	56.04	131.66
		施工图预算	422.1	56.49	132.65
		"两算"对比额	+89.9	+0.45	+0.99
		"两算"对比(±%)	+21.27	+0.80	+0.75

表 5-2 "两算"对比表

工程名称_____

序号	项目	单位	施工图预算			施工预算			数量差			金额差		
			数量	单价/元	合计/元	数量	单价/元	合计/元	节约	超支	差率/%	节约/元	超支/元	差率/%
一	直接费	元			10 096.68			9451.86				644.82		6.39
	其中:折合一级工	工日	617.45		971.92	560.70		882.58	56.75		9.19	89.34		9.19
	材料	元			8590.12			8057.54				532.58		6.20
	机械	元			534.64			511.74				22.9		4.28
二	分部													
1	土方工程	元			228.55			210.29				18.26		7.99
2	砖石工程	元			2735.36			2605.10				130.26		4.76
3	钢筋混凝土工程	元			2239.52			2126.84				112.68		5.03
4	……													
三	单项													
1	板方材	m³	2.132	500	1066	2.09	500	1045	0.042		1.97	21		1.97
2	φ10 以外钢筋	t	1.075	1400	1505	1.044	1400	1461.60	0.031		2.88	43.40		2.88
3	……													

5.3 工程变更与合同价调整

5.3.1 工程变更概述

1. 工程变更的分类

由于工程建设的周期长,涉及的经济关系和法律关系复杂,受自然条件和客观因素的影响大,导致项目的实际情况与项目招标投标时的情况相比会发生一些变化。因此,工程的实际施工情况与招标投标时的工程情况相比往往会有一些变化,工程变更包括工程量变更、工程项目的变更(如发包人提出增加或者删减原项目内容)、进度计划的变更、施工条件的变更等。如果按照变更的起因划分,变更的种类有很多,如:发包人的变更指令(包括发包人对工程有了新的要求等);由于设计错误,必须对设计图纸作修改;工程环境变化;由于产生了新的技术和知识而必需改变原设计、实施方案或实施计划;法律法规或者政府对建设项目有了新的要求等。当然,这样的分类并不是十分严格的,变更原因也不是相互排斥的。因为我国要求严格按图施工,如果变更影响了原来的设计,则首先应当变更原设计,因此,这些变更最终往往表现为设计变更。考虑到设计变更在工程变更中的重要性,往往将工程变更分为设计变更和其他变更两大类。

1) 设计变更

在施工过程中如果发生设计变更,将对施工进度产生很大的影响。因此,应尽量减少设计变更,如果必须对设计进行变更,必须严格按照国家的规定和合同约定的程序进行。

能够构成设计变更的事项一般包括以下变更:

① 更改有关部分的标高、基线、位置和尺寸;
② 增减合同中约定的工程量;
③ 改变有关工程的施工时间和顺序;
④ 其他有关工程变更需要的附加工作。

2) 其他变更

合同履行中发包人要求变更工程质量标准及发生其他实质性变更,由双方协商解决。

2. 工程变更的处理要求

(1) 如果出现了必须变更的情况,应当尽快变更。变更越早,损失越小。

(2) 工程变更指令一旦发出后,应当迅速落实指令,全面修改相关的各种文件。承包人也应当抓紧落实,如果承包人不能全面落实变更指令,则扩大的损失应当由承包人承担。

(3) 对工程变更的影响应当作深入分析。对变更大的项目应坚持先算后变的原则,即不得突破标准,造价不得超批准的限额。

5.3.2 《建设工程施工合同文本》条件下的工程变更

1. 设计变更的处理程序

从合同的角度看,不论什么原因导致的设计变更,必须首先有一方提出,因此可以分为发包人原因对原设计进行变更和承包人原因对原设计进行变更两种情况。

(1) 发包人原因对原设计进行变更。施工中发包人原因如果需要对原工程设计进行变更,应不迟于变更前 14 d 以书面形式向承包人发出变更通知。承包人对于发包人的变更通知没有拒绝的权利,这是合同赋予发包人的一项权利。因为发包人是工程的出资人、所有人和管理者,对将来工程的运行承担主要的责任,只有赋予发包人这样的权利才能减少更大的损失。如变更超过原设计标准或者批准的建设规模时,须经原规划管理部门和其他有关部门审查批准,并由原设计单位提供变更的相应的图纸和说明。

(2) 承包人原因对原设计进行变更。承包人应严格按照图纸施工,不得随意变更设计。施工中承包人提出的合理化建议涉及对设计图纸或者施工组织设计的更改及对原材料、设备的更换须经工程师同意。工程师同意变更后,并由原设计单位提供变更的相应的图纸和说明,变更超过原设计标准或者批准的建设规模时,还须经原规划管理部门和其他有关部门审查批准。承包人未经工程师同意擅自更改或换用时,由承包人承担由此发生的费用并赔偿发包人的有关损失,延误的工期不予顺延。

2. 其他变更的处理程序

从合同角度看,除设计变更外,其他能够导致合同内容变更的都属于其他变更。如双方对工程质量要求的变化(当然是涉及强制性标准变化)、双方对工期要求的变化、施工条件和环境的变化导致施工机械和材料的变化等。这些变更的程序是首先应当由一方提出,与对方协商一致签署补充协议后方可进行变更,其处理程序与设计变更的处理程序相同。

3. 工程变更价款的确定程序

设计变更发生后,承包人在工程设计变更确定后 14 d 内提出变更工程价款的报告,经工程师确认后调整合同价款;工程设计变更确认后 14 d 内,如承包人未提出适当的变更价格,则发包人可根据所掌握的资料决定是否调整合同价款和调整的具体金额。重大工程变更涉及工程价款变更报告和确认的时限由发承包双方协商,自变更工程价款报告送达之日起 14 d 内,对方未确定也未提出协商意见时,视该变更工程价款报告已被确认。

4. 工程变更价款的确定方法

在工程变更确定后 14 d 内,设计变更涉及工程价款调整的,由承包人向发包人提出,经工程师审核和发包人同意后调整合同价款。工程变更价款的确定按照下列方法进行。

(1) 合同中已有适用于变更工程的价格,按合同已有的价格执行。
(2) 合同中只有类似于变更工程的价格,可以参照类似价格执行。
(3) 合同中没有适用或类似于变更工程的价格,由承包人提出,发包人确认后执行。如双方不能达成一致的,双方可提请工程所在地工程造价管理机构进行咨询或按合同约定的争议或纠纷解决程序办理。

因此,在变更后合同价款的确定上,首先应当考虑使用合同中已有的、能够适用或者能够参照使用的,其原因在于合同中已经订立的价格(一般是通过招标投标)是较为公平合理的、双方均能接受的价格,因此应当尽量使用。

5.3.3 FIDIC 合同条件下的工程变更

根据 FIDIC 合同条件的约定,在颁布工程接收证书前的任何时间,工程师可通过发布指令或要求承包商提交建议书的方式提出变更;承包商应尽快做出书面回应,或在规定的时间内提出其不能照办的理由,或提交以下材料:
(1) 对建议要完成的工作的说明,以及实施的进度计划;
(2) 根据进度计划和竣工时间的要求,承包商对进度计划作出必要修改的建议书;
(3) 承包商对变更估价的建议书。

工程师收到此类建议书后,应尽快给予批准、不批准,或提出意见的回复。在等待答复期间,承包商不应延误任何工作,应由工程师向承包商发出执行每项变更并附做好各项费用记录的任何要求的指示,承包商应确认收到该指示。

在 FIDIC 合同条件下,业主提供的设计一般较为粗略,有的设计(施工图)是由承包商完成的,因此,其设计变更少于我国施工合同条件下的设计变更。

5.4 工程索赔

5.4.1 工程索赔的概念和分类

1. 工程索赔的概念及常见内容

工程索赔是在工程承包合同履行中,当事人一方由于另一方未履行合同所规定的义务或者出现了应由对方承担的风险而受到损失时,向另一方提出赔偿要求的行为。在实际工作中,"索赔"是双向的,我国《建设工程施工合同(示范文本)》中索赔就是双向的,既包括承包人向发包人的索赔,也包括发包人向承包人的索赔,但通常情况下,索赔是指承包人(施工单位)在合同实施过程中,对非自身原因造成的工期延期、费用增加而要求发包人给予补偿损失的一种权利要求。

工程索赔常见的内容如下。
(1) 业主没有按合同规定的时间交付设计图纸数量和资料,未按时交付合格的施工现场等,造成工程拖延和损失。

(2) 工程地质条件与合同规定、设计文件不一致。

(3) 业主或监理工程师变更原合同规定的施工顺序,扰乱了施工计划及施工方案,使工程数量有较大增加。

(4) 业主指令提高设计、施工、材料的质量标准。

(5) 由于设计错误或业主、工程师错误指令,造成工程修改、返工、窝工等损失。

(6) 业主和监理工程师指令增加额外工程或指令工程加速。

(7) 业主未能及时交付工程款。

(8) 物价上涨、汇率浮动,造成材料价格、人工工资上涨,承包商蒙受较大损失。

(9) 国家政策、法令修改。

(10) 不可抗力因素等。

2. 索赔成立的条件

(1) 并非自己的过错,即造成费用增加或工期损失的原因不是由于自己一方的过失。

(2) 已经造成实际损失,与合同相比较已经造成了实际额外费用增加或工期损失。

(3) 该事件属合同以外的风险。

(4) 在规定的期限内,提出索赔书面要求。

3. 工程索赔的分类

1) 按索赔合同依据分类

(1) 合同中明示的索赔。

合同中明示的索赔是指承包单位所提出的索赔要求,在该工程项目的合同文件中有文字依据,承包单位可以据此提出索赔要求,并取得经济补偿。这些在合同文件中有文字规定的合同条款,称为明示条款。

(2) 合同中默示的索赔。

合同中默示的索赔,即承包单位的该项索赔要求,虽然在工程项目的合同条款中没有专门的文字叙述,但可以根据该合同的某些条款的含义,推论出承包单位有索赔权。这种索赔要求,同样有法律效力,有权得到相应的经济补偿。这种有经济补偿含义的条款,在合同管理工作中被称为"默示条款"或"隐含条款"。

默示条款是一个广泛的合同概念,它包含合同明示条款中没有写入,但符合双方签订合同时设想的愿望和当时环境条件的一切条款。这些默示条款,或者从明示条款所表述的设想愿望中引申出来,或者从合同双方在法律上的合同关系引申出来,经合同双方协商一致,或被法律和法规所指明,都成为合同文件的有效条款,要求合同双方遵照执行。

2) 按索赔的目的分类

(1) 工期索赔。

由于非承包单位责任的原因而导致施工进程延误,要求批准顺延合同工期的索赔,称为工期索赔。工期索赔形式上是对权利的要求,以避免在原定合同竣工日不能完工时,被业主追究拖期违约责任。一旦获得批准合同工期顺延后,承包单位不仅免除了承担拖期违约赔偿费的严重风险,而且可能提前工期得到奖励,最终仍反映在经济收益上。

(2) 费用索赔。

费用索赔的目的是要求经济补偿。当施工的客观条件改变导致承包单位增加开支,要求对超出计划成本的附加开支给予补偿,以挽回不应由其承担的经济损失。

3) 按索赔事件的性质分类

(1) 工程延期索赔。

因业主未按合同要求提供施工条件,如未及时交付设计图纸、施工现场、道路等,或因业主指令工程暂停或不可抗力事件等原因造成工期拖延的,承包单位对此提出索赔。这是工程中常见的一类索赔。

(2) 工程变更索赔。

由于业主或监理工程师指令增加或减少工程量,或增加附加工程、修改设计、变更工程顺序等,造成工期延长和费用增加,承包单位对此提出索赔。

(3) 合同被迫终止的索赔。

由于业主违约以及不可抗力事件等原因造成合同非正常终止,承包单位因其蒙受经济损失而向对方提出索赔。

(4) 工程加速索赔。

由于业主或监理工程师指令承包单位加快施工速度、缩短工期,引起承包单位人、财、物的额外开支而提出的索赔。

(5) 意外风险和不可预见因素索赔。

在工程实施过程中,因人力不可抗拒的自然灾害、特殊风险以及一个有经验的承包单位通常不能合理预见的不利施工条件或外界障碍,例如,地下水、地质断层、溶洞、地下障碍物等引起的索赔;工期拖延索赔;不可预见的外部障碍或条件索赔;工程变更索赔;工程中止索赔;其他索赔(如货币贬值、物价上涨、法令变化、业主推迟支付工程款引起索赔)等。

5.4.2 工程索赔的处理程序

1. 工程索赔的处理原则

1) 索赔必须以合同为依据

遇到索赔事件时,造价工程师必须以完全独立的身份,站在客观公正的立场上审查索赔要求的正当性,以合同为依据来公平处理合同双方的利益纠纷。根据我国有关规定,合同文件能互相解释、互为说明,除合同另有约定外,其组成和解释顺序如下。

① 本合同协议书。
② 中标通知书。
③ 投标书及其附件。
④ 本合同专用条款。
⑤ 本合同通用条款。
⑥ 标准、规范及有关技术文件。
⑦ 图纸。
⑧ 工程量清单。
⑨ 工程报价单或预算书。

2) 必须注意资料的积累

积累一切可能涉及索赔论证的资料,做到处理索赔时以事实和数据为依据。

3) 及时、合理地处理索赔

索赔发生后,必须依据合同的准则及时地对索赔进行处理,如承包人的索赔长期得不到合理解决,索赔堆积的结果会导致其资金困难,同时会影响工程进度,给双方都带来不利的影响。

4) 加强索赔的前瞻性

在工程的实施过程中,应对可能引起的索赔进行预测,及时采取补救措施,避免过多索赔事件的发生。

2. 《建设工程施工合同(示范文本)》规定的工程索赔程序

索赔主要程序是施工单位向建设单位提出索赔意向,调查干扰事件,寻找索赔理由和证据,计算索赔值,起草索赔报告,通过谈判、调解或仲裁,最终解决索赔争议。建设单位未能按合同约定履行自己的各项义务或发生错误以及应由建设单位承担的其他情况,造成工期延误和(或)施工单位不能及时得到合同价款及施工单位的其他经济损失,施工单位可按下列程序以书面形式向建设单位索赔。

(1) 承包人应在确认引起索赔的事件发生后 28 d 内向发包人发出索赔通知。

(2) 在承包人确认引起索赔的事件后 42 d 内,承包人应向发包人递交一份详细的索赔报告,包括索赔的依据,要求追加付款的全部资料。

(3) 发包人在收到施工单位递交的索赔报告及有关资料后,于 28 d 内给予答复,或要求施工单位进一步补充索赔理由和证据。

(4) 发包人在收到施工单位递交的索赔报告和有关资料后 28 d 内未予答复或未对施工单位作进一步要求,视为该项索赔已经认可。

(5) 当该索赔事件持续进行时,施工单位应当阶段性地向发包人发出索赔意向,在索赔事件终了 28 d 内,向发包人送交索赔的有关资料和最终索赔报告,索赔答复程序与(3)(4)规定相同。

3. FIDIC 合同条件规定的工程索赔程序

(1) 承包商应当在察觉或应当察觉索赔事件或情况后 28 d 内发出索赔通知。

(2) 如果承包商未能在上述 28 d 期限内发出索赔通知,则丧失索赔权。

(3) 承包商应当在察觉或应当察觉索赔事件或情况后 42 d 内向工程师递交详细的索赔报告,包括索赔的依据、要求延长的时间和(或)追加付款的全部详细资料。

(4) 承包商应当在索赔的事件或情况产生影响结束后 28 d 内,递交一份最终的索赔报告。

(5) 工程师要在收到索赔报告后 42 d 内,作出答复,表示"批准"或"不批准",或"不批准并附具体意见"等处理意见。

5.4.3 工期索赔的确定

1. 工期索赔应当注意的问题

(1) 划清施工进度拖延的责任。因承包商的原因造成施工进度滞后,属于不可原谅的延期,只有承包商不应承担任何责任的延误,才是可原谅的延期。有时工期延期的原因中可能包含有双方责任,此时工程师应进行详细分析。

可原谅延期,又可细分为既给工期延长又给费用补偿和只给工期延长但不给费用补偿两种。后者是指非承包人责任的影响并未导致施工成本的额外支出,如异常恶劣的气候条件影响的停工等。

(2) 被延误的工作应是处于施工进度计划关键线路上的施工内容。只有位于关键线路上工作内容的滞后,才会影响到竣工日期。若属于非关键线路上的工作,要详细分析这一延误对后续工作的可能影响,有没有时差可以被利用。因为若对非关键线路工作的影响时间较长,超过了该工作可用于自由支配的时间,也会导致进度计划中非关键线路转化为关键线路,其滞后将影响总工期的拖延。此时,应充分考虑该工作的自由时间,给予相应的工期顺延,并要求承包人修改施工进度计划。

2. 工期索赔的计算

工期索赔的计算方法主要有两种,一种是网络分析法,一种是比例计算法。

1) 网络分析法

网络分析法是利用进度计划的网络图,分析其关键线路。如果延误的工作为关键工作,则总延误的时间为批准顺延的工期;如果延误的工作为非关键工作,当该工作由于延误超过时差限制而成为关键工作时,可以批准延误时间与时差的差值;若该工作延误后仍为非关键工作,则不存在工期索赔问题。

2) 比例计算法

$$工期索赔值 = \frac{受干扰部分工程的合同价}{原合同总价} \times 该受干扰部分工期拖延时间$$

或

$$工期索赔值 = \frac{额外增加的工程量的价格}{原合同总价} \times 原合同总工期$$

比例计算法简单方便,但有时不尽符合实际情况,不适用于变更施工顺序、加速施工、删减工程量等事件的索赔。

【例 5-1】 某建设工程系外资贷款项目,业主与承包商按照 FIDIC《土木工程施工合同条件》签订了施工合同。施工合同《专用条件》规定：钢材、木材、水泥由业主供货到现场仓库，其他材料由承包商自行采购。

当工程施工至第五层框架柱钢筋绑扎时，因业主提供的钢筋未到，使该项作业从10月3日至10月16日停工（该项作业的总时差为14 d）。

10月7日至10月9日因停电、停水使第三层的砌砖停工（该项作业的总时差为4 d）。

10月14日至10月17日因砂浆搅拌机发生故障使第一层抹灰迟开工（该项作业的总时差为4 d）。

为此，承包商于10月20日向工程师提交了一份索赔意向书，并于10月25日送交了一份工期、费用索赔计算书和索赔依据的详细材料，其计算书的主要内容如下。

(1) 工期索赔。

① 框架柱扎筋　　10月3日至10月16日停工　　　　　　计 14 d
② 砌砖　　　　　10月7日至10月9日停工　　　　　　　计 3 d
③ 抹灰　　　　　10月14日至10月17日迟开工　　　　　计 4 d

总计请求顺延工期：21 d

(2) 费用索赔。

① 窝工机械设备费：

一台塔吊　　　　　　　14×468元＝6552元
一台混凝土搅拌机　　　14×110元＝1540元
一台砂浆搅拌机　　　　7×48元＝336元
小计：　　　　　　　　8428元

② 窝工人工费：

扎筋　　　　　35人×40.30×14元＝19 747元
砌砖　　　　　30人×40.30×3元＝3627元
抹灰　　　　　35人×40.30×4元＝5642元
小计：　　　　29 016元

③ 保函费延期补偿：　(15 000 000×10％×6‰/365)×21元＝517.81元
④ 管理费增加：　　　(8428＋29 016＋517.81)×15％元＝5694.27元
⑤ 利润损失：　　　　(8428＋29 016＋517.81＋5694.27)×5％元＝2182.80元

经济索赔合计：　　　45 838.88元

问题：承包商提出的工期索赔是否正确？应予以批准的工期索赔为多少天？

解　承包商提出的工期索赔不正确。

(1) 框架柱绑扎钢筋停工14 d，应予以工期补偿。这是由于业主原因造成的，且该项作业位于关键线路上。

(2) 砌砖停工，不予以工期补偿。因为该项停工虽属于业主原因造成的，但该项作业不在关键线路上，且未超过工作总时差。

（3）抹灰停工，不予以工期补偿，因为该项停工属于承包商自身原因造成的。

同意工期补偿：(14+0+0) d=14 d。

5.4.4 费用索赔的确定

1. 费用索赔的组成

费用索赔的内容一般可以包括人工费、设备费、材料费、保函手续费、迟延付款利息、保险费、管理费、利润等。

（1）人工费。包括增加工作内容的人工费、停工损失费和工作效率降低的损失费等累计，其中增加工作内容的人工费应按照计日工费计算，而停工损失费和工作效率降低的损失费按窝工费计算，窝工费的标准双方应在合同中约定。

（2）设备费。可采用机械台班费、机械折旧费、设备租赁费等几种形式。当工作内容增加引起设备费索赔时，设备费的标准按照机械台班费计算。因窝工引起的设备费索赔，当施工机械属于施工企业自有时，按照机械折旧费计算索赔费用；当施工机械是施工企业从外部租赁时，索赔费用的标准按照设备租赁费计算。

（3）材料费。包括索赔事项材料实际用量超过计划用量而增加的材料费，客观原因材料价格大幅度上涨而增加的材料费，非承包商的原因引起的工程延误导致的材料价格上涨和超期储存费用。材料费中应包括运输费、仓储费以及合理的损耗费用。如果由于承包商管理不善，造成材料损失，则不能列入索赔计价。

（4）保函手续费。工程延期时，保函手续费相应增加，反之，取消部分工程且发包人与承包人达成提前竣工协议时，承包人的保函金额相应扣减，则计入合同价内的保函手续费也应扣减。

（5）迟延付款利息。发包人未按约定时间进行付款的，应按银行同期贷款利率支付迟延付款的利息。

（6）保险费。

（7）管理费。此项又可分为现场管理费和公司管理费两部分，由于二者的计算方法不一样，所以在审核过程中应区别对待。

① 现场管理费是指承包商完成额外的工程、索赔事项工作以及工期延长期间的现场管理费，包括管理人员工资、办公费、交通费等。但如果对部分工人窝工损失索赔时，因其他工程仍然进行，则不予考虑现场管理费索赔。

② 公司管理费主要是指工程延误期间所增加的管理费，这项索赔款的计算目前没有统一的方法。

（8）利润。一般来说，由于工程范围的变更、文件有缺陷或技术性错误、业主未能提供现场等所引起的索赔，承包商可以列入利润索赔。但对于工程暂停的索赔，由于利润通常是包括在每项实施的工程内容的价格之内的，而延误工期并未影响某些项目的实施而导致利润减少。所以，一般造价管理者很难同意在工程暂停的费用索赔中列入利润损失。索赔利润的款额计算通常与原报价单中的利润率一致。

在不同的索赔事件中可以索赔的费用是不同的。根据《标准施工招标文件》中通用合同条款的内容,可以合理补偿承包人的条款如表 5-3 所示。FIDIC 合同条件下可以合理补偿承包人的条款如表 5-4 所示。

表 5-3 《标准施工招标文件》中合同条款规定的可以合理补偿承包人索赔的条款

序号	条款号	主要内容	可补偿内容		
			工期	费用	利润
1	1.10	施工过程发现文物、古迹以及其他遗迹、化石、钱币或物品	√	√	
2	4.11	承包人遇到不利物质条件	√	√	
3	5.2.4	发包人要求向承包人提前交付材料和工程设备		√	
4	5.2.6	发包人提供的材料和工程设备不符合合同要求	√	√	√
5	8.3	发包人提供基准资料错误导致承包人的返工或造成工程损失		√	√
6	11.3	发包人的原因造成工期延误	√	√	√
7	11.4	异常恶劣的气候条件	√		
8	11.6	发包人要求承包人提前竣工		√	
9	12.2	发包人原因引起的暂停施工	√	√	
10	12.4	发包人原因造成暂停施工后无法按时复工	√	√	
11	13.1	发包人原因造成工程质量达不到合同约定验收标准的	√	√	√
12	13.5	监理人对隐蔽工程重新检查,经检验证明工程质量符合合同要求的	√	√	
13	16.2	法律变化引起的价格调整		√	
14	18.4	发包人在全部工程竣工前,使用已接收的单位工程导致承包人费用增加		√	√
15	18.6	发包人的原因导致运行失败的		√	
16	19.2	发包人原因导致的工程缺陷和损失		√	√
17	21.3	不可抗力	√		

表 5-4 FIDIC 合同条件下部分可以合理补偿承包商索赔的条款

序号	条款号	主要内容	可补偿内容		
			工期	费用	利润
1	1.91	延误发放图纸	√	√	√
2	2.12	延误移交施工现场	√	√	√
3	4.7	承包商依据工程师提供的错误数据导致放线错误			√
4	4.12	不可预见的外界条件	√	√	

续表

序号	条款号	主要内容	可补偿内容		
			工期	费用	利润
5	4.24	施工中遇到文物和古迹	√	√	
6	7.4	非承包商原因检验导致施工的延误	√	√	√
7	8.4.a	变更导致竣工时间的延长	√		
8	(c)	异常不利的气候条件	√		
9	(d)	由于传染病或其他政府行为导致工期的延误	√		
10	(e)	业主或其他承包商的干扰	√		
11	8.5	公共当局引起的延误	√		
12	10.2	业主提前占用工程		√	√
13	10.3	对竣工检验的干扰	√	√	√
14	13.72	后续法规引起的调整	√		
15	18.1	业主办理的保险未能从保险公司获得补偿部分		√	
16	19.4	不可抗力事件造成的损害	√	√	

2. 费用索赔的计算

费用索赔的计算方法有实际费用法、修正总费用法等。

(1) 实际费用法。该方法是按照每项索赔事件所引起损失的费用项目分别计算索赔值,然后将各费用项目的索赔值汇总,即可得到总索赔费用值。这种方法以承包商为某项索赔工作所支付的实际开支为依据,但仅限于由于索赔事项引起的、超过原计划的费用,故也称额外成本法。

(2) 修正总费用法。这种方法是对总费用法的改进,即在总费用计算的原则上,去掉一些不确定的可能因素,对总费用法进行相应的修改和调整,使其更加合理。

【例 5-2】 背景资料即【例 5-1】。

问题:假定经双方协商一致,窝工机械设备费索赔按台班单价的 65% 计;考虑对窝工人工应合理安排工人从事其他作业后的降效损失,窝工人工费索赔按每工日 20 元计;保函费计算方式合理;管理费、利润损失不予补偿。试确定经济索赔额。

解 (1) 窝工机械设备费
一台塔吊
　　$14 \times 468 \times 65\%$ 元 = 4258.80 元(按惯例闲置机械只应计取折旧费)
一台混凝土搅拌机
　　$14 \times 110 \times 65\%$ 元 = 1001.00 元(按惯例闲置机械只应计取折旧费)
一台砂浆搅拌机
　　$3 \times 48 \times 65\%$ 元 = 93.60 元(因停电闲置只应计取折旧费)

因故障砂浆搅拌机停机 4 天应由承包商自行负责损失,故不给补偿。
小计　　　　　　(4258.80+1001.00+93.60)元=5353.40 元
(2) 窝工人工费
扎筋窝工　　　　　　35×20×14 元=9800.00 元
业主原因造成,但窝工工人已做其他工作,所以只补偿工效差。
砌砖窝工
　　　　　　30×20×3 元=1800.00 元(业主原因造成,只考虑降效费用)
抹灰窝工不应给补偿,因系承包商责任。
小计　　　　　　(9800.00+1800.00)元=11 600.00 元
(3) 保函费补偿
　　　　　　(15 000 000×10%×6‰/365)×14 元=345.21 元
经济补偿合计
　　　　　　(5353.40+11 600.00+345.21)元=17 298.61 元

5.5　工程结算

5.5.1　工程价款的结算

工程价款的结算是指承包商在工程实施过程中,依据承包合同中的付款条款的规定和已经完成的工程量,按照规定程序向建设单位(业主)收取工程价款的一项经济活动。

1. 工程价款的结算方式

工程结算从大的方面分中间结算和竣工结算两种情况,具体分为按月结算、分段结算、目标价款结算、竣工后一次结算、双方约定的其他结算方式。

1) 按月结算

实行旬末或月中预支,月终结算,竣工后清算的办法。跨年度的工程,在年终进行工程盘点,办理年度结算。我国现行建筑安装工程价款结算中,相当一部分是实行这种按月结算。

年终结算是指单位或单项工程不能在本年度竣工,而要转入下年继续施工。为了正确统计施工企业本年度的经营成果和建设投资完成情况,由施工企业、建设单位和建设银行对正在施工的工程进行已完成和未完成工程量盘点,结算本年度的工程价款。

2) 分段结算

分段结算是指当年开工,当年不能竣工的单项(或单位)工程,按其施工进度划分为若干施工阶段,按阶段进行工程价款结算。分段的划分标准,由各部门、各地市规定。

3) 目标价款结算

在工程合同中,将承包工程的内容分解成不同的控制界面,以建设单位验收控制界面作为支付工程价款的前提条件。也就是说,将合同中的工程内容分解成不同的验收单元,当承包商完成单元工程内容并经建设单位验收后,业主支付构成单元工程内容的工程价款。

4) 竣工结算

工程竣工结算是指建设项目或单项工程建设期在 12 个月以内,或者工程承包合同价值在 100 万元以下的,可以实行工程价款每月月中预支,竣工后经建设单位及有关部门验收点交后,办理的工程结算。

按建设项目工期长短的不同,工程竣工结算分为如下两种。

① 建设项目竣工结算。它是指建设工期在一年内的工程,一般以整个建设项目为结算对象,实行竣工后一次结算。

② 单项工程竣工结算。它是指当年不能竣工的建设项目,其单项工程在当年开工当年竣工的,实行单项工程竣工后一次结算。

2. 工程预付款及其扣回

1) 工程预付款的确定

工程预付款又称预付备料款。根据工程承发包合同规定,由发包单位在开工前拨给承包单位一定限额的预付备料款,作为承包工程项目储备主要材料、构配件所需的流动资金,承包商不能滥用此款。

按照我国有关规定,实行工程预付款的,双方应当在专用条款内约定发包方向承包方预付工程款的时间和数额,开工后按约定的时间和比例逐次扣回。预付时间应不迟于约定的开工日期前 7 d。发包方不按约定预付,承包方在约定预付时间 7 d 后向发包方发出要求预付的通知,发包方收到通知后仍不能按要求预付,承包方可在发出通知后 7 d 停止施工,发包方应从约定应付之日起向承包方支付应付款的贷款利息,并承担违约责任。

预付款的数额,取决于主要材料(包括构配件)占建筑安装工作量的比重、材料储备期和施工期等因素。预收备料款的数额,可按下列公式计算:

$$备料款限额 = \frac{全年施工产值 \times 主要材料所占比重}{今年施工日历天数} \times 材料储备天数$$

式中,材料储备的天数可近似按下式计算:

$$某材料储备天数 = (经常储备量 + 安全储备量) \div 平均日需要量$$

计算出各种材料的储备天数后,取其中最大值作为预收备料款数额公式中的材料储备天数。在实际工作中为简化计算,预收备料款数额,也可按下式计算:

$$预收备料款的数额 = 工程总造价 \times 工程预付款额度$$

式中,工程预付款额度,是根据各地区工程类别、施工工期以及供应条件来确定的,一般建筑工程不应超过当年建筑工作量(包括水、暖、电)的 30%,安装工程按年工作量的10%,材料比重大的按计划产值的15%(各地可根据具体情况自行规定工程预付款额度)。

2) 工程预付款的扣回

预付款属于预支性质,到了工程中后期间,随着工程所需主要材料储备的逐步减少,应以抵充工程价款的方式陆续扣回。扣款的方法是从未施工工程尚需的主要材料构配件的价值相当于备料款数额时起扣,从每次结算工程价款中按材料比重扣抵工程价款,竣工前全部扣清。公式为

$$T = P - M/N$$

即

$$起扣点 = 承包工程施工产值 - \frac{备料款限额}{主要材料占产值比重}$$

3. 工程进度款结算

工程进度款结算又称中间结算,是指施工企业在施工过程中,按逐月完成的工程量计算各项费用,向建设单位办理工程进度款的支付。工程进度款结算的具体步骤如下。

(1) 根据每月所完成的工程量依照合同计算工程款。

(2) 计算累计工程款。若累计工程款没有超过起扣点,则根据当月工程量计算出的工程款即为该月应支付的工程款;若累计工程款已超过起扣点,则应支付工程款的计算公式分别为

累计工程款超过起扣点的当月应支付工程款=当月完成工作量-(截止当月累计工程款-起扣点)×主要材料所占比重

累计工程款超过起扣点的以后各月应支付的工程款=当月完成的工作量×(1-主要材料所占比重)

(3) 保修金的扣除。按照规定,在工程的总造价中应预留出一定比例的尾留款(一般为合同总额的5%)作为质量保修费用,该部分费用称为保修金。

保修金一般应在结算过程中扣除,在工程保修期结束时拨付。

① 先办理正常结算,直至累计结算工程进度款达到合同金额的95%时,停止支付,剩余的作为保修金。

② 先扣除,扣完为止,也即从第一次办理工程进度款支付时就按照双方在合同中约定的一个比例扣除保修金,直到所扣除的累计金额已达到合同金额的5%为止。

在确定保修金的数额时要注意,所谓保修金的比例(如5%等)可按工程造价或按保修金占合同金额的比例,而合同金额不包括因变更、索赔等所取得的收入。

4. 工程竣工结算

建筑工程竣工结算是指施工企业按照合同规定的内容全部完成所承包的工程,经验收质量合格,并符合合同要求之后,向发包单位进行的最终工程价款结算。工程竣工结算一般由施工单位编制,建设单位审核,按照合同规定签字盖章,最后通过银

行办理工程价款。

在实际工作中，当年开工当年竣工的工程，只需办理一次性结算；跨年度的工程，可在年终办理一次年终结算，将未完工程转到下一年度，这时，竣工结算等于各年度结算的总和。

(1) 工程竣工验收报告经发包方认可后 28 d 内，承包方向发包方递交竣工结算报告及完整的结算资料，双方按照协议书约定合同价款及专用条款约定的合同价款调整内容，进行工程竣工结算。

(2) 发包方收到承包方递交的竣工结算资料后 28 d 内核实，给予确认或者提出修改意见，承包方收到竣工结算价款后 14 d 内将竣工工程交付发包方。

(3) 发包方收到竣工结算报告及结算资料后 28 d 内无正当理由不支付工程竣工结算价款的，从第 29 d 起按承包方同期向银行贷款利率支付拖欠工程价款的利息并承担违约责任。

(4) 发包方收到竣工结算报告及结算资料后 28 d 内不支付工程竣工结算价款，承包方可以催告发包方支付结算价款。发包方在收到竣工结算报告及结算资料 56 d 内仍不支付的，承包方可以与发包方协议将该工程折价，也可以由承包方申请人民法院将该工程依法拍卖，承包方就该工程折价或者拍卖的价款优先受偿。

(5) 工程竣工验收报告经发包人认可 28 d 后，承包人未向发包人递交竣工结算报告及完整的结算资料，造成工程竣工结算不能正常进行或工程竣工结算价款不能及时支付时，发包方要求交付工程的，承包方应当交付，发包人不要求交付工程的，承包人承担保管责任。

竣工结算工程价款＝合同价款＋施工过程中预算或合同价款调整数额－预付及已结算工程价款－保修金

【例 5-3】 某工程，建设单位与施工单位按照《建设工程施工合同(示范文本)》签订了施工合同，合同期为 9 个月，合同价 840 万元，各项工作均按最早时间安排且匀速施工，经项目监理机构批准的施工进度计划如图 5-2 所示(时间单位:月)，施工单位的报价单(部分)见表 5-5，施工合同中约定：预付款按合同价的 20% 支付，工程款付至合同价的 50% 时开始扣回预付款，3 个月内平均扣回；质量保修金为合同价的 5%，从第 1 个月开始，按月应付款的 10% 扣留，扣足为止。

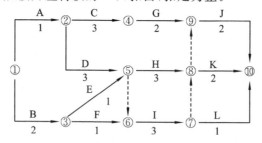

图 5-2 施工进度计划(时间单位:月)

表 5-5 施工单位报价(部分)

工 作	A	B	C	D	E	F
合价/万元	30	54	30	84	300	21

问题 1:开工后前 3 个月施工单位每月应该获得的工程款为多少?

问题 2:工程预付款为多少?预付款从何时开始扣回?开工后前 3 个月总监理工程师每月应该签证的工程款为多少?

解 (1) 开工后前 3 个月施工单位每月应获得的工程款为

第 1 个月:(30+54×1/2)万元=57 万元

第 2 个月:(54×1/2+30×1/3+84×1/3)万元=65 万元

第 3 个月:(30×1/3+84×1/3+300+21)万元=359 万元

(2) ①预付款为:840×20%万元=168 万元

②前 3 个月施工单位累计应获得的工程款为

(57+65+359)万元=481 万元

481>840×50%万元=420 万元

因此,预付款应从第 3 个月开始扣回。

③开工后前 3 个月总监理工程师签证的工程款为

第 1 个月:(57-57×10%)万元=51.3 万元

第 2 个月:(65-65×10%)万元=58.5 万元

前 2 个月扣留保修金:(57+65)×10%万元=12.2 万元

应扣保修金总金额为:840×5%万元=42.0 万元

(42-12.2)万元=29.8 万元

由于 359×10%万元=35.9 万元>29.8 万元

第 3 个月应签证的工程款为:(359-29.8-168/3)万元=273.29 万元

5.5.2 FIDIC 合同条件下工程费用的支付

1. 工程支付的范围和条件

FIDIC 合同条件所规定的工程支付的范围主要包括两部分,一部分费用是工程量清单中的费用,这部分费用是承包商在投标时,根据合同条件的有关规定提出的报价,并经业主认可的费用。另一部分费用是工程量清单以外的费用,这部分费用虽然在工程量清单中没有规定,但是在合同条件中却有明确的规定,因此它也是工程支付的一部分。

工程支付的条件:质量合格是工程支付的必要条件,符合合同条件,变更项目必须有工程师的变更通知,支付金额必须大于期中支付证书规定的最小限额,承包商的工作使工程师满意。

2. 工程支付的项目

(1) 工程量清单项目,分为一般项目、暂列金额和计日工作三种。

(2) 工程量清单以外项目，包括动员预付款、材料设备预付款、保留金、工程变更的费用、索赔费用、价格调整费用、迟延付款利息、业主索赔等费用。

3. 工程费用支付的程序

(1) 承包商提出付款申请。

(2) 工程师审核。

(3) 业主支付。

5.5.3 工程价款的动态结算

工程价款的动态结算就是要把各种动态因素渗透到结算过程中，使结算大体能反映实际的消耗费用。

1. 按实际价格结算法

在我国，由于建筑材料需市场采购的范围越来越大，有些地区规定对钢材、木材、水泥等三大材的价格采取按实际价格结算的方法。工程承包商可凭发票按实报销，这种方法方便，但由于是实报实销，因而承包商对降低成本不感兴趣，为了避免副作用，造价管理部门要定期公布最高结算限价，同时合同文件中应规定建设单位或监理工程师有权要求承包商选择更廉价的供应来源。

2. 按主材计算价差

发包人在招标文件中列出需要调整价差的主要材料表及其基期价格（一般采用当时当地工程价格管理机构公布的信息价或结算价），工程竣工结算时按竣工当时当地工程价格管理机构公布的材料信息价或结算价，与招标文件中列出的基期价比较计算材料差价。

3. 主料按抽料计算价差

主要材料按施工图预算计算的用量和竣工当月当地工程价格管理机构公布的材料结算价或信息价与基价对比计算差价。其他材料按当地工程价格管理机构公布的竣工调价系数计算方法计算差价。

4. 竣工调价系数法

按工程价格管理机构公布的竣工调价系数及调价计算方法计算差价。

5. 调值公式法

根据国际惯例，建设项目工程价款的动态结算，一般是采用调值公式法。事实上，在绝大多数国际工程项目中，甲、乙双方在签订合同时就明确列出这一调值公式，并以此作为价差调整的计算依据。

利用调值公式法计算工程价款时，主要调整工程造价中有变化的部分。

其公式表达为

$$p = p_0 \left(\alpha_0 + \alpha_1 \frac{A}{A_0} + \alpha_2 \frac{B}{B_0} + \alpha_3 \frac{C}{C_0} + \cdots \right)$$

式中：p——调值后的实际工程结算价款；

p_0——调值前的合同价或工程进度款；

a_0——固定不变的费用，不需要调整的部分；

$a_1, a_2, a_3, \cdots$——分别表示各有关费用在合同总价中的权重；

$A_0, B_0, C_0, \cdots$——$a_1, a_2, a_3, \cdots$ 对应的各项费用的基期价格或价格指数；

$A, B, C, \cdots$——在工程结算月份与 $a_1, a_2, a_3, \cdots$ 对应的各项费用的现行价格或价格指数。

上述各部分费用占合同总价的比例，应在投标时要求承包方提出，并在价格分析中予以论证；也可以由业主在招标文件中规定一个范围，由投标人在此范围内选定。

【例 5-4】 某工程总价为 1000 万元，其组成为：土方工程费 100 万元，占 10%；砌体工程费 400 万元，占 40%；钢筋混凝土工程费 500 万元，占 50%。这三个组成部分的人工费和材料费占工程款 85%，人工材料费中各项费用比例如下。

土方工程：人工费 50%，机具折旧费 26%，柴油 24%。

砌体工程：人工费 53%，钢材 5%，水泥 20%，骨料 5%，空心砖 12%，柴油 5%。

钢筋混凝土工程：人工费 53%，钢材 22%，水泥 10%，骨料 7%，木材 4%，柴油 4%。

假定该合同的基准日期为 2011 年 1 月 4 日，2011 年 9 月完成的工程价款占合同总价的 10%，有关月报的工资、材料物价指数如表 5-6 所示。（注：A, B, C 等应采用 8 月份的物价指数）

表 5-6 工资、物价指数表

费用名称	代 号	2011年1月指数	代 号	2011年8月指数
人工费	A_0	100.0	A	116.0
钢材	B_0	153.4	B	187.6
水泥	C_0	154.8	C	175.0
骨料	D_0	132.6	D	169.3
柴油	E_0	178.3	E	192.8
机具折旧费	F_0	154.4	F	162.5
空心砖	G_0	160.1	G	162.0
木材	H_0	142.7	H	159.5

求 2011 年 9 月实际价款的变化值。

解 该工程其他费用，即不调值的费用占工程价款的 15%，计算出各项参加调值的费用占工程价款比例如下。

人工费：$(50\% \times 10\% + 53\% \times 40\% + 53\% \times 50\%) \times 85\% \approx 45\%$

钢材：$(5\% \times 40\% + 22\% \times 50\%) \times 85\% \approx 11\%$

水泥：$(20\% \times 40\% + 10\% \times 50\%) \times 85\% \approx 11\%$

骨料：$(5\% \times 40\% + 7\% \times 50\%) \times 85\% \approx 5\%$

柴油：$(24\% \times 10\% + 5\% \times 40\% + 4\% \times 50\%) \times 85\% \approx 5\%$

机具折旧费：$26\% \times 10\% \times 85\% \approx 2\%$

空心砖:$12\% \times 40\% \times 85\% \approx 4\%$

木材:$4\% \times 50\% \times 85\% \approx 2\%$

不调值费用占工程价款的比例为 15%。

将已知数据代入调值公式,则 2011 年 9 月经过调值后的工程款为

$$p = 10\% \times p_0 \times \left(0.15 + 0.45 \frac{A}{A_0} + 0.11 \frac{B}{B_0} + 0.11 \frac{C}{C_0}\right.$$
$$\left. + 0.05 \frac{D}{D_0} + 0.05 \frac{E}{E_0} + 0.02 \frac{F}{F_0} + 0.04 \frac{G}{G_0} + 0.02 \frac{H}{H_0}\right)$$
$$= 10\% \times 100 \times \left(0.15 + 0.45 \times \frac{116}{100} + 0.11 \times \frac{187.6}{153.4} + 0.11 \times \frac{175.0}{154.8}\right.$$
$$\left. + 0.05 \times \frac{169.3}{132.6} + 0.05 \times \frac{192.8}{178.3} + 0.02 \times \frac{162.5}{154.4} + 0.04 \times \frac{162.0}{160.1}\right.$$
$$\left. + 0.02 \times \frac{159.5}{142.7}\right) 万元$$
$$= 11.33 \text{ 万元}$$

由此可见,通过调值,2011 年 9 月实得工程款比原价款多 1.33 万元。

5.6 建设资金计划的编制与控制

5.6.1 资金使用计划的编制

1. 按项目划分编制资金使用计划

一个建设项目往往由多个单项工程组成,每个单项工程还可能由多个单位工程组成,而单位工程总是由若干个分部分项工程组成。按不同子项目划分资金的使用,进而做到合理分配,首先必须对工程项目进行合理划分,划分的粗细程度根据实际需要而定。

在实际工作中,总投资目标按项目分解只能分到单项工程或单位工程。

2. 按时间进度编制的资金使用计划

按时间进度编制的资金使用计划,通常可利用项目进度网络图进一步扩充后得到。利用网络图控制时间和投资,即要求在拟定工程项目的执行计划时,一方面确定完成某项施工活动所花的时间,另一方面也要确定完成这一工作的合适的支出预算。

利用确定的网络计划便可计算各项活动的最早及最迟开工时间,获得项目进度计划的甘特图。在甘特图的基础上便可编制按时间进度划分的投资支出预算,进而绘制时间-投资累计曲线(S 形曲线)。"时间-投资"累计曲线的绘制步骤如下。

(1)确定工程进度计划,编制进度计划的甘特图。

(2)根据每单位时间内完成的实物工程量或投入的人力、物力和财力,计算单位时间(月或旬)的投资,如表 5-7 所示。

表 5-7 按月编制的资金使用计划表

时间/月	1	2	3	4	5	6	7	8	9	10	11	12
投资/万元	100	200	300	500	600	800	800	700	600	400	300	200

(3) 计算规定时间 t 计划累计完成的投资额,其计算方法为:各单位时间计划完成的投资额累加求和。可按下式计算:

$$Q_t = \sum_{n=1}^{t} q_n$$

式中:Q_t——某时间 t 计划累计完成投资额;
　　　q_n——单位时间 n 的计划完成投资额;
　　　t——规定的计划时间。

(4) 按各规定时间的 Q_t 值,绘制 S 形曲线,如图 5-3 所示。

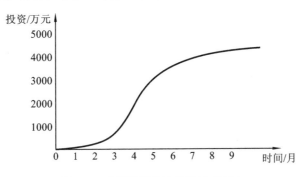

图 5-3　时间投资累计曲线(S 曲线)

每一条 S 形曲线都对应某一特定的工程进度计划。它必然包括在由全部活动都按最早开工时间开始和全部活动都按最迟必须开工时间开始的曲线所组成的"香蕉图"内,见图 5-4。其中,a 是所有活动按最迟开始时间开始的曲线,b 是所有活动按最早开始时间开始的曲线。建设单位可根据编制的投资支出预算来合理安排资金,同时建设单位也可以根据筹措的建设资金来调整 S 形曲线,即通过调整非关键路线上的工序项目最早或最迟开工时间,力争将实际的投资支出控制在预算的范围内。

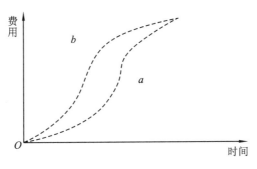

图 5-4　投资计划值的投资值

一般而言,所有活动都按最迟时间开始,对节约建设资金贷款利息是有利的,但同时也降低了项目按期竣工的保证率,因此,必须合理地确定投资支出预算,达到既节约投资支出,又控制项目工期的目的。

5.6.2 投资偏差分析

1. 偏差的概念

1)投资偏差

投资偏差指投资计划值与实际值之间存在的差异,即:

$$投资偏差 = 已完工程实际投资 - 已完工程计划投资$$

式中,结果为正表示投资增加,结果为负表示投资节约。

2)进度偏差

与投资偏差密切相关的是进度偏差,如果不加考虑就不能正确反映投资偏差的实际情况。所以,有必要引入进度偏差的概念。可以表示为

$$进度偏差 = 已完工程实际时间 - 已完工程计划时间$$

为了与投资偏差联系起来,进度偏差也可表示为

$$进度偏差 = 拟完工程计划投资 - 已完工程计划投资$$

所谓拟完工程计划投资是指根据进度计划安排在某一确定时间内所应完成的工程内容的计划投资。进度偏差为正值时,表示工期拖延;结果为负值时,表示工期提前。

2. 偏差的分析方法

常用的偏差分析方法有横道图法、表格法和曲线法。

1)横道图法

用横道图进行投资偏差分析,是用不同的横道标识已完工程计划投资和实际投资以及拟完工程计划投资,横道的长度与其数额成正比。投资偏差和进度偏差数额可以用数字或横道表示,而产生投资偏差的原因则应经过认真分析后续入。

横道图的优点是简单直观,便于了解项目投资的概貌。但这种方法的信息量较少,主要反映累计偏差和局部偏差,因而其应用有一定的局限性。

【例 5-5】 假设某项目共含有两个子项工程,A 子项和 B 子项,各自的拟完工程计划投资、已完工程实际投资和已完工程计划投资如表 5-8 所示,求第 4 周末的投资偏差和进度偏差。

表 5-8 某工程计划与实际进度横道图 （单位:万元）

分项工程	进度计划(周)					
	1	2	3	4	5	6
A	—8—	—8—	—8—			
	----6----	----6----	----6----	----6----	----6----	
	~~5~~	~~5~~	~~6~~	~~7~~		

续表

分项工程	进度计划(周)					
	1	2	3	4	5	6
B		—9—	—9—	—9—	—9—	
		……9……	……9……	……9……	……9……	
		~~11~~	~~10~~	~~8~~	~~8~~	

表中：—— 表示拟完工程计划投资；
………… 表示已完工程计划投资；
～～～ 表示已完工程实际投资。

解 根据表中数据,按照每周各子项工程拟完工程计划投资、已完工程计划投资、已完工程实际投资的累计值进行统计,可以得到的数据如表5-9所示。

表5-9 投资数据表 （单位：万元）

项 目	投 资 数 据					
	1	2	3	4	5	6
每周拟完工程计划投资	8	17	17	9	9	
拟完工程计划投资累计	8	25	42	51	60	
每周已完工程计划投资		6	15	15	15	9
已完工程计划投资累计		6	21	36	51	60
每周已完工程实际投资		5	16	16	15	8
已完工程实际投资累计		5	21	37	52	60

第4周末投资偏差＝已完工程实际投资－已完工程计划投资
＝(37－36)万元＝1万元

即投资增加1万元。

第4周末进度偏差＝拟完工程计划投资－已完工程计划投资
＝(51－36)万元＝15万元

即进度拖后15万元。

2) 表格法

表格法是进行偏差分析最常用的一种方法。可以根据项目的具体情况、数据来源、投资控制工作的要求等条件来设计表格,因而适用性较强,表格法的信息量大,可以反映各种偏差变量和指标,对全面深入地了解项目投资的实际情况非常有益;另外,表格法还便于用计算机辅助管理,提高投资控制工作的效率。如表5-10所示。

表 5-10 投资偏差分析表

项目编码	(1)	011	012	013
项目名称	(2)	土方工程	打桩工程	基础工程
单位	(3)			
计划单价	(4)			
拟完工程量	(5)			
拟完工程计划投资	(6)=(4)×(5)			
已完工程量	(7)			
已完工程计划投资	(8)=(4)×(7)			
实际单价	(9)			
其他款项	(10)			
已完工程实际投资	(11)=(7)×(9)+(10)			
投资局部偏差	(12)=(11)-(8)			
投资局部偏差程度	(13)=(11)÷(8)			
投资累计偏差	(14)=∑(12)			
投资累计偏差程度	(15)=∑(11)÷∑(8)			
进度局部偏差	(16)=(6)-(8)			
进度局部偏差程度	(17)=(6)÷(8)			
进度累计偏差	(18)=∑(16)			
进度累计偏差程度	(19)=∑(6)÷∑(8)			

3) 曲线法

曲线法是用投资时间曲线进行偏差分析的一种方法。在用曲线法进行偏差分析时，通常有三条投资曲线，即已完成工程实际投资曲线 a，已完工程计划投资曲线 b 和拟完工程计划投资曲线 p，如图 5-5 所示。a 与 b 的竖向距离表示投资偏差，曲线 b 和 p 的水平距离表示进度偏差。图中所反映的是累计偏差，而且是绝对偏差。用曲线法进行偏差分析，具有形象直观的优点，但不能直接用于定量分析，如果能与表格法结合起来，则会取得较好的效果。

3. 偏差的原因和类型

1) 偏差的原因

进行偏差分析，不仅要了解"已经发生了什么"，而且要能知道"为什么会发生这些偏差"，即找出引起偏差的具体原因，从而才有可能采取有针对性的措施，进行有效的造价控制。因此，客观全面地对偏差原因进行分析是偏差分析的一个重要任务，如图 5-6 所示。

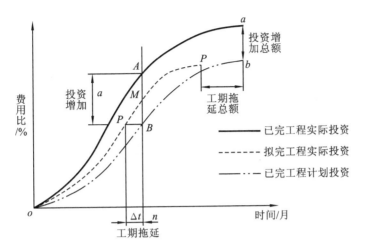

图 5-5　偏差分析曲线图

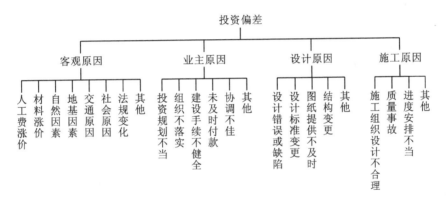

图 5-6　偏差原因分析

2) 偏差的类型

一般按投资和工期的差异情况,偏差分为四类:Ⅰ、投资增加,工期拖延;Ⅱ、投资增加,工期提前;Ⅲ、投资节约,工期拖延;Ⅳ、投资节约,工期提前。如图 5-7 所示。

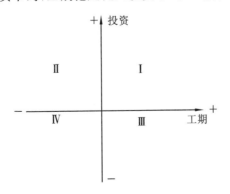

图 5-7　投资偏差类型

5.6.3 投资偏差的纠正措施

1. 纠偏的主要对象

(1) 根据偏差类型明确纠偏主要对象。主要应是偏差Ⅰ型和Ⅱ型。

(2) 根据偏差原因明确纠偏主要对象。主要应是由于业主原因和设计原因造成的投资偏差。

(3) 根据偏差原因的发生频率和影响程度明确纠偏主要对象。主要应是发生频率大、影响程度高的偏差原因。

2. 纠偏措施

(1) 组织措施。

从投资控制的组织管理方面采取措施。

(2) 经济措施。

应从全局出发来考虑问题,并通过偏差分析和未完工程预测发现潜在问题,及时采取预防措施,从而取得造价控制的主动权。

(3) 技术措施。

应在对不同的技术方案进行技术经济分析综合评价后加以选择。

(4) 合同措施。

主要指索赔管理。

【综合案例】

某建安工程施工合同总价6000万元,合同工期为6个月,合同签订日期为1月初,从当年2月份开始施工。

1. 合同规定

(1) 预付款按合同价的20%,累计支付工程进度款达施工合同总价40%后的下月起至竣工各月平均扣回。

(2) 从每次工程款中扣留10%作为预扣质量保证金,竣工结算时将其一半退还给承包商。

(3) 工期每提前1 d,奖励1万元;推迟1 d,罚款2万元。

(4) 合同规定,当人工或材料价格比签订合同时上涨5%及以上时,按如下公式调整合同价格:

$$P = P_o \times \left(0.15 \times \frac{A}{A_o} + 0.6 \times \frac{B}{B_o} + 0.25\right)$$

其中,0.15为人工费在合同总价中的比重,0.60为材料费在合同总价中的比重。

人工或材料上涨幅度<5%者,不予调整,其他情况均不予调整。

(5) 合同中规定:非承包商责任的人工窝工补偿费为800元/d,机械闲置补偿费为600元/d。

2. 合同产值

工程如期开工,该工程每月实际完成合同产值见表 5-11。

表 5-11 每月实际完成合同产值 （单位:万元）

月 份	2	3	4	5	6	7
完成合同产值	1000	1200	1200	1200	800	600

施工期间实际造价指数见表 5-12。

表 5-12 各月价格指数 （单位:元）

月 份	1	2	3	4	5	6	7
人工	110	110	110	115	115	120	110
材料	130	135	135	135	140	130	130

3. 停工原因

施工过程中,某一关键工作面上发生了几种原因造成的临时停工。

(1) 5月10日至5月16日承包商的施工设备出现了从未出现过的故障。

(2) 应于5月14日交给承包商的后续图纸直到6月1日才交给承包商。

(3) 5月28日至6月3日施工现场下了该季节罕见的特大暴雨,造成了6月1日至6月5日该地区的供电全面中断。

(4) 为了赶工期,施工单位采取赶工措施,赶工措施费5万元。

4. 实际工期

实际工期比合同工期提前 10 d 完成。

问题:

(1) 该工程预付款为多少?预付款起扣点是多少?从哪月开始起扣?

(2) 施工单位可索赔工期多少?可索赔费用多少?

(3) 每月实际应支付工程款为多少?

(4) 工期提前奖为多少?竣工结算时尚应支付承包商多少万元?

解 问题 1:

(1) 该工程预付款为 6000×20% 万元=1200 万元

(2) 起扣点为 6000×40% 万元=2400 万元

问题 2:

(1) 5月10日至5月16日出现的设备故障,属于承包商应承担的风险,不能索赔。

(2) 5月17日至5月31日是由于业主迟交图纸引起的,为业主应承担的风险,工期索赔15 d,费用索赔额=15×800+600×15 万元=2.1 万元。

(3) 6月1日至6月3日的特大暴雨属于双方共同风险,工期索赔3 d,但不应考虑费用索赔。

(4) 6月4日至6月5日的停电属于有经验的承包商无法预见的自然条件,为业主应承担风险,工期可索赔 2 d,费用索赔额=(800+600)×2 万元=0.28 万元。

(5) 赶工措施费不能索赔。

综上所述,可索赔工期 20 d,可索赔费用 2.38 万元。

问题 3：

(1) 2 月份完成合同价 1000 万元

预扣质量保证金=1000×10%万元=100 万元

支付工程款=1000×90%万元=900 万元

累计支付工程款 900 万元,累计预扣质量保证金 100 万元

(2) 3 月份完成合同价 1200 万元

预扣质量保证金=1200×10%万元=120 万元

支付工程款=1200×90%万元=1080 万元

累计支付工程款=(900+1080)万元=1980 万元

累计预扣质量保证金=(100+120)万元=220 万元

(3) 4 月份完成合同价 1200 万元

预扣质量保证金=1200×10%万元=120 万元

支付工程款=1200×90%万元=1080 万元

累计支付工程款=(1980+1080)万元=3060 万元>2400 万元,下月开始每月扣 1200÷3 万元=400 万元预付款

累计预扣质量保证金=(220+120)万元=340 万元

(4) 5 月份完成合同价 1200 万元

材料价格上涨(140-130)÷130×100%=7.69%>5%,应调整价款。

调整后价款=1200×(0.15+0.16×140÷130+0.25)万元=1255 万元

索赔款 2.1 万元,预扣质量保证金=(1255+2.1)×10%万元=125.71 万元

支付工程款=[(1255+2.1)×90%-400]万元=731.39 万元

累计支付工程款=(3060+731.39)万元=3791.39 万元

累计预扣质量保证金=(340+125.71)万元=465.71 万元

(5) 6 月份完成合同价 800 万元

人工价格上涨(120-110)÷110×100%=9.09%>5%,应调整价款。

调整后价款=800×(0.15×120÷110+0.6+0.25)万元=810.91 万元

索赔款 0.28 万元,预扣质量保证金=(810.91+0.28)×10%万元=81.119 万元

支付工程款=[(810.91+0.28)×90%-400]万元=690.071 万元

累计支付工程款=(3791.39+690.071)万元=4481.461 万元

累计预扣质量保证金=(465.71+81.119)万元=546.829 万元

(6) 7 月份完成合同价 600 万元

预扣质量保证金=600×10%万元=60 万元

支付工程款=(600×90%-400)万元=140 万元

累计支付工程款＝(4481.461＋140)万元＝4621.461 万元

累计预扣质量保证金＝(546.829＋60)万元＝606.829 万元

问题 4：

工期提前奖＝(10＋20)×10 000 万元＝30 万元

退还预扣质量保证金＝606.829÷2 万元＝303.415 万元

竣工结算时尚应支付承包商＝(30＋303.415)万元＝333.415 万元

【思考与练习】

一、单选题

(1) 确定工程变更价款时，若合同中没有类似和适用的价格，则由(　　)。

A. 承包商和工程师提出变更价格，业主批准执行

B. 工程师提出变更价格，业主批准执行

C. 承包商提出变更价格，发包商批准执行

D. 业主提出变更价格，工程师批准执行

(2) 对于工期延误而引起的索赔，在计算索赔费用时，一般不应包括(　　)。

A. 人工费　　　　　　　　　　B. 工地管理费

C. 总部管理费　　　　　　　　D. 利润

(3) 当索赔事件持续进行时，乙方应(　　)。

A. 阶段性提出索赔报告

B. 事件终了后，一次性提出索赔报告

C. 阶段性提出索赔意向通知，索赔终止后 28 d 内提出最终索赔报告

D. 视影响程度，不定期地提出中间索赔报告

(4) 某分项工程，采用调值公式法结算工程价款，原合同价为 10 万元，其中人工费占 15%，材料费占 60%，其他为固定费用，结算时材料费上涨 20%，人工费上涨 10%，则结算的工程款为(　　)。

A. 11 万元　　　　　　B. 11.35 万元　　　　　　C. 11.65 万元

D. 12 万元

二、多选题

(1) 下列费用项目中，哪些属于施工索赔费用范畴(　　)。

A. 人工费　　　　　　B. 材料费　　　　　　C. 分包费用

D. 施工企业管理费　　E. 成本和利润

(2) 进度偏差可以表示为(　　)。

A. 已完工程计划投资－已完工程实际投资

B. 拟完工程计划投资－已完工程实际投资

C. 拟完工程计划投资－已完工程计划投资

D. 已完工程实际投资－已完工程计划投资

E. 已完工程实际进度－已完工程计划进度

(3) 工程变更价款的确定可以按照下列方法进行(　　)。

A. 合同中已有适用于变更工程的价格,按合同已有的价格执行
B. 合同中只有类似于变更工程的价格,可以参照类似价格执行
C. 合同中没有适用或类似于变更工程的价格,由发包人提出,承包人确认后执行
D. 合同中没有适用或类似于变更工程的价格,由承包人提出,发包人确认后执行
E. 可以随意确定价格来执行

(4) 下列属于工程索赔产生原因的有(　　)。

A. 当事人违约　　　B. 不可抗力　　　C. 合同缺陷
D. 合同变更　　　　E. 工程师指令及其他第三方原因

(5) 下列属于工程索赔处理原则的有(　　)。

A. 索赔必须以合同为依据
B. 及时、合理地处理索赔
C. 加强主动控制,减少工程索赔
D. 加强严格控制,增加工程索赔
E. 及时、快速地处理索赔

三、问答题

(1) 什么叫工程价款的结算?其结算方式有哪些?
(2) 工程变更后合同价款应如何确定?
(3) 索赔的含义及索赔成立的条件是什么?
(4) 索赔的种类和计算?
(5) 常用的偏差分析方法有哪些?
(6) 投资偏差和进度偏差的含义?

答案:

一、单选题

(1) A　(2) D　(3) C　(4) B

二、多选题

(1) ABCD　(2) CE　(3) ABD　(4) ABCDE　(5) ABC

三、(略)

第6章　建设项目竣工阶段造价管理

【本章概述】

本章介绍了竣工验收的概念、内容及依据,以及竣工决算的概念及作用,并通过实例来说明新增固定资产价值的确定方法;在竣工后,建设项目还有个保修期,本章还介绍了建设项目保修的期限以及保修的处理原则。

【学习目标】

1. 了解竣工验收的范围、依据、标准和工作程序。
2. 熟悉竣工决算的内容和编制方法。
3. 熟悉保修费用的处理方法。
4. 掌握新增资产价值的确定方法。

6.1 竣工验收

6.1.1 建设项目竣工验收概述

竣工验收是项目建设全过程的最后一个程序,是全面考核建设工作,检查设计、工程质量是否符合要求,审查投资使用是否合理的重要环节,是投资成果转入生产或使用的标志。竣工验收对保证工程质量,促进建设项目及时投产,发挥投资效益,总结经验教训都有重要作用。按国家规定,所有建设项目按批准的设计文件所规定的内容建成,工业项目经负荷运转和试生产考核,能够生产合格产品;非工业项目符合设计要求,能够正常使用,都要及时组织验收。凡是符合验收条件的工程,不及时办理验收手续的,其一切费用不准从基建项目投资中支出。

1. 竣工验收的概念

建设项目竣工验收是指由项目主管部门组织项目验收委员会,建设单位、地质勘察单位、设计单位、施工单位和监理单位等五大责任主体参加,以项目批准的设计文件,以及国家或部门颁发的施工质量验收规范和质量检验标准为依据,按照一定的程序和手续,在项目建成并试生产合格后(工业生产性项目),对工程项目的总体进行检验和认证、综合评价和鉴定的活动。

2. 竣工验收范围及标准

1) 竣工验收范围

凡新建、扩建、改建的基本建设项目,已按批准的设计文件所规定的内容建成,工业项目经投料试车合格,形成生产能力并能正常生产合格产品的,非工业项目符合设计要求,能正常使用的,都必须及时组织竣工验收,办理固定资产移交手续。

2) 竣工验收标准

进行竣工验收必须达到下列标准。

① 生产性项目和辅助性公用设施,已按设计要求建完,能满足生产使用。

② 主要工艺设备和配套设施经联动负荷试车合格,形成生产能力,能够生产出设计文件所规定的产品。

③ 生产准备工作能适应投产的需要。

④ 工程结算和竣工决算已通过有关部门审查和审计。

⑤ 设计和施工质量已经质量监督部门检验并作出评定。

⑥ 环境保护、消防、劳动安全卫生符合与主体工程"三同时"建设原则,达到国家和地方规定的要求。

⑦ 建设项目实际用地已经土地管理部门核查。

⑧ 建设项目的档案资料齐全、完整,符合国家有关建设项目档案验收规定。

3. 竣工验收的一般程序

1) 承包商申请交工验收

竣工验收一般为单项工程,但在某些特殊情况下也可以是单位工程的施工内容。单项工程验收又称交工验收。承包商在完成了合同工程或合同约定可分部移交工程的,可申请交工验收。

2) 监理工程师现场初验

施工单位通过竣工预验收,应向监理工程师提交验收申请报告,监理工程师审查后如认为可验收,则由监理工程师组成验收组,对竣工的工程项目进行初验。

3) 正式验收

由业主或监理工程师组织,有业主、监理单位、设计单位、施工单位、工程质量检测站等参加的正式验收。国家重点工程的大型建设项目,由国家有关部门邀请有关方面专家参加,组成工程验收委员会,进行验收,程序如下。

① 发出竣工验收通知书。

② 组织验收工作。

③ 签发《竣工验收证明书》并办理移交。在建设单位验收完毕并确认工程符合要求以后,向施工单位签发《竣工验收证明书》。

④ 进行工程质量评定。验收委员会或验收组,在确认工程符合竣工标准和合同条款规定后,签发竣工验收合格证书。

⑤ 整理各种技术文件材料,办理工程档案资料移交。在竣工验收时,由建设单位将所有技术文件进行系统整理分类立卷,交生产单位统一保管,以适应生产、维修的需要。

⑥ 办理固定资产移交手续。在对工程检查验收完毕后,施工单位要向建设单位

逐项办理工程移交和其他固定资产移交手续,加强固定资产的管理,并应签发交接验收证书,办理工程结算手续。

⑦ 办理工程决算。整个项目完工验收后,并且办理了工程结算手续,要由建设单位编制工程决算,上报有关部门。

⑧ 签署竣工验收鉴定书。竣工验收鉴定书是表示建设项目已经竣工,并交付使用的重要文件,是全部固定资产交付使用和建设项目正式动用的依据,也是承包商对建设项目消除法律责任的证件。竣工验收鉴定书一般包括:工程名称、地点、验收委员会成员、工程总说明、工程据以修建的设计文件、竣工工程是否与设计相符合、全部工程质量签定、总的预算造价和实际造价、结论,验收委员会对工程动用时的意见和要求等主要内容。

6.1.2 建设项目竣工验收的内容

1. 工程资料验收

工程资料验收包括工程技术资料、工程综合资料和工程财务资料。

1) 工程技术资料验收内容

① 工程地质、水文、气象、地形、地貌、建筑物、构筑物及重要设备安装位置、勘察报告、记录。

② 初步设计、技术设计或扩大初步设计、关键的技术试验、总体规划设计。

③ 土质试验报告、基础处理。

④ 建筑工程施工记录,单位工程质量检验记录,管线强度,密封性试验报告,设备及管线安装施工记录及质量检查、仪表安装施工记录。

⑤ 设备试车、验收运转、维修记录。

⑥ 产品的技术参数、性能、图纸、工艺说明、工艺规程、技术总结、产品检验、包装、工艺图。

⑦ 设备的图纸、说明书。

⑧ 涉外合同、谈判协议、意向书。

⑨ 各单项工程及全部管网竣工图等的资料。

2) 工程综合资料验收内容

项目建议书及批件,可行性研究报告及批件,项目评估报告,环境影响评估报告书,设计任务书,土地征用申报及批准的文件,承包合同,招标投标文件,施工单位的资质证书,项目的单项验收报告(如环保、劳动安全、消防验收),验收鉴定书。

3) 工程财务资料验收内容

① 历年建设资金供应(拨、贷)情况和应用情况。

② 历年批准的年度财务决算。

③ 历年年度投资计划、财务收支计划。

④ 建设成本资料。

⑤ 支付使用的财务资料。
⑥ 设计概算、预算资料。
⑦ 施工决算资料。

2. 建筑工程内容验收

建筑工程验收主要是如何运用有关资料进行审查验收,主要内容如下。

(1) 建筑物的位置、标高、轴线是否符合设计要求。

(2) 对基础工程中的土石方工程、垫层工程、砌筑工程等资料的审查,因为这些工程在"交工验收"时已验收。

(3) 对结构工程中的砖木结构、砖混结构、内浇外砌结构、钢筋混凝土结构的审查验收。

(4) 对屋面工程的木基、望板油毡、屋面瓦、保温层、防水层等的审查验收。

(5) 对门窗工程的审查验收。

(6) 对装修工程的审查验收(抹灰、油漆等工程)。

6.1.3 建设项目竣工验收的条件和依据

根据《建设工程质量管理条例》第十六条规定,建设单位收到建设工程竣工报告后,应当根据施工图纸及说明书、国家颁发的施工验收规范和质量检验标准,及时组织设计、施工、工程监理等有关单位进行竣工验收。

1. 竣工验收的条件

交付竣工验收的建设工程,应当符合以下条件。

(1) 完成建设工程设计和合同约定的各项内容。

建设工程设计和合同约定的内容,主要是指设计文件所确定的、在承包合同"承包人承揽工程项目一览表"中载明的工作范围,也包括监理工程师签发的变更通知单中所确定的工作内容。

(2) 有完整的技术档案和施工管理资料。

工程技术档案和施工管理资料是工程竣工验收和质量保证的重要依据之一,主要包括以下档案和资料。

① 工程项目竣工报告。
② 分项、分部工程和单位工程技术人员名单。
③ 图纸会审和设计交底记录。
④ 设计变更通知单,技术变更核实单。
⑤ 工程质量事故发生后调查和处理资料。
⑥ 隐蔽验收记录及施工日志。
⑦ 竣工图。
⑧ 质量检验评定资料等。
⑨ 合同约定的其他资料。

(3) 有材料、设备、构配件的质量合格证明资料和试验、检验报告。

对建设工程使用的主要建筑材料、建筑构配件和设备的进场,除具有质量合格证明资料外,还应当有试验、检验报告。试验、检验报告中应当注明其规格、型号,用于工程的哪些部位,批量、批次,性能等技术指标,其质量要求必须符合国家规定的标准。

(4) 有勘察、设计、施工、工程监理等单位分别签署的质量合格文件。

勘察、设计、施工、工程监理等有关单位依据工程设计文件及承包合同所要求的质量标准,对竣工工程进行检查和评定,符合规定的,签署合格文件。竣工验收所依据的国家强制性标准有土建工程、安装工程、人防工程、管道工程、桥梁工程、电气工程及铁路建筑安装工程验收标准等。

(5) 有施工单位签署的工程质量保修书。

施工单位同建设单位签署的工程质量保修书也是交付竣工验收的条件之一。工程质量保修是指建设工程在办理交工验收手续后,在规定的保修期限内,因勘察、设计、施工、材料等原因造成的质量缺陷,由施工单位负责维修,由责任方承担维修费用并赔偿损失。施工单位与建设单位应在竣工验收前签署工程质量保修书,保修书是施工合同的附合同。工程保修书的内容包括保修项目内容及范围、保修期、保修责任和保修金支付方法等。

2. 竣工验收的依据

竣工验收的依据可以概括为以下几项内容。

(1) 上级主管部门对该项目批准的各种文件。
(2) 可行性研究报告、初步设计文件及批复文件。
(3) 施工图设计文件及设计变更洽商记录。
(4) 国家颁布的各种标准和现行的施工质量验收规范。
(5) 工程承包合同文件。
(6) 技术设备说明书。
(7) 关于工程竣工验收的其他规定。
(8) 从国外引进的新技术和成套设备的项目,以及中外合资建设项目,要按照签订的合同和进口国提供的设计文件等进行验收。
(9) 利用世界银行等国际金融机构贷款的建设项目,应按世界银行规定,按时编制《项目完成报告》。

6.2 竣工决算

6.2.1 建设项目竣工决算的概念及作用

1. 建设项目竣工决算的概念

建设项目竣工决算是在竣工验收交付使用阶段,建设单位按照国家有关规定对新建、改建和扩建工程建设项目,从筹建到竣工投产或使用全过程编制的全部实际支出费用的报告。通过竣工决算,一方面能够正确反映建设工程的实际造价和投资结果;另一方面可以通过竣工决算与概算、预算的对比分析,考核投资控制的工作成效,总结经验教训,积累技术经济方面的基础资料,提高未来建设工程的投资效益。

2. 竣工决算的编制依据

(1) 经批准的可行性研究报告及其投资估算。
(2) 经批准的初步设计或扩大初步设计及其概算或修正概算。
(3) 经批准的施工图设计及其施工图预算。
(4) 设计交底或图纸会审纪要。
(5) 招投标的标底、承包合同、工程结算资料。
(6) 施工记录或施工签证单,以及其他施工中发生的费用记录,如索赔报告与记录、停(交)工报告等。
(7) 竣工图及各种竣工验收资料。
(8) 历年基建资料、历年财务决算及批复文件。
(9) 设备、材料调价文件和调价记录。
(10) 有关财务核算制度、办法和其他有关资料、文件等。

3. 建设项目竣工决算的作用

建设项目竣工决算的作用主要表现在以下三个方面。

(1) 竣工决算是综合、全面地反映竣工项目建设成果及财务情况的总结性文件。建设项目竣工决算采用实物数量、货币指标、建设工期和各种技术经济指标综合、全面地反映建设项目自筹建到竣工为止的全部建设成果和财物状况。

(2) 建设项目竣工决算是竣工验收报告的重要组成部分,也是办理交付使用资产的依据。建设单位与使用单位在办理交付资产的验收交接手续时,通过竣工决算反映交付使用资产的全部价值,包括固定资产、流动资产、无形资产和递延资产的价值。同时,它还详细提供了交付使用资产的名称、规格、型号、价值和数量等资料,是使用单位确定各项新增资产价值并登记入账的依据。

(3) 建设项目竣工决算是分析和检查设计概算的执行情况,考核投资效果的依据。竣工决算反映了竣工项目计划、实际的建设规模、建设工期以及设计和实际的生产能力,反映了概算总投资和实际的建设成本,同时还反映了建设项目所达到的主要技术经济指标。通过对这些指标计划数、概算数与实际数进行对比分析,不仅可以全面掌握建设项目计划和概算执行情况,而且可以考核建设项目投资效果,为今后制定基建计划,降低建设成本,提高投资效果提供必要的资料。

6.2.2 竣工决算的内容

1. 竣工决算的内容

竣工决算由竣工财务决算编制说明书、竣工财务决算报表、建设工程竣工图和工程竣工造价对比分析四部分组成。

1）竣工决算编制说明书

① 工程建设概况（一般从进度、质量、安全和造价方面进行分析说明）。

② 工程概（预）算执行情况说明，各项经济技术指标的分析。

③ 设备、工具、器具购置情况的说明。

④ 工程建设其他费用使用情况的说明（包括征地、拆迁费、建设单位管理费、监理费等）。

⑤ 工程决算编制中有关问题处理的说明。

⑥ 预留费用使用情况的说明。

⑦ 工程遗留问题。

⑧ 造价控制的经验与教训总结。

⑨ 其他需要说明的事项。

2）竣工财务决算报表

① 大、中型建设项目竣工财务决算表包括建设项目竣工财务决算审批表、建设项目概况表、建设项目竣工财务决算表、建设项目交付使用资产总表。

② 小型建设项目竣工财务决算总表包括建设项目竣工财务决算审批表、竣工财务决算总表、建设项目交付使用资产明细表。

3）建设工程竣工图

① 凡按原设计施工图竣工没有变动的，由施工单位在原施工图上加盖"竣工图"标志后，即作为竣工图。

② 凡在施工过程中，虽有一般性设计变更，但能将原施工图加以修改补充作为竣工图的，可不重新绘制，由施工单位负责在原施工图（必须是新蓝图）上注明修改的部分，并附以设计变更通知单和施工说明，加盖"竣工图"标志后，作为竣工图。

③ 凡结构形式改变、施工工艺改变、平面布置改变、项目改变，以及有其他重大改变，不宜再在原施工图上修改、补充时，应由原设计单位重新绘制改变后的竣工图，施工单位负责在新图上加盖"竣工图"标志，并附以有关记录和说明，作为竣工图。

④ 为了满足竣工验收和竣工决算需要，还应绘制反映竣工工程全部内容的工程设计平面示意图。

4）工程造价比较分析

工程造价比较分析主要包括以下内容。

① 主要实物工程量。

② 主要材料消耗量。

③ 主要设备材料的价格。

④ 大型机械设备、吊装设备的台班量。

⑤ 采取的计价依据及其取费标准。

⑥ 采取的施工方案和措施。

⑦ 考核建筑及安装工程费、措施费、间接费、工程建设其他费等的执行情况。

2. 竣工决算的编制步骤

(1) 收集、整理、分析原始资料。从建设工程开始就按编制依据的要求,收集、清点、整理有关资料,主要包括建设工程档案资料,如设计文件、施工记录、上级批文、概(预)算文件、工程结算的归集整理,财务处理、财产物质的盘点核实及债权债务的清偿,做到账账、账证、账实、账表相符。对各种设备、材料、工具、器具等要逐项盘点核实并填列清单,妥善保管,或按照国家有关规定处理,不准任意侵占和挪用。

(2) 对照、核实工程变动情况,重新核实各单位工程、单项工程造价。将竣工资料与原设计图纸进行查对、核实,必要时可实地测量,确认实际变更情况;根据经审定的施工单位竣工结算等原始资料,按照有关规定对原概(预)算进行增减调整,重新核定工程造价。

(3) 将审定后的待摊投资、设备工器具投资、建筑安装工程投资、工程建设其他投资严格划分和核定后,分别计入相应的建设成本栏目内。

(4) 编制竣工财务决算说明书,力求内容全面、简明扼要、文字流畅、说明问题。

(5) 填报竣工财务决算报表。

(6) 做好工程造价对比分析。

(7) 清理、装订好竣工图。

(8) 按国家规定上报、审批、存档。

6.2.3 新增资产价值的确定

1. 新增资产价值的分类

建设项目竣工投产运营后,建设期内的投资,按现行的国家财务制度、企业会计准则、税法相关规定,形成相应的资产。这些新增资产按性质可分为固定资产、流动资产、无形资产和其他资产四类。

1) 新增固定资产

固定资产又称交付使用的固定资产,是投资项目竣工投产后所增加的固定资产价值,是以价值形态表示的固定资产投资最终成果的综合性指标。新增固定资产的构成包括已经投入生产或者交付使用的建筑安装工程造价,达到固定资产使用标准的设备、工具及器具的购置费用,预备费(主要包括基本预备费和涨价预备费),增加固定资产价值的其他费用(主要包括建设单位管理费、研究试验费、设计勘察费、工程监理费、联合运转费、引进技术和进口设备的其他费用等),新增固定资产建设期间的融资费用(主要包括建设期利息和其他相关的融资费用)。新增固定资产价值的计算应以独立发挥生产能力的单项工程为对象,当单项工程建成经有关部门验收鉴定合格并正式交付生产或使用时,即应计算新增固定资产价值。

其计价的一般原则为:一次交付生产或使用的单项工程,应一次计算新增固定资产价值;分期分批交付生产或使用的工程,应分期分批计算新增固定资产价值。

2）新增流动资产

流动资产是指可以在一年内或者超过一年的一个营业周期内变现或者运用的资产。企业的流动资产一般包括以下内容：货币性资金（包括库存现金、银行存款、其他货币资金），原材料、库存商品，未达到固定资产使用标准的工具和器具的购置费用。

流动资产计价时应以实际价值计价。

3）新增无形资产

无形资产是企业长期使用但没有实物形态的资产。无形资产包括专利权、商标权、著作权、土地使用权、非专利技术、特许经营权。无形资产在计价时原则上应按取得时的实际成本计价。在其计价入账以后，应在其有限使用期内分期摊销。

4）新增其他资产

其他资产是指除固定资产、无形资产、流动资产以外的其他资产。其他资产原值的费用主要由生产准备费（包括职工提前进厂费和劳动培训费）、农业开荒费和样品、样机购置费等费用构成。其他资产计价时应以实际支出金额为准。

2. 新增固定资产价值的确定方法

新增固定资产价值是以独立发挥生产能力的单项工程为对象的。单项工程建成经有关部门验收鉴定合格，正式移交生产或使用，即应计算新增固定资产价值。在计算时应注意以下几种情况。

（1）对于为了提高产品质量、改善劳动条件、节约材料消耗、保护环境而建设的附属辅助工程，只要全部建成，正式验收交付使用后就要计入新增固定资产价值。

（2）对于单项工程中不构成生产系统，但能独立发挥效益的非生产性项目，如住宅、食堂、医务所、托儿所、生活服务网点等，在建成并交付使用后，也要计算新增固定资产价值。

（3）凡购置达到固定资产标准不需安装的设备、工具、器具，应在交付使用后计入新增固定资产价值。

（4）属于新增固定资产价值的其他投资，应随同受益工程交付使用的同时一并计入。

（5）交付使用财产的成本，应按下列内容计算：

① 房屋、建筑物、管道、线路等固定资产的成本包括建筑工程成本和应分摊的待摊投资；

② 动力设备和生产设备等固定资产的成本包括需要安装设备的采购成本、安装工程成本、设备基础支柱等建筑工程成本或砌筑锅炉及各种特殊炉的建筑工程成本、应分摊的待摊投资；

③ 运输设备及其他不需要安装的设备、工具、器具、家具等固定资产一般仅计算采购成本，不计分摊的"待摊投资"。

（6）共同费用的分摊方法。新增固定资产的其他费用，如果是属于整个建设项目或两个以上单项工程的，在计算新增固定资产价值时，应在各单项工程中按比例分摊。一般情况下,建设单位管理费按建筑工程、安装工程、需安装设备价值总额作比例分摊,而土地征用费、地址勘察和建筑工程设计费等费用则按建筑工程造价比例分摊,生产工艺流程系统设计费按安装工程造价比例分摊。

【例 6-1】 某工业建设项目及其总装车间的建筑工程费、安装工程费、需安装设备费以及应摊入费用如表 6-1 所示,计算总装车间新增固定资产价值。

表 6-1 分摊费用计算表 （单位:万元）

项目名称	建筑工程	安装工程	需安装设备	建设单位管理费	土地征用费	建筑设计费	工艺设计费
建设单位竣工决算	3000	600	900	70	80	40	20
总装车间竣工决算	600	300	450				

解 计算如下:

应分摊的建设单位管理费 $=70\times\dfrac{600+300+450}{3000+600+900}\times 70$ 万元 $=21$ 万元

应分摊的土地征用费 $=80\times\dfrac{600}{3000}$ 万元 $=16$ 万元

应分摊的建筑设计费 $=40\times\dfrac{600}{3000}$ 万元 $=8$ 万元

应分摊的工艺设计费 $=20\times\dfrac{300}{600}$ 万元 $=10$ 万元

总装车间新增固定资产价值 $=[(600+300+450)+(21+16+8+10)]$ 万元 $=(1350+55)$ 万元 $=1405$ 万元

6.3 保修费用的处理

工程项目保修是项目竣工验收交付使用后,在一定期限内施工单位对建设单位或用户进行回访,对于工程发生的确实是由于施工单位施工责任造成的建筑物使用功能不良或无法使用的问题,应当由施工单位负责修理,直到达到正常使用的标准。

工程项目保修的具体意义在于:建设工程质量保修制度是国家确定的重要法律制度,建设工程质量保修制度可以完善建设工程保修制度,监督承包方工程量,促进施工单位加强质量管理,保护消费者和用户的合法权益。

6.3.1 建设项目保修

建设项目保修要在一定的建设项目保修期限内,建设项目保修期限是指建设项目竣工验收交付使用后,由于建筑物使用功能不良或无法使用的问题,应由相关单位负责修理的期限规定。按照国务院颁布的 279 号令《建设工程质量管理条件》第 40 条规定,在正常使用条件下,建设工程的最低保修期限为:

(1) 基础设施工程、房屋建筑的地基基础工程和主体结构工程，为设计文件规定的该工程的合理使用年限；

(2) 屋面防水工程、有防水要求的卫生间、房间和外墙面的防渗漏，为 5 年；

(3) 供热与供冷系统，为 2 个采暖期、供冷期；

(4) 电气管线、给排水管道、设备安装和装修工程，为 2 年。

建设工程的保修期，自竣工验收合格之日起计算。

6.3.2 保修费用及其处理

1. 保修费用的含义

保修费用是指对保修期间和保修范围内所发生的维修、返工等各项费用支出。保修费用应按合同和有关规定合理确定和控制。保修费用一般可参照建筑安装工程造价的确定程序和方法计算，也可以按照建筑安装工程造价或承包工程合同价的一定比例计算（目前取 5%）。一般工程竣工后，承包人保留工程款的 5% 作为保修费用，保留金的性质和目的是一种现金保证金，目的是保证承包人在工程执行过程中恰当履行合同的约定。

2. 保修费用的处理

工程保修费用，一般按照"谁的责任，由谁负责"的原则执行，具体规定如下。

(1) 勘察、设计原因造成保修费用的处理。勘察、设计方面的原因造成的质量缺陷，由勘察、设计单位负责并承担经济责任，由施工单位负责维修或处理。按新的合同法规定，勘察、设计人应当继续完成勘察、设计，减收或免收勘察、设计费并赔偿损失。

(2) 施工原因造成的保修费用处理。施工单位未按国家有关规范、标准和设计要求施工，造成质量缺陷，由施工单位负责无偿返修并承担经济责任。如果在合同规定的程序和时间内，施工单位未到现场保修，建设单位可以另行委托其他单位修理，由施工单位承担经济责任。

(3) 设备、材料、构配件不合格造成的保修费用处理。因设备、建筑材料、构配件质量不合格引起的质量缺陷，属于施工单位采购的或经其验收同意的，由施工单位承担经济责任；属于建设单位采购的，由建设单位承担经济责任。至于施工单位、建设单位与设备、材料、构配件供应单位或部门之间的经济责任，应按其设备、材料、构配件的采购供应合同处理。

(4) 用户使用原因造成的保修费用处理。因用户使用不当造成的质量缺陷，由用户自行负责。

(5) 不可抗力原因造成的保修费用处理。因地震、洪水、台风等不可抗力造成的质量问题，施工单位和设计单位都不承担经济责任，由建设单位负责处理。

【综合案例】

某建设单位与某建筑公司签订了一项建设合同。该项目为生产用厂房以及部分职工宿舍、食堂等。施工范围包括土建工程和水、电、通风等安装工程。合同总价款为5300万元,建设期为两年。按照合同约定,建设单位向施工单位支付备料款和进度款,并进行工程结算。第一年已经完成2500万元,第二年应完成2800万元。

合同规定:

(1) 业主应向承包商支付当年合同价款25%的工程预付款。

(2) 施工单位应按照合同要求完成建设项目,并收集保管重要资料,工程交付使用后作为建设单位编制竣工决算的依据。

(3) 除设计变更和其他不可抗力因素外,合同价款不做调整。

(4) 施工过程中,施工单位根据施工要求配置合格的设备、工器具以及建筑材料。

(5) 双方按照国务院颁布的279号令《建设工程质量管理条件》第40条规定确定建设项目的保修期限。

项目经过两年建设按期完成,办理相应竣工结算手续后,交付远方公司。建设项目中两个生产用厂房、职工宿舍、食堂发生的费用见表6-2。

表6-2 项目费用表 （单位:万元）

项目名称	建筑工程	安装工程	机械设备	生产工具
生产用房	1900	300	320	40
职工宿舍	1100	180	—	20
职工食堂	900	150	120	30
合计	3900	630	440	90

其中,生产工具未达到固定资产预计可使用状态,另外,建设单位支付土地征用补偿费用450万元,购买一项专利权300万元,商标权25万元。

问题:

(1) 建设单位第二年应向施工单位支付的工程预付款金额是多少?

(2) 如果施工单位在施工过程中,经工程师批准进行了工程变更,该变更为一般性设计变更,与原施工图相比变动较小,建设单位编制竣工决算时,应如何处理竣工平面示意图?

(3) 建设单位编制竣工决算时,施工单位应该向其提供哪些资料?

(4) 如果该建设项目为小型建设项目,竣工财务决算报表中应该包括的内容有哪些?

(5) 建设项目的新增资产分别有哪些内容?

(6) 生产厂房的新增固定资产价值应该是多少?

(7) 建设项目的无形资产价值是什么?

(8) 如果该项目在正常使用一年半后出现排水管道排水不畅等故障,建设单位应该如何处理?

(9) 该项目所在地为沿海城市,在一次龙卷风袭击后发生厂房部分毁损,发生维修费用 40 万元,建设单位应该如何处理?

解 (1) 第二年向施工单位支付工程预付款＝2800×25％万元＝700 万元

(2) 按照有关规定,在施工过程中,虽有一般性设计变更,但能将原施工图加以修改补充作为竣工图的,由施工单位负责在原施工图上注明修改的部分,并附以设计变更通知和施工说明,加盖"竣工图"标志后,作为竣工图。

(3) 施工单位向建设单位提交的资料包括所有的技术资料、工料结算的经济资料、施工图纸、施工记录和各种变更与签证资料等。

(4) 小型建设项目竣工财务决算报表的内容包括工程项目竣工财务决算审批表,小型项目竣工财务决算总表,工程项目交付使用资产明细表。

(5) 建设项目的新增资产包括新增固定资产和新增无形资产。

(6) 生产厂房新增固定资产的价值包括以下部分。

分摊土地补偿费＝450×(1900/3900)万元＝219 万元

生产厂房的新增固定资产价值＝(1900＋300＋320＋219)万元＝2739 万元

(7) 新增无形资产价值＝(450＋300)万元＝750 万元

(8) 该故障属于建设工程的最低保修期限内,建设单位应该组织施工单位进行修理并查明故障出现的原因,由责任人支付保修费用。

(9) 由于不可抗力造成的质量问题和损失所发生的维修、处理费用,应由建设单位自行承担经济责任。

【思考与练习】

一、单选题

(1) 根据国务院《建设工程质量管理条例》,下列工程内容保修期限为 5 年的是(　　)。

　　A. 主体结构工程　　　　　　　　B. 外墙面的防渗漏
　　C. 供热与供冷系统　　　　　　　D. 装修工程

(2) 根据无形资产计价规定,下列内容中,一般作为无形资产入账的是(　　)。

　　A. 自创专利权　　　　　　　　　B. 自创非专利技术
　　C. 自创商标　　　　　　　　　　D. 划拨土地使用权

(3) 某项目的建筑工程费、需安装的设备费、安装工程费分别为 1200 万元、800 万元和 300 万元,建设单位管理费是 40 万元。某车间的建筑工程费、需安装的设备费以及安装工程费分别为 800 万元、600 万元和 100 万元,则该车间应分摊的建设单位管理费是(　　)万元。

　　A. 26.1　　　B. 30.2　　　C. 15.9　　　D. 19.8

(4) 建设项目竣工验收的最小单位是(　　)。

　　A. 单项工程　B. 单位工程　C. 分部工程　D. 分项工程

(5) 建设项目竣工验收方式中,又称为交工验收的是( )。
   A. 分部工程验收　　　　　　　　B. 单位工程验收
   C. 单项工程验收　　　　　　　　D. 工程整体验收
(6) 下列对建设工程竣工图阐述错误的是( )。
   A. 它是工程进行交工验收、维护改建和扩建的依据,是国家的重要技术档案
   B. 由发包人在原施工图上加盖"竣工图"标志后,即作为竣工图
   C. 建设工程竣工图是真实地记录各种地上、地下建筑物、构筑物等情况的技术文件
   D. 竣工图可能与原施工图不完全一致

二、多选题

(1) 建设项目竣工验收的主要依据包括( )。
   A. 投标书　　　　　　　　　　　B. 招标文件
   C. 可行性研究报告　　　　　　　D. 工程承包合同文件
   E. 技术设备说明书
(2) 验收合格后,共同签署"交工验收证书"的有( )。
   A. 监理单位　　　B. 发包人　　　C. 设计单位
   D. 承包人　　　　E. 工程质量监督站
(3) 大、中型建设项目竣工决算报表包括( )。
   A. 建设项目概况表　　　　　　　B. 建设项目竣工财务决算表
   C. 竣工财务决算总表　　　　　　D. 建设项目交付使用资产总表
   E. 建设项目交付使用资产明细表
(4) 下列各项在新增固定资产价值计算时应计入新增固定资产价值的是( )。
   A. 在建的附属辅助工程
   B. 单项工程中不构成生产系统,但能独立发挥效益的非生产性项目
   C. 开办费、租入固定资产改良支出费
   D. 凡购置达到固定资产标准不需要安装的工具、器具费用
   E. 属于新增固定资产价值的其他投资
(5) 下列哪两部分( )又称建设项目竣工财务决算并且属竣工决算的核心内容。
   A. 竣工决算报告情况说明书　　　B. 竣工财务决算报表
   C. 工程竣工图　　　　　　　　　D. 工程竣工造价对比分析
   E. 工程竣工手续证明

三、问答题

(1) 简述建设工程项目保修期的规定。
(2) 简述新增固定资产的价值构成。

(3) 建设建设工程竣工决算的作用。
(4) 简述竣工验收的内容。
(5) 竣工决算的编制步骤是什么？

答案：
一、单选题
(1) B　(2) A　(3) A　(4) B　(5) C　(6) B
二、多选题
(1) CDE　(2) ABCDE　(3) ADE　(4) BDE　(5) AB

三、(略)

第 7 章　工程造价的信息管理

【本章概述】

本章首先介绍了工程造价信息在造价管理过程中的作用,以及信息的获取途径,并对工程造价进行了分类;然后,对反映工程造价信息动态特征的工程造价指数的编制进行了详细的阐述;接着又介绍了工程造价管理信息系统建立的步骤及基本构成;最后,对定额管理子系统、价格管理子系统等信息管理系统的计算机应用现状进行了阐述。

【学习目标】

1. 熟悉工程造价信息的概念及分类。
2. 掌握工程造价指数的编制方法。
3. 了解工程造价指数的作用。
4. 熟悉工程造价信息管理系统建立的步骤。
5. 熟悉工程造价信息管理系统的构成。
6. 了解工程造价信息管理各子系统的计算机应用现状。

7.1　工程造价信息

在信息技术飞速发展的今天,随着建筑市场的进一步开放,建筑产品作为商品进入市场,市场对工程造价信息导向的需求量也越来越大,能够快速、高效、真实、可靠地获取工程造价信息,将是做好工程造价管理工作的重要环节。

7.1.1　工程造价信息的概念及作用

工程造价信息,就是在工程造价管理全过程中用于确定工程造价或控制工程造价所产生和使用的各种资料,如各种定额资料、标准规范、政策文件等。在工程承发包市场和工程建设过程中,工程造价总是在不停地运动、变动着,并呈现出种种不同特征,人们对工程承发包市场和工程建设过程中工程造价运动的变化,是通过工程造价信息来认识和掌握的。工程造价信息作为一种社会资源在工程建设中的地位日趋明显,特别是随着我国逐步开始推行工程量清单计价制度,工程价格从政府计划的指令性价格向市场定价转化,而在市场定价的过程中,信息起着举足轻重的作用,因此,工程造价信息资源开发的意义更为重要,具体来说有如下几方面的作用。

(1) 工程造价信息是工程造价宏观管理、项目投资决策的基础,在工程项目前期,需要大量的同类工程造价信息,搜集整理这些信息,可对拟建工程的投资数额进行初步的估算,使得投资决策者作出合理准确地判断。

(2) 工程造价信息是制定、修订投资估算指标,概、预算定额和其他技术经济指标,以及研究工程造价变化规律的基础。工程造价管理部门编制的估算指标和概、预算定额,其时效性很强,随着市场的竞争,人工、材料、机械、设备、工程管理水平等信息都处于不断的变化之中,因此,需及时收集工程造价信息,使定额所反映的价格水平贴近于建筑市场的实际情况。

(3) 工程造价信息是编制、审查、评估项目建议书,可行性研究报告投资估算,进行设计方案比选,编制设计概算和投标报价的重要依据。特别是在设计方案比选中,对工程造价信息掌握的越多、越及时,将对优化设计起到关键的作用。

(4) 工程造价信息是施工企业进行正确经营决策的资本。及时地收集整理工程造价信息能使企业了解建筑市场的环境,找出经营中存在的问题和确定自身发展方向。这样,对于准备参与投标的工程项目可以根据企业经营的需要合理地确定投标价格;对于在建工程可以及时掌握经营情况,降低成本,获取最大的收益;对于准备结算的工程,要准确地计算结算造价,收回企业应得的资金。

(5) 工程造价信息的积累是工程造价咨询单位经验和业绩的资本,通过不断的积累,才能提供高质量的咨询服务。企业不仅通过服务来积累工程造价资料,还应当通过社会上发布的工程造价信息和市场调查来充实自身。及时了解建筑市场的行情和有关工程造价的政策法规,为社会提供全面准确的咨询服务。

7.1.2 工程造价信息的获取途径

工程造价信息的积累是一项非常重要的工作,其难度大、工作量大、技术水平要求高,而且要求有较高的组织和管理水平。正因为如此,目前我国的造价信息积累工作整体水平还很有限。这里按照信息来源的不同,分别说明企业积累这些造价信息的一些主要途径。

(1) 行政途径,通过行政途径我们可以获得主管部门下发的工程造价管理工作文件、各种计价定额和相关法律法规等基础信息,这些信息具有法律效力,是指导工程造价管理的重要依据。

(2) 公示途径,通过公示的招标文件获取信息。

(3) 协会途径,通过加入工程造价协会,获取工程管理活动的各种信息,这种途径的信息来源及时、可靠。

(4) 内部途径,通过施工企业及造价咨询机构收集工程造价信息。施工企业是工程造价资料使用最频繁、最直接的单位,其经营活动依赖于各类工程造价信息。同时,通过自身的生产经营活动,在实践中积累大量的工程建设资料。施工企业是工程造价信息收集的主要对象。工程造价咨询机构是建筑市场改革发展的产物,它们在经营活动中积累了大量的工作经验和技术经济信息,经过整理是非常宝贵的工程造价资料,在不断地总结、完善、消化中,不仅为自身的发展积累资本,而且可以为工程造价管理机构提供参考。

(5) 市场途径,通过市场途径可以获得大量的造价信息。一般采用如下方法获取信息。

① 实地调查,直接到工程所在地了解工程造价信息,包括当地人工、材料、机械价格以及建设地区行政主管部门对工程造价的具体要求和管理措施,这样获取信息准确、详细,但需要耗费时间和人力。

② 通讯查询,通过电话、传真、电子邮件的方式向生产厂家、经销商询价,这种方法方便、快捷。但是由于表达能力、理解能力的参差不齐,往往造成信息的准确性差、报价失真,而咨询方的态度或询问方式不恰当时,会造成提供方的反感或抵触,影响信息的获取。

③ 网络查询,这是获取造价信息效率最高的方法,可在短时间内获取大量的信息,但是筛选信息的工作量也同样较大。

④ 刊物参考,从专业报纸、杂志上获取造价信息,专业的报纸、杂志描述详尽,专业性强,特别是在新技术、新材料的介绍方面有较大的优势,但是价格信息的时效性较差。

⑤ 信息交流,通过在一定范围内的会议、座谈、互访的形式获取信息,这种交流针对性强,主题明确,信息获取及时、准确,缺点是获取信息的成本较高,时间较长。

⑥ 间接分析,利用各种公开渠道获取相关信息,收集国家对其他行业的政策调整,如水、煤、电等能源价格的调整,职工工资标准的调整等等,这些信息往往不能直接利用,需要造价咨询人员有较高的职业敏感性和分析判断能力。

⑦ 内部查询,通过企业内部资料的查询,了解以往工程的材料、设备买卖合同、租赁合同、分包合同、劳务合同及结算资料等,这样获取的信息真实可靠、内容详尽,但时效性差,很难满足特定工程的全部信息需要。

以上方法在获取造价信息方面各有利弊,但是在获取造价信息方面它们都发挥着重要的作用,我们要充分利用各种方法,挖掘信息来源渠道,,提高信息获取能力,从而做好工程造价管理工作。

7.1.3 工程造价信息的分类

1. 按信息来源分类

按照信息的来源分类,可以简单分为社会信息和企业内部信息两大类。

1) 社会信息

(1) 政府机构所发布的与建筑工程造价相关的各类法律、法规和文件,各级造价管理机关所发布的定额、价格、调价文件以及定额解释文件等。这些政府机构所发布的造价信息是建筑工程造价管理人员确定工程造价和控制工程造价的基础和依据。

(2) 各类造价中介机构或研究机构所发布的建筑工程造价指标、指数、典型工程案例分析资料等。中介机构或研究机构所发布的这些造价信息,往往经过了比较科学、严谨的细致分析和测算,基本能够代表不同工程类型、不同阶段和不同时期的价格水平。经过适当的调整后,这些资料可以用于前期的投资估算,也可作为进行各阶段造价审核的参考。

(3) 商业公司所提供的各类资源的市场价格信息。随着建筑市场的逐渐开放,资源的价格信息只能依据市场。这些价格信息的最直接、最准确的来源应该是资源供应厂商。这些资源供应厂商包括劳务分包公司、建材供应厂商、设备供应厂商等等。其中,也包括社会上的商业公司针对市场价格信息而提供的价格信息杂志及价格信息网站等。

2) 企业内部信息

(1) 企业自有的工程投标、造价控制和工程结算历史资料。这些资料应该经过适当分类、整理和分析,使其能够代表企业自己的消耗水平和管理水平,并且便于查询和调用。如果具备条件,可以由专门的部门进行持续管理形成企业的内部消耗定额。企业自身的消耗标准是企业最重要的造价信息资料,是企业进行投标报价、成本控制的重要依据。

(2) 企业的资源价格数据。资源价格主要包括劳动力、材料、机械设备等的价格。企业的资源价格数据受市场因素影响,有周期短、变化快的特点。因此,在激烈的市场竞争环境中,企业除了利用社会上的各类价格信息资料外,更重要的是应该投入力量建立自己的资源价格管理体系和价格数据库。利用此价格数据库和企业自己的消耗标准,再参考各类社会上的造价信息,企业在投标报价和成本控制的过程中便能做到方便快捷、有凭有据。

2. 按信息性质分类

按照信息分类,建筑工程造价信息可以分为消耗标准类、价格信息类和法规文件类。

(1) 消耗标准类主要包括造价管理机关所发布的消耗定额,如国家基础定额、各地和各行业的各类定额等;企业内部消耗标准,如企业的历史资料、企业内部定额等;中介机构或研究机构所发布的消耗性标准、消耗指标等。

(2) 市场价格类包括劳动力价格、材料价格、机械租赁价格、设备购置价格以及专业分包价格等。其主要来源是政府机构、造价管理机关、中介公司和商业公司所发布的价格信息、价格指标指数信息、厂商的直接报价等,也包括企业自己组织采集的各类价格信息。这些信息所采用的介质可能是书面的杂志刊物、报价单,也可能是电子信息、网站数据库等。

(3) 法规文件类主要包括政府机构或造价管理机关所发布的各类建设工程造价管理和调价文件等。

3. 按造价信息管理系统分类

按照造价信息管理系统分类,建筑工程造价信息可以分为定额管理系统、价格管理系统、造价确定系统、造价控制系统。

7.2 工程造价指数

7.2.1 工程造价指数概述

工程造价信息要及时、准确、客观地反映市场价格变化情况，从而指导工程建设活动各方合理确定价格。其中最能体现造价信息动态性变化特征，并且在工程价格的市场机制中起重要作用的工程造价信息主要包括价格信息、工程造价指数、已完工程信息等，这里主要阐述工程造价指数。

1. 工程造价指数的概念

工程造价指数是反映一定时期由于价格变化对工程造价影响程度的一种指标，它反映了报告期与基期相比的价格变动趋势，是调整工程造价价差的依据。工程造价指数一般应按各主要构成要素分别编制价格指数，然后经汇总得到工程造价指数。

在社会主义市场经济中，设备、材料和人工费的变化对建筑工程价格的影响日益增大，在建筑市场供求和价格水平发生经常性波动的情况下，建筑工程价格及其各组成部分也处于不断变化之中，使不同时期的工程价格失去可比性，造成了造价管理的困难。编制工程造价指数是解决造价动态管理的最佳途径。

2. 工程造价指数的分类

工程造价指数可以分为各种单项价格指数，设备、工器具价格指数，建筑安装工程造价指数，建设项目或单项工程造价指数。工程造价指数也可以根据造价资料的期限长短来分类，分为时点造价指数、月指数、季指数和年指数。

1）各种单项价格指数

各种单项价格指数是其中包括反映各类工程的人工费、材料费、施工机械使用费报告期对基期价格的变化程度的指标。各种单项价格指数属于个体指数（个体指数是反映个别现象变动情况的指数），编制比较简单。例如，直接费指数、间接费指数、工程建设其他费用指数等的编制可以直接用报告期费率与基期费率之比求得。

2）设备、工器具价格指数

总指数用来反映不同度量单位的许多商品或产品所组成的复杂现象总体方面的总动态。综合指数是总指数的基本形式。综合指数可以把各种不能直接相加的现象还原为价值形态，先综合（相加），再对比（相除），从而反映观测对象的变化趋势。设备、工器具由不同规格、不同品种组成，因此，设备、工器具价格指数属于总指数。由于采购数量和数据无论是基期还是报告期都很容易获得，因此，设备、工器具价格指数可以用综合指数的形式来表示。

3）建筑安装工程造价指数

建筑安装工程造价指数是一种综合指数。建筑安装工程造价指数包括人工费指数、材料费指数、施工机械使用费指数、措施费指数、间接费指数等各项个体指数。建筑安装工程造价指数的特点是既复杂又涉及面广,利用综合指数计算分析难度大。可以用各项个体指数加权平均后的平均数指数表示。

4) 建设项目或单项工程造价指数

建设项目或单项工程造价指数是由设备、工器具价格指数,建筑安装工程价格指数,工程建设其他费用指数综合得到的。建设项目或单项工程造价指数是一种总指数,用平均数指数表示。

7.2.2 工程造价指数的编制

1. 各种单项价格指数的编制

(1) 人工费、材料费、施工机械使用费等价格指数的编制。这种价格指数的编制可以直接用报告期价格与基期价格相比后得到。其计算公式如下:

$$人工费(材料费、施工机械使用费)价格指数 = P_n/P_0$$

式中:P_0——基期人工日工资单价(材料价格、机械台班单价);

P_n——报告期人工日工资单价(材料价格、机械台班单价)。

(2) 措施费、间接费及工程建设其他费等费率指数的编制。其计算公式如下:

$$措施费(间接费、工程建设其他费)费率指数 = P_n/P_0$$

式中:P_0——基期措施费(间接费、工程建设其他费)费率;

P_n——报告期措施费(间接费、工程建设其他费)费率。

2. 设备、工器具价格指数的编制

考虑到设备、工器具的采购品种很多,为简化起见,计算价格指数时可选择其中用量大、价格高、变动多的主要设备工器具的购置数量和单价进行计算。

$$设备、工器具价格指数 = \frac{\sum(报告期设备工器具单价 \times 报告期购置数量)}{\sum(基期设备工器具单价 \times 报告期购置数量)}$$

3. 建筑安装工程造价指数

$$建筑安装工程造价指数 = \frac{报告期建筑安装工程费}{\frac{报告期}{人工费}+\frac{报告期}{材料费}+\frac{报告期施工}{机械使用费}+\frac{报告期}{措施费}+\frac{报告期}{间接费}+利润+税金}{人工费指数 \quad 材料费指数 \quad 施工机械使用费指数 \quad 措施费指数 \quad 间接费指数}$$

4. 建设项目或单项工程造价指数

$$建设项目或单项工程指数 = \frac{报告期建设项目或单项工程造价}{\frac{报告期建筑安装工程费}{建筑安装工程造价指数}+\frac{报告期设备、工器具费}{设备、工器具价格指数}+\frac{报告期工程建设其他费用}{工程建设其他费用指数}}$$

【例 7-1】 某典型工程,其建筑工程造价的构成及相关费用与上年度同期相比的价格指数如表 7-1 所示,和去年同期相比,该典型工程的建筑工程造价指数为多少?

表 7-1 某工程的各费用价格指数

费用名称	人工费	材料费	机械使用费	措施费	间接费	利润	税金	合计
造价/万元	110	645	55	40	50	66	34	1000
指数	128	110	105	110	102	—	—	—

解

$$\text{建筑安装工程造价指数} = \frac{\text{报告期建筑安装工程费}}{\frac{\text{报告期人工费}}{\text{人工费指数}} + \frac{\text{报告期材料费}}{\text{材料费指数}} + \frac{\text{报告期施工机械使用费}}{\text{施工机械使用费指数}} + \frac{\text{报告期措施费}}{\text{措施费指数}} + \frac{\text{报告期间接费}}{\text{间接费指数}} + \text{利润} + \text{税金}}$$

$$= 1000 \times 100 \div (110 \div 1.28 + 645 \div 1.10 + 55 \div 1.05 + 40 \div 1.10 + 50 \div 1.02 + 66 + 34)$$

$$= 1000 \times 100 \div (810 + 66 + 34) = 109.9$$

7.2.3 工程造价指数的作用

工程造价指数作用有以下几个方面。

1. 工程造价指数指导工程量清单计价和报价

任何建设工程产品都需要投入人工、材料、机械台班等生产要素才能形成。在推行工程量清单报价工作中,应分政府投资项目和非政府投资项目,并分别采用不同的管理模式。但不管是哪种项目,都应有一个明确的计价依据,并且这种计价依据应该是以已竣工工程造价资料为基础的,在动态管理中应以工程造价指数来调节。比如政府投资项目,应规定地方信息价,还应有反映市场物价变化的人工费价格指数、主要材料价格指数、施工机械台班价格指数、其他直接费及间接费造价指数,再加上利润和税金折算成的综合指数,才有利于工程量清单完全单价的编制。没有这些指数的控制,对合理确定和有效控制工程造价不利。非政府投资项目,工程造价管理机构可不规定信息价,由企业自主报价,但价格形成的模式也应有基期价和造价指数的调节价两部分内容。

2. 工程造价指数是解决已建工程造价静态性的重要工具

在我国现阶段,以有代表性的工程造价资料和工程造价指数相结合来计价,可以解决已建工程造价的静态性问题,对建立有中国特色的工程造价管理模式具有可操作性和重要的现实意义。

3. 工程造价指数是合理动态结算工程价款的依据

除工程规划小、施工周期在一年以内的工程采用固定合同价外,不少工程的施工周期都在一年以上,为解决合同双方因市场物价波动而承担的风险,双方可签订可调价合同。反映市场物价变化幅度的工程造价指数,能为实现工程价款动态结算提供必要条件,使可调合同的签订更具有合理性和科学性。

4. 工程造价指数便于分析价格变化的原因和估计工程造价变化对宏观经济的影响

由于工程造价指数有单项价格指数和综合造价指数,所以可以通过单项价格指数分析计算单项价格变化对工程造价的影响程度,也可以通过单位、单项工程造价指数等来计算对建设项目造价的影响,进而可向有关部门提供可靠数据,准确估计建筑产业价格变化原因和对宏观经济形势的影响,为国家制定调控措施提供依据。

7.3 工程造价管理信息系统

管理的实质是决策,决策的依据是信息,在工程造价管理的过程中,涉及到大量的造价信息,迫切需要快速、及时、科学、准确地作出决策。计算机的广泛应用,网络技术的空前发展,以及多媒体在建筑工程领域的高度渗透和融合,为工程造价管理方式的变革及手段的现代化提供了坚实的平台。

所谓工程造价信息系统是管理信息系统在工程造价管理方面的具体应用,它是由人和计算机组成的,能对工程造价管理的有关信息进行较全面的收集、传输、加工、维护和使用的系统,它通过积累和分析工程造价管理资料,能有效地利用过去的数据来预测未来造价变化和发展的趋势,以期达到对工程造价实现合理确定和有效控制的目的。工程造价管理信息系统依赖于原始资料,它不仅包括单位工程、单项工程、建设项目的资料,还包括新材料、新设备、新工艺、新技术方面的资料;不仅包括工、料、机信息,还包括量、价、费指标;不仅包括固定不变的基础数据,还包括因时因地而异、反映随行就市的"鲜活"因素。

工程造价管理信息系统服务于工程实践。不同的阶段,系统得出的结果不同,工程造价管理全过程中的建设项目可行性研究、投资估算、初步设计概算、施工图预算、合同价、结算价以及竣工决算的造价资料有较大的差别;级别不同,造价管理系统的层次不同,国家级、省市级与公司级对工程造价信息系统有着不同的职能要求;工程项目的主体不同,造价管理工作的侧重及指向不同,工程项目的主管单位、勘察设计单位、建设单位、施工单位、监理单位以及咨询中介机构等有着不同的出发点与落脚点。

7.3.1 工程造价管理信息系统建立的步骤

建立工程造价管理信息系统,如同建立其他管理信息系统一样,一般要经过系统需求分析、系统总体设计、系统功能实现三个阶段,由于系统的发展是无止境的,于是系统的开发便是一个动态循环过程。一个系统建立后运行一段时间,可能出现新情况、新问题,于是需要根据新的要求改进目标,设计更新的系统。因而系统的建立是上述三个阶段循环往复的过程。造价管理信息系统建立的过程如图7-1所示。

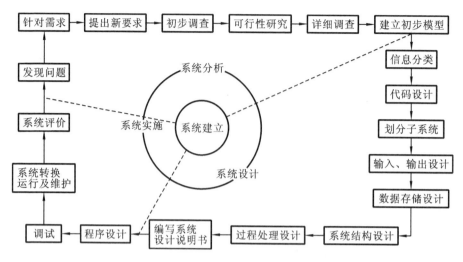

图 7-1 系统建立的过程及步骤

1. 系统需求分析

工程造价管理,其核心内容是对工程各阶段对应的造价合理确定与有效控制。而控制决策是否科学合理,则需要大量切实可靠的信息。因此,建立准确、方便、快捷,且符合国际惯例的工程造价管理信息系统,实现建设工程造价信息的远程实时在线互动,形成政府、建筑企业、咨询业、个人、民间组织等多方面积极收集、整理、发布造价信息的行业制度显得尤为重要。其中,政府主要发布总体性、全局性的工程造价信息,通过制度建设使造价信息积累制度逐渐法制化;民间组织主要针对相关资源市场信息的收集、整理和发布工作,并收集各种建设工程造价资料,同时根据大量的已完工的工程数据,得出成本估算和造价指数,进行全方位分析,为政府和社会投资或参与建设项目各方提供分析预测的全方位信息服务体系。通过民间组织参与,扩大造价信息的基础,使工程造价资料扩充到建设领域的相关行业。

建设工程造价信息系统能够为政府投资的大型工程项目提供投资造价方面的决策支持,调控建筑要素市场价格总水平,提供准确及时的工程要素市场价格资料;能够为投资人、业主、工程咨询公司、工程承包企业等提供国内外工程分类及综合市场价格信息;能够发布企业自己的价格信息,通过实时交易撮合系统直接进入网上实时报价与交易;能够适应工程量清单报价的需要及工程总承包体制改革的需要,提供各种技术经济指标价格信息服务和市场成交价格实时信息服务。通过发布劳务、材料、设备的报价、买价及成交价真正体现价格信息的实时性和可操作性。

2. 系统总体设计

工程造价管理信息系统是指能够对工程造价信息进行搜集、加工、整理、运算、分析、预测、辅助决策、传递、存储、维护和使用的计算机系统,它既包括代替人工繁琐工作的各种日常处理系统,也包括为管理人员提供有效信息、协助领导者决策的支持系统。也就是说,它以计算机和通讯技术为基础,综合利用各种数据、信息和智慧,以企业战略竞优、提高效率为目的,支持企业的高层决策、中层控制和基层运作。建设工程造价信息系统以城市电子地图为平台,通过地理信息系统强大的空间数据表达能力,对各大型、典型工程项目进行数据采集及加工,将分部分项工程量数据、用工等级、用工量、机械设备、工期、质量等级等属性数据资源进行有效的分类、加工、处理、统计,通过分层技术和 GIS 系统表现出来,将每个工程项目的空间数据、经济数据、合同数据等通过数据库进行集成管理,采用当今世界较先进的计算机硬件设备和大型数据库管理软件,以及先进的客户机/服务器体系结构,通过局域网、专网系统在 Internet 上进行发布,会员单位可以通过 Web 页在网上进行实时访问。

3. 系统功能实现

工程造价系统的技术难点:用数据库技术对已完工的工程的数据进行积累,运用数据挖掘技术,建立指标体系及数据交换技术。

数据库是信息系统的核心。数据库设计在信息系统的开发中占有重要地位,数据库设计的质量将影响信息系统的运行效率及用户对数据使用的满意程度。

数据仓库是最近发展起来的数据存储和管理方式,是集成数据的存储中心,它是由数据库、DSS 数据库逐渐发展起来的。由于决策分析的需要,数据仓库既有汇总数据,又有历史时序数据,而且,数据仓库还可由不同种类的异构的数据库中提取数据,加工后放到数据仓库中。数据仓库不仅具有数据的一般加工和汇总的功能,而且具有深度加工和数据挖掘的功能。

数据挖掘工具是用户对数据仓库进行信息宝藏查询的工具,了解数据仓库拥有的技术水平和能力,让用户清晰地、最大限度地描述出要在数据仓库中挖掘有价值信息而必备的工具。数据挖掘工具支持 OLAP 的概念,即通过对数据的处理来支持决策任务。数据挖掘工具包括查询与报表工具、智能代理与多维分析工具,像一个 DBMS 一样,一个数据仓库系统具有一个引擎。工程造价信息根据其内容不同,大致可以分为定额信息、材料设备信息、劳务分包价格信息、专业分包价格信息、专业咨询服务信息、人力资源信息、指数指标信息、造价监管、工程项目信息等。

在工程造价信息中,有些信息是相对静态的,如一些最新发布的指导性文件、造价刊物和公告新闻等,对这些信息,可以采用网页的形式直接发布。

有些工程造价信息的特点是数据量大,结构复杂,如定额信息、预算员管理,针对这类信息,用户的需求主要是查询相关资料。为了用户能快速便捷地查询到需要的资料,需要采用数据库和 Web 服务器结合的方式来完成。

对一些结构特殊的信息,可以根据信息结构的特点,使用特殊的存储访问方式。如文件汇编这类信息,文本量大,又具有特定的格式,这类信息可以采用将其 HTML 格式的文本直接存储在数据库,并在数据库中记录文件的属性(如文号、发文时间等),用户可以通过查询文件属性或关键词的方式查找文件,也可以采用直接做成网页的形式存放,给用户提供查找关键词的全文检索的查询方法。

通过因特网和局域网的建立,为工程价格信息交流创造了条件,从而能广泛搜集国内外、省内外和市内外的最新价格信息,存入大型数据库,并通过计算机汇总、整理、加工、分析、报送或向社会和公众开放,达到价格信息资料共享的目的。建立工程造价信息网,将工程造价信息置于 Internet 中,可以实现工程造价资源在全球范围内的共享,可以改变目前工程造价信息缺乏的现状,通过 Internet,将各个部门、地区、单位紧密地联系起来,这样就减少了由于各部门的割裂而造成的信息流失和重复工作现象。并且,通过数据库技术在 Internet 上的应用,用户可以便捷地查询到所要的信息,而且可以使得信息的收集和加工直接在网上就可以实现,提高了信息采集和处理的效率。

7.3.2 工程造价管理信息系统的构成及功能特点

工程造价管理信息系统的建立,应满足工程造价管理职能部门的需求以及作为用户的建设主体各方的需求,系统可由定额管理子系统、价格管理子系统、造价确定子系统、造价控制子系统组成,如图 7-2 所示,现对各子系统的结构及功能分述如下。

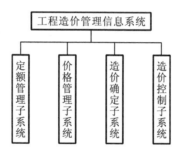

图 7-2 工程造价管理信息系统子系统

1. 定额管理子系统

一般来说,定额是指量的规定性的消耗,其消耗指标对应基本建设程序中的不同阶段有不同规定性的量,如施工定额、预算定额、概算定额、估算指标等。除了量的消耗,还有取费定额、工期定额。定额管理子系统,如图 7-3 所示。定额管理子系统的特点是内容具有法定性,且不涉及价格问题。

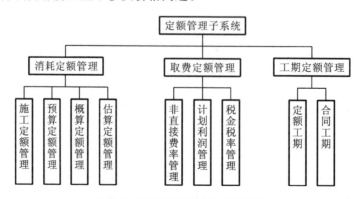

图 7-3 定额管理子系统功能模块

1) 消耗定额

量的消耗反映一个时期的生产力水平。定额作为一种规定性的额度,是指完成某一计量单位的合格产品所耗费的数量标准。消耗定额具有统一性与层次性的特点。由于定额既是组织和协调社会化大生产的工具,又是提供可靠的计量标准进行宏观调控的依据,还是评价劳动成果与经营效益的尺度,故对于某些专业,国家已颁发了统一定额,致使定额具有统一性。定额的层次性主要体现在不同阶段所对应的定额(或指标),其"精度"不同。如预算定额以施工定额为基础,概算定额是预算定额的综合扩大。

在此消耗定额模块中,一是要求施工定额、预算定额、概算定额、估算指标各自能方便地存储与维护;二是要求各层次对应的子项能准确地汇总;三是要求各种定额(指标)对人工、材料、机械台班的消耗能以相应的记录以及合适的字段来描述,以保证具有足够的信息量。

2) 取费定额

取费定额模块涉及到费率、税率及利润三个方面。费用定额的项目划分及取费程序,在具体执行中各地略有差异。对此模块,一是要注意取费基数,如措施费、规费、企业管理费、利润等均属相对费用,以比率的形式出现,但它们的取费基数是各不相同的;二是要明确取费的依据,因为有的取费取决于企业的不同资质等级,有的取费取决于不同的工程类别,有的减免税费则取决于建设主体的特点;三是要适用于不同的系统应用对象,如利率的取值在招投标中,甲方或乙方各自可取浮动利率。

3) 工期定额

工期定额作为项目建设所消耗的时间标准,具有一定的法规性。由于工期与造价有着密切的关系,因此设置此模块,一是便于查询、了解不同类型项目的合理工期,二是为确定合同工期提供参照,三是衡量项目建设的组织管理水平。

2. 价格管理子系统

价格是工程造价管理中最活跃的因素,它涉及的人工、材料、机械种类繁多,数量大,不同的价格形式影响因素复杂,地域广泛,差异明显,随行就市变动频繁。利用计算机进行价格管理,能充分发挥其速度快、精度高,适时反映市场行情的优势。

价格管理子系统的模块如图 7-4 所示,分为对原价与市场价的搜集,定额取定价的确定,单位估价表的生成以及价格变化趋势的预测。

1) 初始价格管理

初始价或称原始价是确定预算价格的基础,初始价格模块中因形成价格的因素不同分为原价、信息价与市场价。原价是指材料或产品未经流通领域的生产厂出厂价。它按国家指导价或市场调节价确定,同一产品可能因产地不同而有几种原价,则需用加权平均法计算原价。在原价的基础上加上流通部门的手续费及包装费即为供应价。信息价具有明显的区域性及动态性,目前各地工程造价管理部门定期发布信息价,以作为"开口"部分价差调整的依据。市场价则是针对大宗、价值量大以及波动

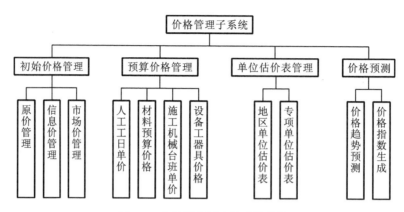

图 7-4 价格管理子系统功能模块

幅度大的材料或产品,市场价随行就市,属于"鲜活"价格。

初始价格管理模块的功能应该是搜集范围广,整理速度快,检索查找方便。

2) 预算价格管理

预算定额是一种计价性的定额,它所对应的价格即定额取定价。此模块的功能是将人工、材料、机械台班以及设备工器具各自进行价格取定,即将不同规格、不同类别、不同等级、不同渠道和不同计量单位的预算价格换算为理想的规格、等级或计量单位的预算价格。定额取定价是测定与调整价差系数的依据,也是编制单位估价表的重要组成因素,没有定额取定价就无从编制单位估价表。预算价格的取定工作是一项政策性、经济性、技术性很强的工作,利用此模块,在占有大量详尽资料的基础上,力求做到准确性、科学性与合理性相统一。

3) 单位估价表管理

单位估价表或单位估价汇总表,是把经过编制并获批准的取定价,如定额人工工日单价、材料预算单价,按统一机械台班费用定额与其相应的人工、材料单价计算的机械台班单价,代入现行的预算定额中,经计算、汇总而成的表格。如果代入的是地区的取定价,所形成的表格就称之为地区单位估价表或地区单位估价汇总表;如果代入的是专项工程材料取定价和专项工程所在地的人工单价、机械台班费所形成的表格称之为专项工程单位估价表或专项工程单位估价汇总表。单位估价汇总表与单位估价表的实质是一样的,编制的原理、方法、步骤相同,只是繁简不同,版面布置与表现形式略有差异。

单位估价表实际上是量与价的融合。单位估价表的数据结构一般为两个方面,其一是文字性资料,此即定额名称及各种说明;其二是估价表表格,其构成要素有子目录、综合工日、材料、机械台班消耗量及取定价,以及人工、材料、机械之和的基价,其中人工、材料、机械消耗量等数据是分部工程或单位工程进行工料分析的依据。

4) 价格预测

从单位估价表的生成过程以及数据内涵来看,价格是最活跃的动态因素。为了及时准确地反映市场价格变化以及增强单位估价表对复杂多变的客观情况的适应性,进行价格预测非常必要。在价格预测模块中,对价格趋势进行预测有多种方法,可以用时间序列法,也可用回归分析法;而对价格指数的生成,必须占有大量历史的与当前的数据,在测算的基础上产生基价指数、年度指数与地区指数,以确定具体项目的工程造价。

3. 造价确定子系统

造价确定子系统是工程造价管理系统的核心部分,它类似于手工方式中针对具体的建设项目,根据工程量套相应定额子目(或指标)计算出各项目的价值量。此子系统中的投资估算、设计概算、施工图预算、竣工决算四个模块既相对独立又彼此有联系,如图 7-5 所示。造价的确定在不同的阶段依据不同,精度不同,一般来说前者控制后者,后者补充前者。

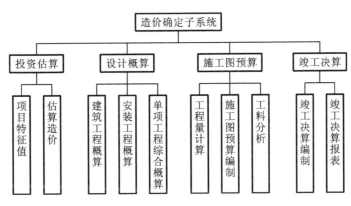

图 7-5 造价确定子系统

1) 投资估算

投资估算是项目决策的重要依据之一,该模块的功能是根据项目的特征值,利用估算指标或者利用指数法、系数法等确定其投资估算。投资决策阶段的造价估算属于估算造价,它是编制设计概算、进行造价控制的限额依据,是判定建设项目是否应纳入计划和能否取得效果的关键,因此要求保证一定的准确性。但由于此阶段项目具有实物的不可预见和价格的不可预见,因而估算值不可能十分准确。为了使投资估算不失其控制性,此模块应能以静态值为基础,对动态值作调整,合理地考虑不可预见费及风险预备费,使投资估算的误差率在允许的范围内。模块内的项目特征值,是指拟建项目的生产能力、投资额、生产装置的设备费用,以及 m^2、m^3 等指标。

2) 设计概算

设计概算是指在初步设计或扩大初步设计阶段,根据设计要求对工程造价进行的概略计算。设计概算由单位工程概算如模块中的建筑工程概算与安装工程概算汇总成单项工程综合概算,再由单项工程综合概算与其他费用概算、税、费以及建设期贷款利息等汇总成建设项目总概算。当然实际工作中也有不编制总概算的。对于本模块,在编制建筑工程概算时,要求能较为准确地确定其工程量;而在编制安装工程概算时,要求正确地套用费率;在汇总编制单项工程综合概算时,则要合理地考虑工程建设其他费用。但由于此阶段的设计成果有待深化、细化与优化,于是在以还不够完善的初步设计信息为基础编制概算时,一是要以人机交互方式把项目客观的不定因素与人为的主观判断糅合进去,二是要充分利用设计中的技术参数转换成利于概算编制的数据。

3) 施工图预算

施工图预算是确定招标标底或投标报价,以及确定承包合同价的依据。施工图预算模块的功能,其一,要求准确地计算工程量;其二,要求准确地套用定额子目;其三,要求能进行详细的工料分析。目前,硬件、软件飞速发展,以往工程量计算与录入的"瓶颈"现已基本攻克,利用扫描仪将图样录入计算机,再把图纸参数转换为预算依据,或直接利用计算机辅助设计——CAD 设计绘图过程中的有关参数,自动转换成编制预算的原始数据。这方面国内已推出商品化的预算软件。工料分析的功能可以据此组织施工,调配人力、机械以及组织材料供应,工料分析所对应的工料预算与实物法编制预算相似,它更能体现量价分离,且为企业自主报价提供条件。

4) 竣工决算

在建设项目建设全过程的最后阶段,需要编制反映建设项目实际造价与投资效果的文件,即竣工决算。在此模块中,竣工决算包括从筹建到竣工投产全过程的全部实际支出费,即建筑工程费用、安装工程费用、设备工器具购置费用和其他费用等。与前阶段的造价值即预期造价相比,竣工决算属于终结造价,它考虑了项目的设计变更、工程量的增减,以及人工、材料、机械价差的调整等各种实际变化,同时还考虑了进度、质量、安全等方面对造价的影响。模块中的决算报表反映的是决算造价的明细数据,据此可分析建设过程的经验教训,并积累技术经济资料,提高造价管理水平。

4. 造价控制子系统

工程造价的确定是造价管理的基础,工程造价的控制是造价管理的关键,因为控制比确定更能体现动态性、超前性与主动性。为了实现项目目标,实施有效的控制,就得既要选定控制的基准,如相关法规标准,又要选择适宜的控制参数,如与造价密切相关的进度与质量,还要选用有效的控制途径,如既抓招投标与合同管理等关键环节,又抓造价工作的纵向全程管理。造价控制子系统模块组成如图 7-6 所示。

1) 法规标准

法规标准是实施造价控制的依据。关于工程造价方面的法规标准,有国家的、行业的以及地区的,有技术方面的,也有财会方面的,其相应的条款及量化指标就是造价控制的参照系与基准值,如《建筑法》《合同法》施工验收规范、资质管理规定、财务、税收规定等等。法规标准模块的各分模,以文本文件为主,为便于查询,应尽可能地将关键词设置注释,以及按网络运行模式与要求设置便于搜索查找的超级链接;为便于引用,将规范及规定的数量指标表格化。

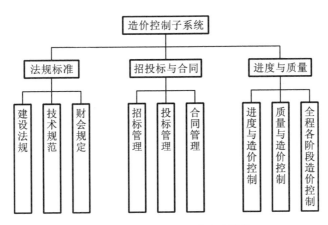

图 7-6 造价控制子系统功能模块

2) 招投标与合同管理

工程造价控制的对象是项目,实施工程造价控制的主体是以项目为媒介的建设各方,主要有投资单位、建设单位、设计单位、施工单位、监理单位等。由于各自的立场不同,出发点各异,则需通过招投标以及合同条款来协调各方的利益,规范各自的行为。在招投标方面,此模块对投标者应能实现快速报价,对发包方(或委托方)的招标应能准确地计算标底;在合同管理方面,不论是甲方、乙方还是第三方,均能各自方便地查询、修改和追加数据,并及时反映由于设计变更、工程量增减等因素对合同条款的影响。招投标与合同文件拥有大量的数据,因而要求各分模能有效地采集信息,快速提供数据,用以指导造价控制工作。

3) 进度与质量

对工程项目进行管理包括造价、进度与质量,而进度与质量对造价的控制有着直接的关系。

进度计划受合同工期的制约,且由表达施工组织设计的网络计划来体现。由于工程现场意外因素的作用,其关键线路可能发生变化,实际进度与计划进度会出现偏离,必然影响进度款的拨付时间和额度,以及最终工程价款的结算,如工期奖惩等。工程质量近年来引起各界人士普遍关注,质量标准体现在性能、寿命、可靠性、安全性几个方面,为达到规定的程度,必须付出相应的代价,此即质量成本,也就是说,质量也可用造价来度量,"豆腐渣"工程是最大的财力浪费。质量与造价的制约关系,往往通过合同条款来设定,包括索赔预案、优质优价等,使控制造价具有间接对质量进行控制的功能。

此模块中的全程各阶段造价控制,是对项目立项到竣工的时间序列全程加以控制,利用其他子系统所提供的数据,如可行性研究阶段的估算、设计阶段的概算、施工图阶段的预算等进行纵向对比,实施动态跟踪监督,实现全过程造价控制。

7.4 建筑工程造价的计算机应用

7.4.1 定额管理子系统的计算机应用现状

最早定额管理和计算机结合是从排版印刷的需求开始的,最早应用方式只是人工向计算机内录入文字和表格、排版,然后印刷。但是,由于定额子目的组成需要依靠大量的数据计算,所以很快在定额管理的计算机应用上就有了新的需求:用户需要一个能完成从定额的基础数据收集整理—录入—计算—校验—排版的管理软件。正是在这种需求下,产生了第一代 DOS 版定额管理软件。

以北京广联达慧中软件技术有限公司的第一代定额管理软件为例,介绍一下该软件的应用特点。该软件以 UCDOS 为平台,采用 Fox pro 语言开发,能够帮助定额管理部门完成数据录入、整理、计算、校验、定制表格、打印排版等功能。虽然第一代定额管理软件也能完成定额编制排版的大量工作,但是由于受 DOS 平台的限制,第一代软件的操作灵活性、易用性及资源的可重复利用性都十分有限,应用第一代软件需要使用人员同时具备造价专业知识和一定的计算机知识才能完成工作。

随着计算机技术的发展,Windows 平台和基于 Windows 平台的开发语言的不断出现,定额管理软件也从 DOS 版升级到 Windows 版。现在我国广泛应用的定额管理软件都是基于 Windows 平台,应用范围也普及到全国各地。

现在我国各省市定额站出版的新定额,基本上都应用了第二代定额管理软件。第二代的定额管理软件的特点是:在功能上着重突出了对数据的整理功能和软件的计算能力,例如,材料代码库的整理、子目单价组成的计算和校验,借助 Windows 平台的优势,软件在易用性和灵活性上远胜于 DOS 版本;操作人员一般只要了解造价专业知识就可以工作。另外,在排版工作处理上,一般都是借助专业的第三方软件,例如华光排版系统等。

但是,现阶段的软件面对全国各地需求各异的定额排版形式还是显出扩展性不足的问题。另外,这类软件目前的应用基础都是以我国的传统定额形式为主。工程量清单计价方式的相关应用考虑不足。从市场环境的变化趋势来看,体现企业管理能力和技术能力的企业定额会在将来的市场竞争中发挥巨大作用。所以,第三代定额管理软件应该在原有功能上扩充以下功能:能服务于企业定额管理,能与企业招投标工作和历史积累数据相结合,不断循环修正定额管理软件。

仍以北京广联达慧中软件技术有限公司的第三代定额管理系统为基础,作第三代定额管理软件的功能介绍。这个系统已经具备了第三代定额管理系统的基本功能。它由一个定额管理器和一个表格排版软件组成,特点如下。

(1)定额管理器负责完成定额的数据收集、整理、计算、校验,同时可以生成对外数据接口的格式文件。

(2) 面对企业定额的需求,该系统可以根据企业级用户的需求,参照传统社会定额的特点,快速生成企业定额的结构框架,为企业级用户编制企业定额提供良好的基础和参照样本。

(3) 自由表格排版软件提供了灵活的单元格拆分、组合功能,可以根据用户的定额排版样式自由组合,同时用户可以给单元格指定数据源内容和计算关系式,负责制作用户需要的表格样式。

(4) 为了面对不同级别的用户需求和降低用户成本,软件自带排版生成器,可根据用户的需求将排版格式转换成反转片打印,便于用户用激光打印机直接制作反转片进行印刷。

(5) 该生成的数据接口文件可以直接被广联达造价软件应用(例如造价软件可以直接用企业定额库进行投标报价工作),并且,企业用户可以根据造价软件生成的指标分析表进行企业定额的积累,再通过定额管理器逐步校正企业定额,形成企业的成本依据。

7.4.2 价格管理子系统的计算机应用现状

造价管理系统的作用主要是为了帮助价格信息发布单位进行市场上纷繁复杂的人工、材料、机械、设备价格的收集、整理和发布工作。传统的价格信息管理工作是由各省市的定额站负责的。这种价格管理工具相对简单,大多数不用工具软件,只用特定的数据库软件或者电子表格工具就可以完成,例如用 VFP、MS Access、MS Excel 等。目前,大多数价格信息的编制方法都是按时通过电话、传真等方式从厂商处收集价格,用计算机整理,排版印刷发行,或者是做成特定的数据库形式,供造价软件使用。

但这种方法正在发生本质上的变化,因为目前我国正在进行的造价改革的主要目的之一是量价分离,就是指把原有定额中指定形式的材料价格变成指导形式的,并且最终由市场形成价格。所以,目前的价格管理方式从发布渠道和应用工具上都发生了巨大的变化。

从已经进行造价改革的地方来看,目前价格管理系统已经从原有的简单工具转变为一个网络化的管理系统。利用网络本身信息传递方便、迅速、覆盖范围广的特性,价格信息的采集、整理、发布以及应用的平台都将转移到网上。另外,价格信息的发布单位也日益多元化,原有的造价管理单位和拥有资源的商业公司都参与进来,形成了一种良好的市场竞争机制,用户可以根据自身需要选择。

北京的"数字建筑"网站(www.bitAEC.com)是比较典型的网站。作为加入 WTO 新环境下的价格管理系统的体现形式,它有如下特点。

(1) 材料种类多,为用户提供了多达数万条市场材料价格信息,并且保持了良好的价格更新频率,为量价分离的报价方式提供了一个广泛、准确的询价平台。

(2) 该网站还涵盖了全国各地的主要材料集散地的材料价格信息,供用户比较。

(3)"数字建筑"网站还为用户提供近几年来各种材料的价格走势曲线图,供用户在报价时参考。

(4)该网站还可以为有采购需求的用户和材料厂家提供交易平台。

(5)该网站可以与造价软件接口,提供软件专用的材料市场价格信息库。

上海造价管理部门发布的网站,也已经实现网上的价格信息管理和发布。同时,全国各地许多原有造价管理单位也将价格信息管理系统搬到了网上,包括浙江、广东、辽宁等省。许多专业网站提供具体某一个大类的材料价格信息,例如有色金属和钢材等。随着造价管理改革的深入和计算机网络技术的普及,网络化的价格信息管理系统将逐步取代传统的价格管理方式。

7.4.3 造价确定子系统的计算机应用现状

造价计算系统是整个建筑工程造价信息管理系统中应用最早也最为广泛的一个。早在286计算机时代,我国就已经有人开始设计造价计算软件。发展到今天,造价计算软件已经普及到我国的每一个省区和直辖市。全国的大部分地区的招投标报价工作都已经开始使用软件。

造价计算软件的应用现状与造价计算软件的构成和我国各地区不同的造价特性和造价工作的不同环节都有很大的关系。下面我们就从这几方面对我国造价计算系统的应用概况作一个简单介绍。

造价计算的过程分为两部分:一是计算工程量,二是套价。相应的造价计算软件也分为两部分,工程量计算软件是负责计算工程量的,套价软件是负责按照计价方式的要求(定额、工程量清单规则)进行造价计算和输出报价书。目前国内的工程量计算软件一般分为两种:一种用来计算建筑物的土建工程量,一种用来计算钢筋的工程量。也有把这两种工程量计算软件合二为一的。

目前国内的土建工程量计算软件大多采用类似CAD制图的"画图法",把建筑图一五一十地描绘到计算机内去,然后计算机便可以计算出用户需要的大量工程量数据。这种软件又称为"图形自动计算工程量"软件。这种方法的优点是计算的速度和准确性较手工计算大为提高,有助于提高效率。其不足之处是由于需要用户把建筑图输入到计算机中去,所以需要用户从事比较大的画图工作量,而且要求用户本身的专业知识和计算机操作技能比较好。国内应用最广泛的代表软件公司是北京广联达公司、上海神机妙算公司。

工程量计算软件还有一种传统方法,即"统筹法"。该方法把相关建筑物的计算公式统计出来,让用户根据建筑图的实际情况去填写公式的各个变量。这种软件的特点非常类似于原来的手工计算工程量的方法,只是把计算过程搬到计算机上,由于应用不很广泛,在此不作详细描述。

国内目前提出的新的工程量计算方法是"利用设计部门完成的图纸或者电子文档直接进行扫描录入或者是电子数据直接传递"。上面的方法中,直接进行设计电子文档到工程量计算软件的数据传递被认为是短期内比较现实的方法。因为图纸扫描不光给用户带来额外的扫描成本，还涉及一个很大的问题，就是建筑设计行业的规范问题，规范不统一，扫描后的数据识别就成了大问题。所以相比较，还是将设计软件的电子文档数据进行转换传递比较可行。

虽然这种方法从理论上来说比较有发展，但从国内目前相关软件的实际状况看，技术层面的问题还是比较大的。电子数据不能彻底传递，用户在后期需要比较大的人工辅助工作。从实际的应用效果和成熟度来说，还达不到"画图法"的实际应用效果。另外，从现在国内设计部门的工作模式来看，电子图纸还不能直接给施工企业，因为如何保证电子设计图纸的不可更改性，还存在着技术问题。

但是，这种方法在国外应用得比较广泛，从长远角度看，这种方法是替代现有图形自动计算工程量软件的良好方式。并且，当这种方法实现了 4D 技术后（3 维＋时间），将会给施工项目管理带来新的工作模式。国内的一些公司已经在以上方面做了有益的尝试，例如北京广联达慧中软件技术有限公司的最新工程量计算软件 GCL2008。

钢筋计算软件的原理比较简单，国内大多数软件都在采用"构件图形参数输入法"，即由计算机给出构件的图形，用户根据实际的钢筋构件图纸，把图纸参数输入计算机，计算机计算出钢筋的根数、重量，并输出报表。

面对应用越来越广泛的"平面整体表示法（平面表示法）"，国内的钢筋计算软件也提出了一些解决办法，有些软件在平面表示法方面设计得比较智能，用户只要按照平法图纸向软件中输入相关参数，软件就可以自动根据平面表示法的计算规则进行计算。从这个角度讲，软件降低了对平面表示法不熟悉的造价人员的学习难度，很值得推广。目前国内钢筋计算软件较出色的有北京广联达公司的"钢筋统计软件"等。

套价软件目前的技术发展比较成熟。由于我国各地实施的传统定额的地区特性十分明显，并且制作入门级套价软件对计算机技术要求比较低，所以全国各地有许多只开发造价软件的地区性公司，这也是造价计算系统迅速普及全国的原因。但是，从造价软件的专业性角度和适应性角度来看，目前软件做得比较有实力且覆盖范围能够达到的全国性的公司并不多。大多数公司只提供了解决工程招投标报价功能的预算软件，而且由于技术水平参差不齐和对专业理解的深入程度不同，很多软件的功能十分单一，例如，无法给用户提供可自由设计的报表和工作环境，无法面对多种报价方式（子目综合单价、工程量清单），更无法向用户提供"估算—设计概算—招投标—洽商变更—施工统计—结算、审核"整个工程造价全过程的支持。这方面，全国性的大型软件开发公司做得比较好，例如，北京广联达公司的工程造价管理系统 GBG9.0 就涵盖了预算—洽商—统计—结算—审核等几个模块，并且可以使企业定额（定额管理器）和施工项目成本管理软件相互组合应用，成为造价控制系统。而且该系统还可以实现多种报价方式（传统定额计价、子目综合单价、工程量清单计价），从造价计算软件的发展角度来看,代表了将来的方向。

目前全国造价计算软件应用普及度十分高,这其中又以套价软件的普及度为最高。提供软件服务的公司分为三类:第一类是制作套价软件的地区性小公司,这种公司的特点是产品单一,销售范围、服务范围、产品的应用范围都在一个较小的地区内(地市级),这类公司数目较多;第二类公司的特点是产品比较全,有工程量(土建工程量、钢筋)计算软件,软件的销售范围比较大,能够达到省级,或几个定额特性相近、地理位置接近的省份;第三类软件公司属于全国性大公司,这类公司的特点是起步较早,产品线宽,覆盖范围全面,有的已经超出了工程造价范围,在全国各地的分支机构和代理众多,软件有较好的通用性和易用性,服务体制和质量体系都比较规范,对造价专业的理解比较透彻,软件有一定的前瞻性,全国性公司的覆盖范围一般有20多个省、市、自治区,并且能够通过各地的分支机构为用户提供良好的服务,北京广联达慧中软件技术有限公司的软件属第三类。

7.4.4　造价控制子系统的计算机应用现状

造价控制系统是一个非常大的项目,它由全过程造价管理系统和施工项目成本管理系统组合而成,它实际上代表了一种成熟的管理思想。国际上的大型建筑集团公司应用得比较多,也比较成功。随着加入WTO,我国大型施工企业提升自己内部竞争力的需求越来越急迫,有许多施工企业开始了尝试。有些大型施工企业为了提升企业内部管理水平和加强成本控制,陆续应用计算机技术来完成一些管理变革,例如施工现场的材料管理系统等等。但真正对整个工程造价进行全过程管理的企业还不多见。国内只有一些有实力的大型建筑企业集团进行了这方面的尝试。国内能够从造价全过程造价控制提供软件应用和咨询服务的公司更少,因为,造价控制的方法不仅仅是软件应用,它还包含着丰富的管理思想的应用。它的实施,类似于一些生产型企业使用ERP系统,不光硬件要跟上,还需要专业管理咨询公司进行长时间的辅导。不同的企业有不同的管理方式,硬性把软件所包含的先进方法与企业实际操作相结合,是不切实际的,所以有的企业应用这种软件进行变革会失败。从软件的特性上来说,企业级的管理软件一般是在一个良好的软件基础平台上进行定制开发的,这样既保证了软件的针对性和适应性,同时又降低了企业实施的转换成本。

就目前的状况而言,国内做造价控制系统的软件公司比较少,因为造价控制系统虽然从程序结构上分为平台性、全过程工程造价管理系统和施工项目成本管理系统两部分,但是真正要实施起来,它会涉及到我们前面所说的建筑工程造价信息管理系统的各个部分,没有一个良好的软、硬件环境和数据流通能力是做不到的。造价控制系统应用的数据流向如图7-7所示。

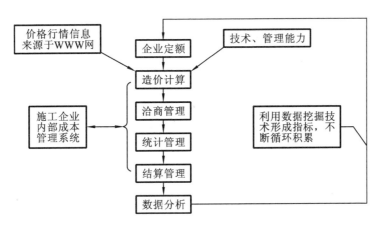

图 7-7 造价控制系统应用数据流向示意图

【综合案例】

中冶海外工程有限公司成功实施信息化全面预算系统

中冶海外工程有限公司(简称中冶海外)是由世界 500 强企业中国冶金科工股份有限公司(简称中冶股份)控股的国际工程技术服务型子公司,其前身为中冶集团海外部。公司主要针对海外客户提供整体解决方案以及工程咨询、工程设计、工程总承包等技术服务,涉及钢铁、市政、交通、电力、化工、矿山、轻工、环保、电子、房地产等多个领域。中冶海外在多个国家设有办事处和子公司,是中冶集团海外业务的领头羊。

多年来,中冶海外以工程总承包为主业,实施多元化经营,先后承建或参建了大批国际工程项目,海外业务发展突飞猛进。随着业务的快速增长,中冶海外迫切需要提升管理水平,尤其是对项目管控的能力以及对企业全面预算的管理能力,以确保企业实现创新提升、做强做大、持续发展的总体战略,向具有国际竞争力的世界一流企业的目标迈进。

东华厚盾根据中冶海外的战略规划以及对管理目标的需求分析,结合东华厚盾多年大中型企业成功实施经验,经过咨询、调研,最终形成适合中冶海外管理目标及未来发展需要的一体化信息平台。中冶海外一体化信息平台以全面预算为横向战略管理主线,以项目管控为纵向业务管理主线,通过一纵一横两条相互交叉的主线,实现了企业业务、财务、战略一体化管理。

东华厚盾全面预算管理信息系统包含完整的预算管理体系,形成预算目标下达、预算编制、预算审批、预算生效发布、预算调整、预算执行控制、预算差异分析、预算考评等一个完整的闭环系统。《东华厚盾全面预算管理信息系统》支持预算体系结构建模及流程自定义,可提供二次开发接口,并实现了与众多核算系统、ERP 系统的接口,该系统已成功应用于友讯(中国)、华北电网、冠京集团、加达集团、中联重科、山钢集团、EGP、华北电力设计院等用户,已经形成了成熟的全面预算管理解决方案。

项目管控依托 PMI 的 PMBOK 知识领域,以项目预算、成本过程控制、进度监控为核心,为(领导)决策层、(职能)管理层、(业务)执行层提供多项目、单项目、跨项目的综合管理。系统从"管控"角度出发而非施工单位现场管理角度设计系统,更全面、更宏观,而对需进行"管控"的关键点则更加突出精细化、突出过程控制;通过事前、事中控制,减少三边工程,降低投资风险;与全面预算管理系统实现无缝集成;为各级领导提供生动、直观的管理驾驶舱辅助决策工具;支持工作计划的导入和导出,可视化进度图,图片或视频的方式展现形象进度;提供多种消息及灵活的工作流机制;实现灵活强大的自定义报表体系。

中冶海外对东华厚盾的软件产品作了非常认真及仔细的考察,充分认可了软件的设计理念和东华厚盾的专业优势,对东华厚盾"软件就是服务"快速高效的支持体系表示满意。以项目管控及全面预算为核心的信息管理一体化平台的建设,将使中冶海外建立健全适合公司特点的项目及全面预算管理模式,强化资金、投筹资、成本费用和财务风险的内部控制,真正实现事前控制、规范控制、全面控制、自我控制的全面内控体系;为中冶海外创造一个集成的办公环境,使管理更规范化,提高工作效率,促进工作效果;方便领导同各级员工的交流与沟通,为企业加速发展提供管理保障。

【思考与练习】

一、单选题

(1) 按照信息的来源来划分,工程造价信息可分为(　　)。

A. 消耗标准类和市场价格类

B. 固定工程造价信息和流动工程造价信息

C. 社会信息和企业内部信息

D. 系统化工程造价信息和非系统化工程造价信息

(2) 反映了报告期与基期相比的价格变动趋势的是(　　)。

A. 工程造价信息　　　　　　　　B. 市场价格

C. 已完工程信息　　　　　　　　D. 工程造价指数

(3) 属于编制单项工程造价指数所需的数据的是(　　)。

A. 报告期人工费　　　　　　　　B. 基期材料费

C. 报告期工程建设其他费　　　　D. 报告期间接费

(4) 已知报告期某单项工程造价为 4000 万元,其中建筑安装工程造价 2400 万元,指数为 1.08;设备、工器具费用 1360 万元,指数为 1.02;工程建设其他费用 240 万元,指数为 1.05。则该单项工程造价指数为(　　)。

A. 1.050　　　B. 1.057　　　C. 1.058　　　D. 1.150

二、多选题

(1) 编制建筑安装工程造价指数所需的数据有(　　)。

A. 报告期人工费   B. 基期材料费
C. 报告期利润指数   D. 基期施工机械使用费
E. 报告期间接费

（2）能体现动态性变化特征，并且在工程价格的市场机制中起重要作用的工程造价信息包括（   ）。

A. 消耗量定额   B. 价格信息   C. 工程造价指数
D. 计价文件   E. 已完工程信息

（3）工程造价信息管理系统的构成是（   ）。

A. 定额管理子系统   B. 价格管理子系统
C. 造价确定子系统   D. 造价控制子系统
E. 成本管理子系统

三、问答题

（1）简述工程造价信息的作用。
（2）工程造价信息是如何分类的？
（3）何为工程造价指数？
（4）简述常见的工程造价指数及编制方法。
（5）工程造价管理信息系统的构成是什么？

答案：

一、单选题

（1）C   （2）D   （3）C   （4）B

二、多选题

（1）AE   （2）BCE   （3）ABCD

三、（略）

参 考 文 献

[1] 柯洪.全国造价工程师职业资格考试培训教材:工程造价计价与控制[M].北京:中国计划出版社,2009.
[2] 张丽云、王朝霞.建筑工程工程量清单计价[M].北京:中国电力出版社,2011.
[3] 夏清东、刘钦.工程造价管理[M].北京:科学出版社,2004.
[4] 斯庆、宋显锐.工程造价控制[M].北京:北京大学出版社,2009.
[5] 马楠.建设工程造价管理[M].北京:清华大学出版社,2006.
[6] 张凌云.工程造价控制[M].上海:东华大学出版社,2008.
[7] 李颖.工程造价控制[M].武汉:武汉理工大学出版社,2009.
[8] 马永军.工程造价控制[M].北京:机械工业出版社,2009.
[9] 徐蓉.工程造价管理[M].上海:同济大学出版社,2005.
[10] 车春鹏、杜春艳.工程造价管理[M].北京:北京大学出版社,2008.
[11] 吴现立、冯占红.工程造价控制与管理[M].武汉:武汉理工大学出版社,2006.
[12] 国家发展改革委员会、建设部联合发布.建设项目经济评价方法与参数(第三版)[M].北京:中国计划出版社,2006.
[13] 刘伊生.全国造价工程师职业资格考试培训教材:工程造价管理基础理论与相关法规[M].北京:中国计划出版社,2009.
[14] 中华人民共和国住房和城乡建设部.GB 50500-2008 建设工程工程量清单计价与规范[S].北京:中国计划出版社,2008.
[15] 中华人民共和国 2007 年版标准施工招标文件使用指南.北京:中国计划出版社,2008.
[16] 胡新萍、王芳.工程造价控制与管理[M].北京:北京大学出版社,2011.